21世纪高等工科教育数学系列课程教材

高 等 数 学

上册

刘响林　张少谱◎主　编

王永亮　范瑞琴　陈聚峰◎副主编

U0310482

中国铁道出版社有限公司

CHINA RAILWAY PUBLISHING HOUSE CO., LTD.

内 容 简 介

本系列教材为大学工科各专业公共课教材,包括《高等数学》《线性代数与几何》《概率论与数理统计》三种。编者根据工科数学教改精神,在多个省部级教学改革研究成果的基础上,结合多年的教学实践编写而成,书中融入了许多新的数学思想和方法,改正、吸收了近年教学过程中发现的问题和经验.本书为《高等数学》(上册),内容包括微积分基础知识、一元函数微分学、一元函数积分学,书末附有部分习题参考答案.

本书适合作为普通高校工科各专业高等数学课程的教材,也适合作为大专、函授、夜大、自考教材.

图书在版编目(CIP)数据

高等数学:上下册/刘响林,张少谱主编. —2版. —北京:
中国铁道出版社有限公司,2021.9 (2022.5重印)
21世纪高等工科教育数学系列课程教材
ISBN 978-7-113-28285-1

Ⅰ.①高… Ⅱ.①刘… ②张… Ⅲ.①高等数学-高等
学校-教材 Ⅳ.①O13

中国版本图书馆 CIP 数据核字(2021)第 163441 号

书　　名:	高等数学　上册		
作　　者:	刘响林　张少谱		
策　　划:	李小军　祝和谊	编辑部电话:(010)63549508	
责任编辑:	陆慧萍　包 宁		
封面设计:	刘　颖		
责任校对:	苗 丹		
责任印制:	樊启鹏		

出版发行: 中国铁道出版社有限公司(100054,北京市西城区右安门西街 8 号)
网　　址: http://www.tdpress.com/51eds/
印　　刷: 三河市宏盛印务有限公司
版　　次: 2019 年 8 月第 1 版　2021 年 9 月第 2 版　2022 年 5 月第 2 次印刷
开　　本: 787 mm×1 092 mm 1/16　印张: 12.25　字数: 283 千
书　　号: ISBN 978-7-113-28285-1
定　　价: 65.00 元(上下册)

21 世纪高等工科教育数学系列课程教材

编 委 会

前　言

　　本系列教材是作者在多年从事教学改革、教学研究和教学实践的基础上，广泛征求意见，参照教育部高等学校大学数学课程教学指导委员会最新制定的"工科类本科数学基础课程教学基本要求"编写而成的．在总体结构、编写思想和特点、难易程度把握等方面，有所创新，并得到了教学检验．本系列教材包括《高等数学》《线性代数与几何》《概率论与数理统计》．

　　本书在编写中力求做到：渗透现代数学思想，淡化计算技巧，加强应用能力培养，内容编排上，从实际问题出发—建立数学模型—抽象出数学概念—寻求数学处理方法—解决实际问题．目的是提高学生对数学的学习兴趣，培养数学建模意识，使学生较好地掌握高等数学知识，提高数学应用能力．本书努力体现以下特色：

　　1. 突出微积分学的基本思想和基本方法，使学生在学习过程中能够整体把握和了解各部分内容之间的内在联系． 例如，把微分学视为对函数的微观（局部）性质的研究，而把积分学概括为对函数的宏观（整体）性质的研究；把定积分作为一元函数积分学的主体，不定积分仅仅作为定积分的辅助工具，这样既突出了定积分与不定积分的联系，又节省了教学时数；多元函数微分学中强调"一阶微分形式不变性"，使得多元函数（尤其是各变量之间具有嵌套关系的隐函数）的偏导与微分的计算问题程式化，大大提高了学生的学习效率；在定积分、重积分、曲线积分、曲面积分等积分学的应用中，采用"微元法"思想，使学生更容易理解与掌握．

　　2. 尽可能使分析与代数相结合，相互渗透，建立新的课程体系． 我们将空间解析几何编入《线性代数与几何》一书中．在多元函数微积分学、常微分方程等内容中，充分运用向量、矩阵等代数知识，使表述更简洁．

　　3. 尽可能采用现代数学的思维方式，广泛使用现代数学语言、术语和符号，为学生进一步学习现代数学知识奠定必要的基础． 内容阐述上尽量遵循深入浅出、从具体到抽象、从特殊到一般等原则，语言上做到描述准确、通俗流畅，并具有启发性．

　　4. 重视数学应用能力培养，淡化某些计算技巧． 本书注重学生对数学概念的理解和应用，在每章末都配有实际应用案例，阐述这些数学模型的建立、求解等，以不断提高学生应用现代数学的语言、术语、符号表达思想的能力．

　　5. 努力做到培养学生正确的科学观、世界观． 每章都配有数学思想产生和发展的过程介绍，以使学生认识到数学思想、数学知识的产生和发展不是一蹴而就的，是很多数学家不断接力研究的结果．

　　6. 渗透数学历史与文化，培养学生学习数学的兴趣． 本书在每章配有拓展阅读，主要是著名数学家的简史介绍，以帮助学生了解数学历史上所发生的事件，以激发学生学习兴趣.

7. 备有内容丰富、层次多样的习题. 为适应不同层次教学的需要，本书根据每节内容的要求，由浅入深地配有一定量的习题. 在每章的最后配有综合性较强的综合习题，以满足有考研意向的学生的需要.

书中带有"*"号的内容为选学内容.

本书由刘响林、张少谱任主编，王永亮、范瑞琴、陈聚峰任副主编. 本书面向工科院校，适合作为土木工程、机械工程、电气自动化工程、计算机工程、交通工程、工程管理、经济管理等本科专业的教材或教学参考书，教学中与《线性代数与几何》配套使用.

本系列教材是在石家庄铁道大学领导的关心和支持下，在编委会全体成员的努力和其他同事的帮助下完成的. 许多对高等数学有丰富教学经验的老师都提出了宝贵的意见和建议，在此一并表示感谢.

由于编者水平有限，书中难免有疏漏和不当之处，敬请读者批评指正.

编 者

2021 年 6 月

目　　录

第1章　微积分基础知识

微积分是高等数学最基础最重要的组成部分,是继欧氏几何之后全部数学中最伟大的创造之一,被誉为数学史上划时代的里程碑.在数学上,它实现了从常量到变量,从有限到无限的过渡;在应用上,它提供了描述运动与变化的有力工具,不仅推动数学理论的空前应用与发展,在天文、航海、力学、军事、经济等众多科学领域也显示出非凡威力.恩格斯曾说:"在一切理论成就中,未必再有什么像17世纪下半叶微积分的发明那样被看作人类精神的最高胜利了."

事实上,如许多数学理论一样,微积分也是在长期的应用中逐步建立起其逻辑基础的.在微积分创立之初,一方面人们在享受着微积分在各个科学技术领域所带来的辉煌成果,另一方面,由于无穷小量概念的模糊不清,引发了第二次数学危机.直到19世纪初,法国科学院的科学家以柯西为首,对微积分理论进行了认真的研究,建立了极限理论,后来德国数学家维尔斯特拉斯又进行了进一步的严格化,使极限理论成为了微积分的坚实基础,这样微积分才进一步完善起来,真正成为了一门数学学科.

高等数学研究的主要对象是函数,函数描述了变量之间的依赖关系.极限则是研究变量和函数性质的一个基本方法,是我们理解无穷小概念及整个微积分的语言.本章将学习函数、极限以及函数连续性等基本概念.

1.1　集合　映射　初等函数

集合是数学中一个基本概念,函数是数学研究的基本对象.本节我们介绍集合与函数的基础知识,并介绍一些常见的函数.

1.1.1　集合　区间　邻域

所谓**集合**(简称为**集**)是指具有某种确定性质的对象的全体.组成集合的个别对象称为该集合的**元素**(简称为**元**).习惯上,用大写字母 $A,B,C,\cdots$ 表示集合,用小写字母 $a,b,c,\cdots$ 表示集合的元素.含有有限个元素的集称为**有限集**;不含任何元素的集称为**空集**,记作 $\varnothing$;既不是有限集又不是空集的集称为**无限集**.

表示集合的方法有两种.一种是列举法,就是将集合的所有元素一一列出来,写在一个花括号内.例如,由元素 a,b,c 组成的集 A 可表示为 $A=\{a,b,c\}$;又如,方程 $x^2-1=0$ 的解集 S 可表示为 $S=\{-1,1\}$.另一种是描述法,就是把集合中元素的共同特征描述出来,写在一个花括号内.例如,满足不等式 $x^2-2x-3\leqslant 0$ 的点 x 的全体构成的集合为 $\{x\mid -1\leqslant x\leqslant 3\}$.

常用 $\mathbf{N}$ 表示自然数集,$\mathbf{Z}$ 表示整数集,$\mathbf{Z}^+$ 表示正整数集,$\mathbf{Q}$ 表示有理数集,$\mathbf{R}$ 表示实数集.

对于两个集 A 与 B,如果 A 的每一个元素都是 B 的元素,则称集 A 是集 B 的**子集**,记作 $A\subseteq B$(读作" A 包含于 B"),或者 $B\supseteq A$(读作" B 包含 A");如果 $A\subseteq B$,并且 B 中至少有一个

元素不属于 A,则称 A 是 B 的**真子集**,记作 $A \subset B$(读作"A 真包含于 B"),或者 $B \supset A$;若 $A \subseteq B$ 且 $B \subseteq A$,则称 A 与 B **相等**,记作 $A = B$.

显然,对任何集合 A,都有 $\varnothing \subseteq A$, $A \subseteq A$. 对于集 A, B, C,若 $A \subseteq B$, $B \subseteq C$,则 $A \subseteq C$.

集合的基本运算有三种:并、交、差. 设 A, B 是两个集. 由属于 A 或属于 B 的所有元素构成的集称为 A 与 B 的**并集**(简称为**并**),记作 $A \cup B$,即

$$A \cup B = \{x \mid x \in A \text{ 或 } x \in B\};$$

由同属于 A 与 B 的元素构成的集称为 A 与 B 的**交集**(简称为**交**),记作 $A \cap B$,即

$$A \cap B = \{x \mid x \in A \text{ 且 } x \in B\};$$

由属于 A 但不属于 B 的元素所构成的集称为 A 与 B 的**差集**(简称为**差**),记作 $A \backslash B$,即

$$A \backslash B = \{x \mid x \in A \text{ 且 } x \in B\}.$$

特别地,若 $B \subseteq A$,则称差 $A \backslash B$ 为 B 关于 A 的**余集**(或**补集**),记为 $\complement_A B$. 通常我们所讨论的问题是在一个大的集合 X(称为**全集**)中进行,所以我们称集合 $X \backslash A$ 为 A 的余集,记作 $\overline{A}$. 两个集合的并、交、差可以用图形直观表示(见图 1.1 的阴影部分).

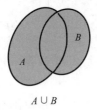
$A \cup B$

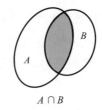
$A \cap B$

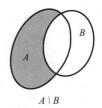
$A \backslash B$

图 1.1

区间是用来表示数集的常用方法. 设 $a, b \in \mathbf{R}$,且 $a < b$,数集

$$\{x \mid a < x < b\}$$

称为**开区间**,记作 (a, b). a 和 b 称为开区间 (a, b) 的**端点**. 数集

$$\{x \mid a \leqslant x \leqslant b\}$$

称为**闭区间**,记作 $[a, b]$. a 和 b 称为闭区间 $[a, b]$ 的端点. 类似定义半开区间:

$$[a, b) = \{x \mid a \leqslant x < b\};$$
$$(a, b] = \{x \mid a < x \leqslant b\}.$$

以上这些区间都称为**有限区间**. 数 $b - a$ 称为这些**区间的长度**. 从数轴上看,这些区间的长度都是有限的(如图 1.2(a),(b)). 此外,引进记号 $+\infty$(读作正无穷大)及 $-\infty$(读作负无穷大),则可定义**无限区间**(见图 1.2(c),(d)):

$$[a, +\infty) = \{x \mid x \geqslant a\};$$
$$(-\infty, b) = \{x \mid x < b\}.$$

全体实数的集合 $\mathbf{R}$ 也可记为无限区间 $(-\infty, +\infty)$.

为了简单起见,以后在不需要指明所讨论区间是开区间还是闭区间,以及是有限的还是无限的时,我们就简单地称它为"**区间**",且用英文字母 I 表示.

邻域是高等数学中使用较多的一个概念. 设 a 与 δ 是两个实数,且 $\delta > 0$,称数集

$$\{x \mid \mid x - a \mid < \delta\}$$

为点 a 的 δ **邻域**,记为 $U(a, \delta)$. 点 a 称为**邻域中心**,δ 称为**邻域半径**. 显然,邻域 $U(a, \delta)$ 就是以点 a 为中心,长度为 2δ 的开区间 $(a - \delta, a + \delta)$(见图 1.3).

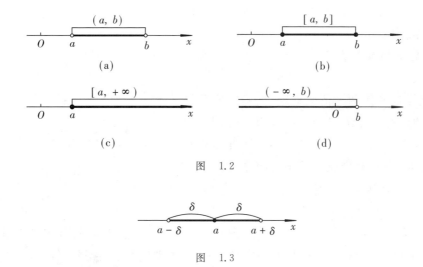

图　1.2

图　1.3

将邻域 $U(a,\delta)$ 的中心点 a 去掉后,称为点 a 的**去心邻域**,记作 $\mathring{U}(a,\delta)$,即

$$\mathring{U}(a,\delta) = \{x \mid 0 < \mid x-a \mid < \delta\}.$$

另外,在数对构成的集合中,还可以定义**笛卡儿乘积**(简称积集)

$$A \times B = \{(x,y) \mid x \in A, y \in B\}.$$

1.1.2　映射与函数的概念

映射是数学中应用较为广泛的一个概念,利用它可以给出函数概念.

1. 映射　函数

定义 1.1　设 A,B 是两个非空集合. 若对每个元素 $x \in A$,按照某种确定的法则 f,有唯一确定的 $y \in B$ 与之相对应,则称 f 是从 A 到 B 的一个**映射**,记作

$$f:A \to B \quad 或 \quad f:x \to y, x \in A.$$

并称 y 为 x 在 f 下的**像**,而 x 称为 y 在 f 下的一个**原像**(或逆像),A 称为 f 的**定义域**,记作 $D(f)$. 所有 $x \in A$ 的像 y 的全体构成的集合称为 f 的**值域**,记作

$$R(f) = \{y \mid y = f(x) \in B, x \in A\} \triangleq f(A).$$

应当注意,x 的像是唯一的,但 y 的原像不一定是唯一的,并且 $f(A) \subseteq B$. 式中"$\triangleq$"表示"记作".

定义 1.2　设 D 是 $\mathbf{R}$ 的一个非空数集. 若对于每个数 $x \in D$,按照某个确定的法则 f,有唯一的数 $y \in \mathbf{R}$ 与之相对应,则称映射 $f:D \to \mathbf{R}$ 为 D 到 $\mathbf{R}$ 的函数,记为 $y = f(x)$(或 $y = y(x)$). 称式中 D 为**定义域**,f 为**函数法则**,x 为**自变量**,y 为**因变量**或**函数**.

当 x 取数值 $x_0 \in D$ 时,与 x_0 对应的 y 的数值称为函数 $y = f(x)$ 在点 x_0 处的**函数值**,记作 $f(x_0)$、$y\mid_{x=x_0}$ 或 $y(x_0)$. 当 x 取遍 D 的各个数值时,对应函数值的全体所构成的数集

$$f(D) = \{y \mid y = f(x), x \in D\} \triangleq W$$

称为函数的**值域**. 而由定义域 D 与值域 W 内的所有点构成的数对 (x,y) 的集合

$$\{(x,f(x)) \mid x \in D\}$$

称为函数 $f(x)$ 的**图像**,它通常对应着平面直角坐标系 xOy 上的曲线(见图 1.4).

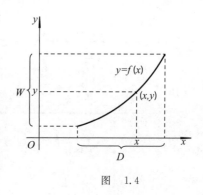

函数由定义域及函数法则这两个基本要素所确定. 函数法则可以由符合定义 1.2 的各种形式给出. 函数的定义域通常按两种情况确定:**当函数表示某个实际问题时,其定义域由实际意义确定**,如圆面积公式 $S = \pi r^2$ 的定义域为 $\{r \mid r > 0\}$;而**当函数没有实际意义时,其定义域就是使函数有意义的全体实数**,如当 S 没有具体意义时,函数 $S = \pi r^2$ 的定义域为 **R**.

图 1.4

习惯上,我们把由映射或函数的定义确定的函数称为**单值函数**,即如果自变量在定义域内任意取一个数值时,对应的函数值总是只有一个,否则称为**多值函数**. 例如,在直角坐标系中,半径为 a,圆心在原点的圆(见图 1.5)的方程是

$$x^2 + y^2 = a^2,$$

由此解得

$$y = \pm \sqrt{a^2 - x^2}.$$

可见,当 x 取 a 或 $-a$ 时,上式对应 y 的一个值;当 x 取开区间 $(-a, a)$ 内的任一个数值时,上式对应两个值

$$y = \sqrt{a^2 - x^2},$$
$$y = -\sqrt{a^2 - x^2}.$$

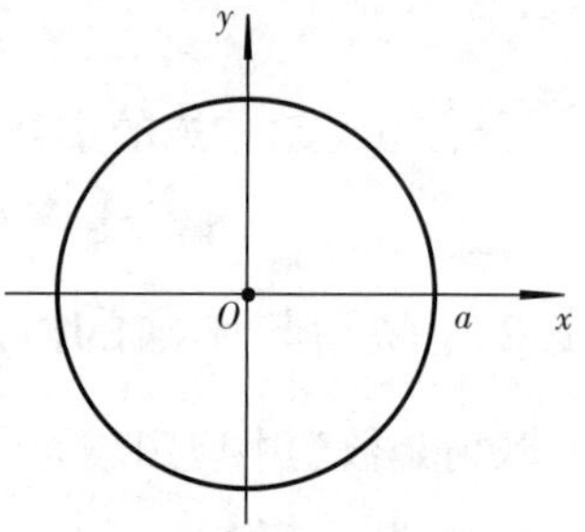

所以

$$y = \pm \sqrt{a^2 - x^2}$$

图 1.5

是多值函数,上面的每一个都称为它的**单值支**,它们的图像分别是图 1.5 中的上半圆周和下半圆周.

以后凡是没有特别说明时,函数都是指单值函数.

下面介绍几个以后常用的**分段函数**:

(1) **符号函数**:

$$y = \operatorname{sgn} x = \begin{cases} 1 & \text{当 } x > 0 \\ 0 & \text{当 } x = 0. \\ -1 & \text{当 } x < 0 \end{cases}$$

它的图像如图 1.6 所示. 显然,对于任何实数 x,有

$$|x| = x \operatorname{sgn} x.$$

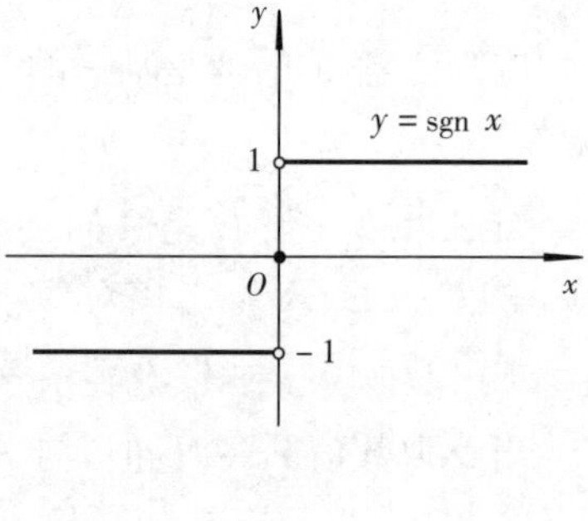

(2) **取整函数**:设 x 为任一实数,将不超过 x 的最大整数简称为 x 的最大整数,记作 $[x]$ 或 $\operatorname{int}(x)$,由此定义取整函数

$$y = [x] = \operatorname{int}(x).$$

它的图像如图 1.7 所示,为阶梯曲线. 因此,取整函数也称为**阶梯函数**. 例如

图 1.6

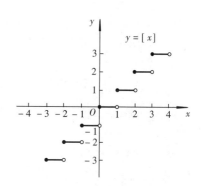

$$[\pi] = 3;$$
$$[2] = 2;$$
$$[0.3] = 0;$$
$$[-1] = -1;$$
$$[-2.5] = -3.$$

（3）**狄利克雷**[①]**函数**：

$$D(x) = \begin{cases} 1 & 当 x 为有理数 \\ 0 & 当 x 为无理数 \end{cases}.$$

图　1.7

2. 复合映射　复合函数

设有映射 $f:A \to B_1$ 与 $g:B_2 \to C$，且 $B_1 \subseteq B_2$，由

$$(g \circ f)(x) = g(f(x)),\ x \in A$$

确定的映射 $g \circ f:A \to C$ 称为 f 与 g 的**复合映射**（见图 1.8），其中 $y = f(x)$ 称为**中间元**.

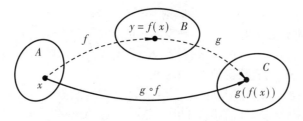

图　1.8

由定义易见，任给两个映射 $f:A \to B_1$ 与 $g:B_2 \to C$，当且仅当 $f(A) \subseteq D(g)$ 时才存在复合映射 $g \circ f: A \to C$.

两个映射的复合也称映射的**乘积**，不难将它推广到有限个映射的情形. 映射的乘积满足结合律，即若 f, g, φ 分别是 $A \to B_1, B_2 \to C_1, C_2 \to D$ 的映射，且 $B_1 \subseteq B_2, C_1 \subseteq C_2$，则

$$\varphi \circ (g \circ f) = (\varphi \circ g) \circ f.$$

事实上，上式两端都是从 A 到 D 的映射，并且对任何 $x \in A$，都有

$$(\varphi \circ (g \circ f))(x) = \varphi((g \circ f)(x)) = \varphi(g(f(x)))$$
$$= (\varphi \circ g)(f(x)) = ((\varphi \circ g) \circ f)(x).$$

所以，等式 $\varphi \circ (g \circ f) = (\varphi \circ g) \circ f$ 成立.

特别地，当 A, B, C 都是数集时，我们就可得到复合函数的概念.

设有函数 $y = f(u)$，$u \in D_u$ 及函数 $u = \varphi(x)$，$x \in D_x$，若对于每一个数 $x \in D_x$，对应有确定的数 $u = \varphi(x) \in D_u$，则由 $y = f(u)$ 就对应出 y，即对每一个数 $x \in D_x$，通过 u 有确定的数 y 与之对应，从而得到了一个以 x 为自变量，y 为因变量的函数，这个函数就称为由函数 $y = f(u)$ 及 $u = \varphi(x)$ 复合而成的**复合函数**，记作

$$y = f(\varphi(x)),\ x \in D_x,$$

而 u 称为**中间变量**，$y = f(u)$ 称为**外函数**，$u = \varphi(x)$ 称为**内函数**.

例如，函数 $y = \sqrt{1-x^2}$ 可看成是函数 $y = \sqrt{u}$ 与函数 $u = 1-x^2$ 复合而成的，它的定义

---

① 狄利克雷(P. G. Dirichlet)，1805—1859，德国数学家.

域为$[-1,1]$,是$u=1-x^2$的定义域$(-\infty,+\infty)$的一个子集. $y=\arctan x^2$可看作由$y=\arctan u$及$u=x^2$复合而成的,它的定义域为$(-\infty,+\infty)$,它也是$u=x^2$的定义域. $y=\arcsin u$及$u=2+x^2$就不能复合成一个复合函数,这是因为对于$u=2+x^2$的定义域$(-\infty,+\infty)$内任何x值所对应的u值(都大于或等于2),都不能使$y=\arcsin u$有意义.

与复合映射一样,复合函数也可以由两个以上的函数复合而成. 例如,$y=\sqrt{\tan\dfrac{x}{2}}$就是由$y=\sqrt{u}$,$u=\tan v$,$v=\dfrac{x}{2}$复合而成,这里$u$及$v$都是中间变量.

3. 逆映射　反函数

设A为一个非空集合,把集合A中每一个元都映为自身的映射称为A上的**恒等映射**(或**单位映射**),记作I_A,即任意的$x\in A$,有$I_A(x)=x$.

设有映射$f:A\to B$,若存在一个映射$g:B\to A$,使
$$g\circ f=I_A,\quad f\circ g=I_B,$$
则称映射f是**可逆映射**,并且称映射g是映射f的**逆映射**,记为f^{-1}.

特别地,当A,B都是数集时,可以得到反函数的概念.

如果函数$y=f(x),x\in D$的逆映射$f^{-1}:R(f)\to D$存在,则称$x=f^{-1}(y)$为$y=f(x)$的**反函数**,而称$y=f(x)$为**直接函数**.

应当注意,单值函数的反函数未必是单值函数. 例如,函数$y=x^2$的定义域为$(-\infty,+\infty)$,值域为$[0,+\infty)$,任意的$y\in(0,+\infty)$,适合关系式$x^2=y$的数值x有两个:$x=\sqrt{y}$及$x=-\sqrt{y}$(见图1.9),所以$y=x^2$的反函数是一个多值函数. 如果把x限制在$[0,+\infty)$上,则$y=x^2$的反函数为单值支$x=\sqrt{y}$,如果把x限制在$(-\infty,0]$上,则为单值支$x=-\sqrt{y}$.

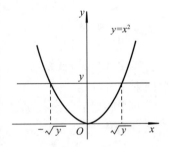

图　1.9

习惯上,自变量用x表示,因变量用y表示. 如果把$y=f(x)$的反函数$x=f^{-1}(y)$中的x与y对调,就得到反函数的另一种表示形式:$y=f^{-1}(x)$. 当将直接函数$y=f(x)$与其反函数$x=f^{-1}(y)$的图像画在同一坐标系中时,由于两式中x与y的对应关系没有改变,所以它们是同一条曲线;而将$y=f(x)$与其反函数$y=f^{-1}(x)$画在同一坐标系中时,由于两式中x和y的关系为互换相等,因此它们的图像关于直线$y=x$对称.

1.1.3　函数的几种特性

1. 有界性

设X为实数集. 如果存在正数M,使得对任意的$x\in X$,不等式
$$|f(x)|\leqslant M$$
总成立,则称函数$f(x)$在集合X上**有界**. 如果这样的M不存在,就称函数$f(x)$在X上**无界**,也就是说,如果对任意的正数M,总存在$x_0\in X$,使$|f(x_0)|>M$,则函数$f(x)$在X上无界.

有界性中不等式$|f(x)|\leqslant M$还可以改用$l\leqslant f(x)\leqslant L$描述,其中$l,L$是两个常数. 这时称$l$与$L$分别是$f(x)$在$X$上的**下界**与**上界**.

例如,函数$f(x)=\sin x$在$(-\infty,+\infty)$内是有界的,因为对任意$x\in(-\infty,+\infty)$,

$|\sin x| \leqslant 1$ 都成立,这里 $M=1$(当然也可取大于 1 的任何数作为 M).函数 $f(x)=\dfrac{1}{x}$ 在开区间 $(0,1)$ 内是无界的,因为不存在这样的正数 M,使 $\left|\dfrac{1}{x}\right| \leqslant M$ 对于 $(0,1)$ 内的一切 x 都成立.事实上,任意 $M>0$,不妨设 $M>1$,则 $\dfrac{1}{2M} \in (0,1)$,当 $x_0 = \dfrac{1}{2M}$ 时,$\left|\dfrac{1}{x_0}\right| = 2M > M$,所以 $f(x)=\dfrac{1}{x}$ 在 $(0,1)$ 内是无界的.但是 $f(x)=\dfrac{1}{x}$ 在 $(1,2)$ 内是有界的,例如可取 $M=1$,使得对于区间 $(1,2)$ 内的一切 x 都有 $\left|\dfrac{1}{x}\right| \leqslant 1$.

2. 单调性

如果对于区间 I 上任意两点 x_1 及 x_2,当 $x_1 < x_2$ 时恒有
$$f(x_1) \leqslant f(x_2) \ (f(x_1) \geqslant f(x_2)),$$
则称函数 $f(x)$ 在区间 I 上**单调增加**(**减少**).

如果对于区间 I 上任意两点 x_1 及 x_2,当 $x_1 < x_2$ 时恒有
$$f(x_1) < f(x_2) \ (f(x_1) > f(x_2)),$$
则称函数 $f(x)$ 在区间 I 上**严格单调增加**(**减少**).

(严格)单调增加和(严格)单调减少的函数统称为(**严格**)**单调函数**.

例如,函数 $f(x)=x^2$ 在区间 $(-\infty,+\infty)$ 上不是单调函数,但它在区间 $[0,+\infty)$ 上严格单调增加,在区间 $(-\infty,0]$ 上严格单调减少;函数 $f(x)=x^3$ 在区间 $(-\infty,+\infty)$ 上严格单调增加.

3. 奇偶性

设函数 $f(x)$ 的定义域关于原点对称(即若 $x \in D$,则必有 $-x \in D$),并且任意 $x \in D$,有
$$f(-x) = f(x)$$
恒成立,则称 $f(x)$ 为**偶函数**;若任意 $x \in D$,有
$$f(-x) = -f(x)$$
恒成立,则称 $f(x)$ 为**奇函数**.

例如,$f(x)=x^2$ 是偶函数;$f(x)=x^3$ 是奇函数;而 $f(x)=x^2+x+1$ 是非奇非偶函数.在几何上,偶函数的图像关于 y 轴对称,奇函数的图像关于原点对称.

4. 周期性

对函数 $f(x) \ (x \in D)$,若存在不为零的数 l,使得对任意 $x \in D$ 有 $x+l \in D$,且
$$f(x+l) = f(x),$$
则称 $f(x)$ 为**周期函数**,使得上式成立的最小正数 l 称为函数 $f(x)$ 的**周期**.

例如,$\sin x$ 是以 2π 为周期的周期函数;$\sin 2x$ 是以 π 为周期的周期函数.在几何上,周期为 l 的周期函数的图像在长度为 l 的相邻区间上形状相同.

1.1.4　基本初等函数　初等函数

初等函数是微积分的研究对象,因此需要对它们有较为细致的了解.

1. 幂函数 $y = x^\mu$(μ 是常数)

幂函数的定义域与 μ 有关. 例如:当 $\mu = 2$ 时,$y = x^2$ 的定义域是 $(-\infty, +\infty)$;当 $\mu = \dfrac{1}{2}$ 时,$y = x^{1/2} = \sqrt{x}$ 的定义域是 $[0, +\infty)$;当 $\mu = -\dfrac{1}{2}$ 时,$y = x^{-1/2} = \dfrac{1}{\sqrt{x}}$ 的定义域是 $(0, +\infty)$. 但不论 μ 取何值,幂函数 $y = x^\mu$ 在 $(0, +\infty)$ 内总是有定义的.

$\mu = 1, 2, 3, \dfrac{1}{2}, -1$ 时是最常见的几种幂函数. 它们的图像如图 1.10 所示.

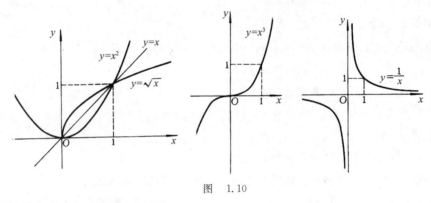

图 1.10

2. 指数函数与对数函数

名 称	指 数 函 数	对 数 函 数
定 义	$y = a^x (a > 0, a \neq 1)$	$y = \log_a x (a > 0, a \neq 1)$
定义域	$x \in (-\infty, +\infty)$	$x \in (0, +\infty)$
值 域	$y \in (0, +\infty)$	$y \in (-\infty, +\infty)$
图 像	($0 < a < 1$) ($a > 1$)	($a > 1$) ($0 < a < 1$)

性 质	① $a^x > 0 (x \in \mathbf{R})$,即 $y = a^x$ 的图像在 x 轴上方.
	② $a^0 = 1$,即 $y = a^x$ 的图像都经过点 $(0,1)$.
	③ $a^1 = a$.
	④ 当 $a > 1$ 时,
	  若 $x > 0$,则 $y > 1$,
	  若 $x < 0$,则 $0 < y < 1$;
	  当 $0 < a < 1$ 时,
	  若 $x > 0$,则 $0 < y < 1$,
	  若 $x < 0$,则 $y > 1$.
	⑤ 当 $a > 1$ 时,函数递增,
	  当 $0 < a < 1$ 时,函数递减
		① 零和负数无对数,即 $y = \log_a x$ 的图像在 y 轴的右方.
		② $\log_a 1 = 0$,即 $y = \log_a x$ 的图像经过点 $(1,0)$.
		③ $\log_a a = 1$,即底数的对数等于 1.
		④ 当 $a > 1$ 时,
		  若 $x > 1$,则 $y > 0$,
		  若 $0 < x < 1$,则 $y < 0$;
		  当 $0 < a < 1$ 时,
		  若 $x > 1$,则 $y < 0$,
		  若 $0 < x < 1$,则 $y > 0$.
		⑤ 当 $a > 1$ 时,函数递增,
		  当 $0 < a < 1$ 时,函数递减

在工程问题中常常碰到以 e 为底的指数函数 $y = e^x$(通常称为**自然指数函数**)和对数函数 $y = \log_e x$(简记为 $y = \ln x$,通常称为**自然对数函数**),其中 $e = 2.718\ 281\ 8\cdots$ 是一个无理数,它的具体意义在后面我们将要加以说明.

3. 三角函数与反三角函数

常见的三角函数有正弦函数 $y = \sin x$、余弦函数 $y = \cos x$、正切函数 $y = \tan x$ 及余切函数 $y = \cot x$,它们的性质见下表,它们的图像由图 1.11 给出.

函数性质	正弦函数 $y = \sin x$	余弦函数 $y = \cos x$	正切函数 $y = \tan x$	余切函数 $y = \cot x$
定义域	**R**	**R**	$\{x \mid x \in \mathbf{R}$且 $x \neq k\pi + \dfrac{\pi}{2}, k \in \mathbf{Z}\}$	$\{x \mid x \in \mathbf{R}$且 $x \neq k\pi, k \in \mathbf{Z}\}$
值域	$[-1,1]$	$[-1,1]$	**R**	**R**
奇偶性	奇函数,图像关于原点对称	偶函数,图像关于 y 轴对称	奇函数,图像关于原点对称	奇函数,图像关于原点对称
周期	2π	2π	π	π
单调性	① 在 $\left[2k\pi - \dfrac{\pi}{2}, 2k\pi + \dfrac{\pi}{2}\right]$ 上函数递增; ② 在 $\left[2k\pi + \dfrac{\pi}{2}, 2k\pi + \dfrac{3\pi}{2}\right]$ 上函数递减 $(k \in \mathbf{Z})$	① 在 $[2k\pi - \pi, 2k\pi]$ 上函数递增; ② 在 $[2k\pi,\ (2k+1)\pi]$ 上函数递减 $(k \in \mathbf{Z})$	在 $\left(k\pi - \dfrac{\pi}{2}, k\pi + \dfrac{\pi}{2}\right)$ 上函数递增 $(k \in \mathbf{Z})$	在 $(k\pi, k\pi + \pi)$ 上函数递减 $(k \in \mathbf{Z})$
最大值最小值	① 当 $x = 2k\pi + \dfrac{\pi}{2}$ 时,y 取最大值1; ② 当 $x = 2k\pi - \dfrac{\pi}{2}$ 时,y 取最小值 -1 $(k \in \mathbf{Z})$	① 当 $x = 2k\pi$ 时,y 取最大值1; ② 当 $x = 2k\pi + \pi$ 时,y 取最小值 -1 $(k \in \mathbf{Z})$	无	无

此外,尚有两个三角函数,它们是:

正割函数:$y = \sec x = \dfrac{1}{\cos x}$;　　　余割函数:$y = \csc x = \dfrac{1}{\sin x}$.

它们都是以 2π 为周期的周期函数,并且在开区间 $\left(0, \dfrac{\pi}{2}\right)$ 内都是无界函数.

反三角函数是三角函数的反函数.通常研究的反三角函数有反正弦函数、反余弦函数、反正切函数和反余切函数(见下表),它们的图像都可由相应的三角函数的图像按反函数作图法的一般规则作出.这样直接得到的都是多值函数,但是我们可以选取这些函数的单值支.例如把 $\arcsin x$ 的值限制在闭区间 $\left[-\dfrac{\pi}{2}, \dfrac{\pi}{2}\right]$ 上,这样,$y = \arcsin x$ 就是定义在 $[-1,1]$ 上的单值函数,且有

$$-\frac{\pi}{2} \leqslant \arcsin x \leqslant \frac{\pi}{2}.$$

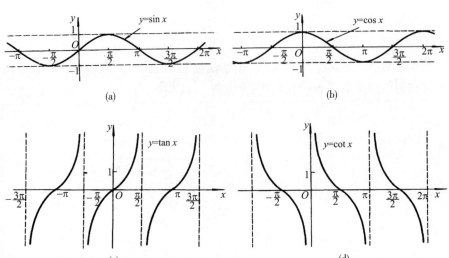

图　1.11

性质 ＼ 函数	反正弦函数 $y = \mathrm{Arcsin}\,x$	反余弦函数 $y = \mathrm{Arccos}\,x$	反正切函数 $y = \mathrm{Arctan}\,x$	反余切函数 $y = \mathrm{Arccot}\,x$
主值	$y = \arcsin x$	$y = \arccos x$	$y = \arctan x$	$y = \mathrm{arccot}\,x$
定义域	$[-1,1]$	$[-1,1]$	$(-\infty, +\infty)$	$(-\infty, +\infty)$
主值的值域	$\left[-\dfrac{\pi}{2}, \dfrac{\pi}{2}\right]$	$[0,\pi]$	$\left(-\dfrac{\pi}{2}, \dfrac{\pi}{2}\right)$	$(0,\pi)$
最大值最小值	① $x=1$ 时取得最大值 $\dfrac{\pi}{2}$；② $x=-1$ 时取得最小值 $-\dfrac{\pi}{2}$	① $x=-1$ 时取得最大值 π；② $x=1$ 时取得最小值 0	无	无
单调性	单调增加	单调减少	单调增加	单调减少

　　类似的,其他三个反三角函数也可以选定它们的单值支,称为它们的主值,如图 1.12 所示,实线部分表示相应函数主值的图像.

　　以上我们研究了幂函数、指数函数、对数函数、三角函数和反三角函数,它们统称为**基本初等函数**. 由常数和基本初等函数经过有限次的四则运算和有限次的复合步骤所构成并可用一个式子表示的函数,称为**初等函数**. 例如

$$y = \sqrt{1-x^2}, \quad y = \sin x^2, \quad y = \sqrt{\sin \frac{x}{2}}$$

等都是初等函数.

　　在现代科技和工程技术中,我们常遇到所谓的双曲函数,它们具有与许多三角函数相类似的性质. 常见的双曲函数是:

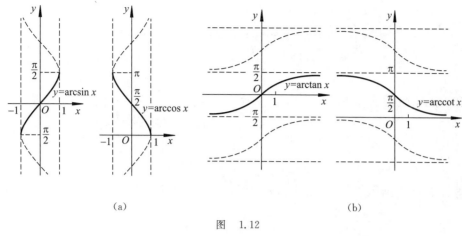

(a)   (b)

图 1.12

双曲正弦: $\sinh x = \dfrac{\mathrm{e}^x - \mathrm{e}^{-x}}{2}$; 双曲余弦: $\cosh x = \dfrac{\mathrm{e}^x + \mathrm{e}^{-x}}{2}$;

双曲正切: $\tanh x = \dfrac{\sinh x}{\cosh x} = \dfrac{\mathrm{e}^x - \mathrm{e}^{-x}}{\mathrm{e}^x + \mathrm{e}^{-x}}$.

这三个双曲函数的简单性质如下:

双曲正弦 $y = \sinh x$(也可记作 $y = \mathrm{sh}\,x$) 的定义域为 $(-\infty, +\infty)$;它是奇函数,其图像通过原点且关于原点对称;在区间 $(-\infty, +\infty)$ 内它是单调增加的. 其图像可由 e^x 和 $-\mathrm{e}^{-x}$ 的图像经过叠加而得到[见图1.13(a)].

双曲余弦 $y = \cosh x$(也可记作 $y = \mathrm{ch}\,x$) 的定义域为 $(-\infty, +\infty)$;它是偶函数,它的图像通过点 $(0,1)$ 且关于 y 轴对称;在区间 $(-\infty, 0]$ 内它是单调减少的,在区间 $[0, +\infty)$ 内它是单调增加的. 其图像可由 e^x 和 e^{-x} 的图像经过叠加得到(如图1.13(a)).

双曲正切 $y = \tanh x$(也可记作 $y = \mathrm{th}\,x$) 的定义域为 $(-\infty, +\infty)$;它是奇函数,它的图像经过原点且关于原点对称;在区间 $(-\infty, +\infty)$ 内它是单调增加的;它的图像夹在水平直线 $y = -1$ 和 $y = 1$ 之间,且当 x 的绝对值逐渐增大时,它们图像在第一象限内逐渐接近于直线 $y = 1$,而在第三象限内逐渐接近于直线 $y = -1$[见图1.13(b)].

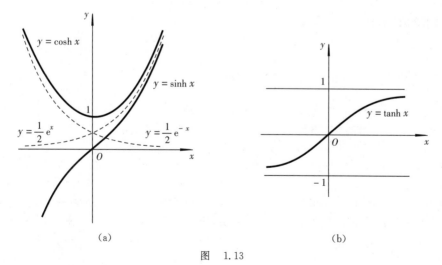

(a)   (b)

图 1.13

根据双曲函数的定义,容易证明以下四个恒等式:

$$\sinh(x+y) = \sinh x \cosh y + \cosh x \sinh y;$$

$$\sinh(x-y) = \sinh x \cosh y - \cosh x \sinh y;$$

$$\cosh(x+y) = \cosh x \cosh y + \sinh x \sinh y;$$

$$\cosh(x-y) = \cosh x \cosh y - \sinh x \sinh y.$$

利用以上四个公式,容易推出:

$$\cosh^2 x - \sinh^2 x = 1;$$

$$\sinh 2x = 2\sinh x \cosh x;$$

$$\cosh 2x = \cosh^2 x + \sinh^2 x.$$

这些公式与三角函数的有关公式非常相似,因此,在应用上是十分方便的.

习　题　1.1

1. 设 $F(x) = e^x$,证明:

(1) $F(x) \cdot F(y) = F(x+y)$；　　　　(2) $\dfrac{F(x)}{F(y)} = F(x-y)$.

2. 设 $G(x) = \ln x$,证明:当 $x > 0, y > 0$ 时下列等式成立:

(1) $G(x) + G(y) = G(xy)$；　　　　(2) $G(x) - G(y) = G\left(\dfrac{x}{y}\right)$.

3. 求下列函数的定义域:

(1) $y = \dfrac{1}{1-x^2} + \sqrt{x+2}$；　　　　(2) $y = \dfrac{2x}{x^2 - 3x + 2}$；

(3) $y = \log_a(x^2 - 1)$；　　　　(4) $y = \dfrac{x}{\sqrt{1-x}} + \sqrt{1+x}$.

4. 设 $y = f(x)$ 的定义域是 $[0,1]$,求下列各函数的定义域:

(1) $y = f(x^2)$；　　　　(2) $y = f(\sin x)$；

(3) $y = f(x+a)$；　　　　(4) $y = f(x+a) + f(x-a) \ (a > 0)$.

5. 下列各题中,函数 $f(x)$ 和 $g(x)$ 是否相同?

(1) $f(x) = \lg x^2$, $g(x) = 2\lg x$；　　　　(2) $f(x) = x, g(x) = \sqrt{x^2}$；

(3) $f(x) = \sqrt[3]{x^4 - x^3}, g(x) = x\sqrt[3]{x-1}$；　(4) $f(x) = |x|$, $g(x) = \sqrt{x^2}$.

6. 判定下列函数的奇偶性:

(1) $f(x) = e^x - e^{-x}$；　　　　(2) $f(x) = \dfrac{|x + x^3|}{x^2 + 2}$；

(3) $f(x) = \sin x + \cos x$；　　　　(4) $f(x) = \ln(x + \sqrt{1+x^2})$.

7. 证明:

(1) 两个偶函数的和是偶函数,两个奇函数的和是奇函数;

(2) 两个偶(或奇)函数的乘积是偶函数,偶函数与奇函数的乘积是奇函数;

(3) 定义在对称区间上的任意函数可表示为一个奇函数与一个偶函数的和.

8. 确定下列函数在指定区间的单调性,并给出证明:

(1) $f(x) = x^2$ 　$(-1, 0)$；　　　　(2) $f(x) = \ln x$ 　$(0, +\infty)$.

9. 设 $f(x)$ 为定义在 $(-l, l)$ 内的奇函数,若 $f(x)$ 在 $(0, l)$ 内单调增加,证明 $f(x)$ 在 $(-l, 0)$ 内也单调增加.

10. 判断下列函数是否为周期函数,对于周期函数,指出其周期 T:

(1) $y = \sin(x+2)$；　　　　(2) $y = \sin^2 x$；

(3) $y = 1 + \sin \pi x$；　　　　(4) $y = x\sin x$.

11. 求下列函数的反函数:

(1) $y = \sqrt[3]{x+1}$；　　　　　　　　　　(2) $y = 2\sin 3x$；

(3) $y = 1 + \ln(2x - 1)$；　　　　　　　　(4) $y = \dfrac{2^x}{2^x - 1}$.

12. 求复合函数 $y = y(x)$：

　　(1) $y = u^2$，$u = \sin x$；　　　　　　　(2) $y = \sqrt{u+1}$，$u = (1+x^2)^2$；

　　(3) $y = e^u$，$u = x^2 + 1$；　　　　　　(4) $y = \ln(u^2 + u)$，$u = 1 + x^2$.

13. 设 $f(x) = \begin{cases} 1 & \text{当 } |x| < 1 \\ 0 & \text{当 } x = 1 \\ -1 & \text{当 } |x| > 1 \end{cases}$，$g(x) = e^x$，求 $f(g(x))$ 和 $g(f(x))$.

14. 求函数的表达式：

　　(1) 设 $f(1 + \cos x) = \sin^2 x + \tan^2 x$，求 $f(x)$；

　　(2) 设 $f(x) = e^{x^2}$，$f(g(x)) = 1 + x^2$，且 $g(x) \geqslant 0$，求 $g(x)$.

15. 证明：

　　(1) $\sinh(x+y) = \sinh x \cosh y + \cosh x \sinh y$；　　(2) $\cosh(x+y) = \cosh x \cosh y + \sinh x \sinh y$；

　　(3) $\sinh x + \sinh y = 2\sinh \dfrac{x+y}{2} \cosh \dfrac{x-y}{2}$；　　(4) $\cosh x - \cosh y = 2\sinh \dfrac{x+y}{2} \sinh \dfrac{x-y}{2}$.

16. 已知一物体与地面的摩擦因数是 μ，质量是 P，设有一与水平方向成 α 角的拉力 F，使物体从静止开始移动 (见图 1.14). 求物体开始移动时拉力 F 与角 α 之间的函数关系式.

17. 已知水渠的横断面为等腰梯形，斜角 $\varphi = 40°$ (见图 1.15). 当过水断面 $ABCD$ 的面积为定值 S_0 时，求湿周 $L(L = AB + BC + CD)$ 与水深 h 之间的函数关系式，并说明定义域.

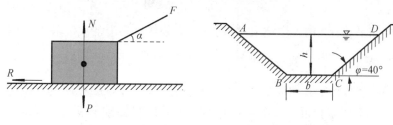

图　1.14　　　　　　　　　　　　　　　　　图　1.15

18. 一球的半径为 r，作外切于球的圆锥，试将其体积表示为高的函数，并说明定义域.

19. 土木工程师计算路基斜坡的升高或下降距离和水平行进距离之比. 他们称之为路基的坡度. 通常是以百分数写出的. 沿海岸商业性铁路的坡度通常小于 2%. 在山区，坡度可以高达 4%. 高速公路的坡度通常小于 5%. 在新汉普夏郡(New Hampshire)华盛顿山的齿轨铁路达到了罕见的 37.1% 的坡度. 沿这部分线路，车厢前面的座位要高出车厢末尾的座位 14 英尺. 求它们之间的距离有多远?

1.2　数列的极限

　　高等数学研究问题的一个主要方法是极限. 极限理论是微积分的基础，也是现代分析学的基础. 本节将从数列的极限开始，介绍极限的理论和方法，其内容主要包括：数列极限的概念，收敛数列的性质和极限存在的判定准则.

1.2.1　数列极限的概念

　　所谓**数列**，就是正整数集 $\mathbf{Z}^+$ 到实数集 $\mathbf{R}$ 的一个映射 $f:n \to f(n)$，$n \in \mathbf{Z}^+$，也就是定义在 $\mathbf{Z}^+$ 上的一个函数(通常称为**整标函数**). 对于每个 $n \in \mathbf{Z}^+$，按自然数顺序将对应的函数值 $a_n = f(n)$ 排列起来的一排数：

$$a_1, a_2, \cdots, a_n, \cdots$$

简记为$\{a_n\}$. 其中, a_n 称为数列的第 n 项或**通项**, n 为脚标. 例如:

$$\frac{1}{2}, \frac{2}{3}, \frac{3}{4}, \cdots, \frac{n}{n+1}, \cdots;$$

$$2, 4, 8, \cdots, 2^n, \cdots;$$

$$-1, \frac{1}{2}, -\frac{1}{3}, \frac{1}{4}, \cdots, \frac{(-1)^n}{n}, \cdots;$$

$$1, -1, 1, -1, \cdots, (-1)^{n-1}, \cdots.$$

这些都是数列的例子, 它们的通项依次为$\frac{n}{n+1}, 2^n, \frac{(-1)^n}{n}, (-1)^{n-1}$.

在几何上, 数列$\{a_n\}$ 可看作数轴上的一个动点, 它们依次取数轴上的点 $a_1, a_2, \cdots,$ $a_n, \cdots$(见图 1.16).

仔细观察以上几个数列, 不难发现, 随 n 的无限增大, 有的数列有着确定的变化趋势, 也就是说, 随着脚标 n 无限增大, 对应的项 a_n 与某一个数无限接近. 有的数列则没有这种特点. 例如, 数列$\left\{\frac{n}{n+1}\right\}$, 随着 n 的无限增大, 对应的项$\frac{n}{n+1}$ 就与数 1

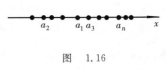

图　1.16

无限接近; 对于数列$\{2^n\}$ 来说, 就不存在任何数, 使得当 n 无限增大时, 对应的项 2^n 与之无限接近.

一般地, 如果随着 n 的无限增大, 数列$\{a_n\}$ 无限接近某个常数 a, 我们就称数 a 是数列$\{a_n\}$ 的**极限**. 例如, 数列$\left\{\frac{n}{n+1}\right\}$ 的极限就是 1; 数列$\left\{\frac{(-1)^n}{n}\right\}$ 的极限就是 0. 数列极限的这种描述, 仅是凭人们的直觉, 给出数列极限的一种直观描述, 并不是数列极限的准确定义, 其关键就在于"无限增大" 和"无限接近" 比较含糊, 给许多问题的解决带来很大的困难. 下面我们将通过对具体例子进行分析, 给出数列极限定义, 其关键就是要对"无限增大" 和"无限接近" 赋予确切的含义.

考察数列: $\frac{1}{2}, \frac{2}{3}, \frac{3}{4}, \cdots, \frac{n}{n+1}, \cdots$, 此时, $a_n = \frac{n}{n+1} = 1 - \frac{1}{n+1}$.

我们知道, 两个数 a 与 b 之间的接近程度可以用这两个数之差的绝对值$|a-b|$ 来度量, $|a-b|$ 越小, a 与 b 就越接近. 对数列$\left\{\frac{n}{n+1}\right\}$ 来说, 因为

$$|a_n - 1| = \left|1 - \frac{1}{n+1} - 1\right| = \frac{1}{n+1},$$

由此可见, 当 n 越来越大时, $|a_n - 1| = \frac{1}{n+1}$ 就越来越小, 从而 a_n 就越来越接近 1. 也就是说, 只要 n 充分大, $|a_n - 1| = \frac{1}{n+1}$ 就可以小于任意给定的正数. 例如, 给定$\frac{1}{100}$, 则由$\frac{1}{n+1} < \frac{1}{100}$ 可见, 只要 $n > 99$, 即只要从 100 项 a_{100} 开始, 后面的一切项

$$a_{100}, a_{101}, a_{102}, \cdots, a_n, \cdots$$

都能使不等式

$$|a_n - 1| < \frac{1}{100}$$

成立. 同样,给定 $\dfrac{1}{1\,000}$,则从第 $1\,000$ 项 $a_{1\,000}$ 开始,后面的一切项

$$a_{1\,000},\,a_{1\,001},\,a_{1\,002},\,\cdots,\,a_n,\,\cdots$$

都能使不等式 $$\left|\,a_n-1\,\right|<\dfrac{1}{1\,000}$$

成立. 一般地,不论给定的正数 ε 多么小,总存在一个正整数 N,使得对于 $n>N$ 时的一切 a_n,即

$$a_{N+1},\,a_{N+2},\,\cdots,\,a_n,\,\cdots$$

都能使不等式 $$\left|\,a_n-a\,\right|<\varepsilon$$

成立,这就是数列 $\left\{\dfrac{n}{n+1}\right\}$ 当 n 无限增大时无限接近于 1 的本质.

　　由以上分析可以看出,n"无限增大"时 a_n 与数 a"无限接近",可以利用 n 大于某个正整数以后的各项都满足 $\left|\,a_n-a\,\right|$ 小于任意给定的正数来描述. 它揭示了 a_n 随 n 的增大无限接近于 a 的本质,并且也给出了"无限增大"和"无限接近"定量的表示方法,为以后的应用带来了极大的方便. 我们抛开数列 $\left\{\dfrac{n}{n+1}\right\}$ 这个具体的例子,抽象出其本质,就得到了数列 $\{a_n\}$ 以 a 为极限的精确定义.

> **定义 1.3**　设 $\{a_n\}$ 为一个数列,$a\in\mathbf{R}$ 为一常数. 如果对于任意给定的正数 ε,总存在正整数 N,使得对于 $n>N$ 时的一切 a_n,不等式
> $$\left|\,a_n-a\,\right|<\varepsilon$$
> 都成立,则称数列 $\{a_n\}$ **收敛于** a,称 a 为数列 $\{a_n\}$ 的**极限**. 记作
> $$\lim_{n\to\infty}a_n=a \quad 或 \quad a_n\to a\,(n\to\infty).$$
> 不收敛的数列称为**发散数列**.

　　定义 1.3 的叙述方式常称为数列极限的"ε - N"语言. 当用 $\forall$ 表示"任意的",用 $\exists$ 表示"存在"时,它又可以用这些记号叙述为:

　　　　若对 $\forall\varepsilon>0,\exists N\in\mathbf{Z}^+$,当 $n>N$ 时,$\left|\,a_n-a\,\right|<\varepsilon$,则 $\lim\limits_{n\to\infty}a_n=a$.

　　在定义 1.3 中,正数 ε 是任意给定的,可以充分小,用它刻画 a_n 与 a 的接近程度;正整数 N 与 ε 有关,常记成 $N(\varepsilon)$,用它描述收敛数列的项会随 ε 变小而使第 $N(\varepsilon)$ 项以后的项 a_n 都与 a 充分接近,即使得 $\left|\,a_n-a\,\right|<\varepsilon$ 成立.

　　数列极限存在时有着较为简单的几何解释:对于任意给定的正数 ε,数列 $\{a_n\}$ 的项 a_{N+1},a_{N+2},$\cdots$ 都落在了以 a 为中心,以 ε 为半径的邻域 $(a-\varepsilon,a+\varepsilon)$ 内(见图 1.17).

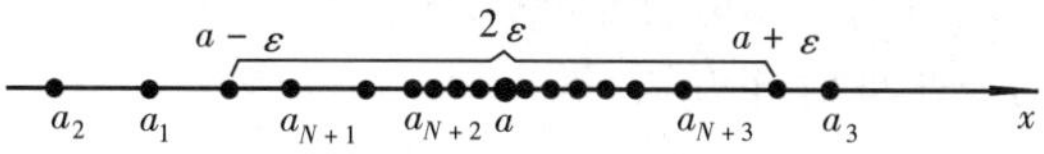

图　1.17

例 1.1　用数列极限的定义证明 $\lim\limits_{n\to\infty}\dfrac{n+(-1)^n}{n}=1$.

分析 要证明数列 $a_n = \dfrac{n+(-1)^n}{n}$ 的极限是 1,由定义可知,就是要做到对任意给定的 $\varepsilon > 0$,都能求出相应的正整数 N,使得当 $n > N$ 时,总有不等式 $\left| \dfrac{n+(-1)^n}{n} - 1 \right| < \varepsilon$,即 $\dfrac{1}{n} < \varepsilon$ 成立. 为此,只需 $n > \dfrac{1}{\varepsilon}$ 就够了. 由此可见,可以取 $N = \left[\dfrac{1}{\varepsilon} \right] + 1 \left(\text{或取 } N > \dfrac{1}{\varepsilon} \right)$.

证 对于任意给定的 $\varepsilon > 0$,取 $N = \left[\dfrac{1}{\varepsilon} \right] + 1$,则当 $n > N$ 时,就有

$$\left| \frac{n+(-1)^n}{n} - 1 \right| = \frac{1}{n} < \frac{1}{N} < \frac{1}{\left[\dfrac{1}{\varepsilon} \right] + 1} < \frac{1}{\dfrac{1}{\varepsilon}} = \varepsilon,$$

所以

$$\lim_{n \to \infty} \frac{n+(-1)^n}{n} = 1.$$

例 1.2 用数列极限的定义证明 $\lim\limits_{n \to \infty} \dfrac{n}{3^n} = 0$.

分析 由二项式公式得,当 $n > 1$ 时

$$3^n = (1+2)^n = 1 + n \cdot 2 + \frac{n(n-1)}{2} \cdot 2^2 + \cdots + 2^n > 2n(n-1) > n^2.$$

对于任给 $\varepsilon > 0$,要使 $\left| \dfrac{n}{3^n} - 0 \right| = \dfrac{n}{3^n} < \varepsilon$,由上面的不等式可知只需使 $\dfrac{n}{n^2} < \varepsilon$,即 $n > \dfrac{1}{\varepsilon}$,故可以取 $N > \max\left\{ \dfrac{1}{\varepsilon}, 1 \right\} \left(\text{或取 } N = \max\left\{ \left[\dfrac{1}{\varepsilon} \right] + 1, 1 \right\} \right)$.

证 对于任意给定的 $\varepsilon > 0$,取 $N > \dfrac{1}{\varepsilon}$,则当 $n > N$ 时,就有

$$\left| \frac{n}{3^n} - 0 \right| = \frac{n}{3^n} < \frac{n}{n^2} = \frac{1}{n} < \frac{1}{N} < \frac{1}{\dfrac{1}{\varepsilon}} = \varepsilon,$$

所以

$$\lim_{n \to \infty} \frac{n}{3^n} = 0.$$

在上例中,由于从不等式 $\dfrac{n}{3^n} < \varepsilon$ 中求解 n 有困难,所以利用二项式公式将不等式左端适当地放大,然后再求出 N. 这是在利用定义证明数列极限时常用的技巧.

1.2.2 收敛数列的性质及收敛性判定准则

数列极限的定义 1.3 并未直接提供如何去求数列的极限. 因此,对于给定的一个数列 $\{a_n\}$,如何判定它是否收敛;如果收敛,又怎样计算它的极限,这是极限理论中至关重要的两个基本问题. 为此,我们先讨论数列极限的一些常用性质和数列收敛性的判定准则,然后再介绍解决上述两个基本问题的一些理论和方法.

性质 1(唯一性) 收敛数列的极限是唯一的.

证 用反证法. 假设 $\lim\limits_{n \to \infty} a_n = a$, $\lim\limits_{n \to \infty} a_n = b$. 不妨设 $a < b$, 取 $\varepsilon = \dfrac{b-a}{2} > 0$.

因为 $\lim\limits_{n \to \infty} a_n = a$, 故存在 $N_1 \in \mathbf{Z}^+$,使得当 $n > N_1$ 时,有

$$|a_n - a| < \varepsilon = \frac{b-a}{2}. \tag{1.1}$$

同理,因为 $\lim\limits_{n\to\infty} a_n = b$,故存在 $N_2 \in \mathbf{Z}^+$,使得当 $n > N_2$ 时,有

$$|a_n - b| < \varepsilon = \frac{b-a}{2}. \tag{1.2}$$

取 $N = \max\{N_1, N_2\}$,则当 $n > N$ 时,不等式(1.1)和(1.2)同时成立. 但由不等式(1.1)有 $a_n < \frac{a+b}{2}$,由不等式(1.2)有 $a_n > \frac{a+b}{2}$,矛盾. 所以,收敛数列的极限是唯一的.

设 $\{a_n\}$ 是一个数列,如果存在正数 M,使得一切 a_n 都满足不等式

$$|a_n| \leqslant M,$$

则称数列 $\{a_n\}$ 是**有界数列**;如果这样的正数 M 不存在,则称数列 $\{a_n\}$ 是**无界数列**.

> **性质 2(有界性)**　收敛数列是有界的.

证　设 $\lim\limits_{n\to\infty} a_n = a$. 那么对于 $\varepsilon = 1$,存在 $N \in \mathbf{Z}^+$,使得对一切 $n > N$ 时的 a_n,不等式

$$|a_n - a| < 1$$

都成立. 从而,当 $n > N$ 时

$$|a_n| = |a_n - a + a| \leqslant |a_n - a| + |a| < 1 + |a|.$$

令 $M = \max\{|a_1|, |a_2|, \cdots, |a_N|, 1 + |a|\}$,则对任意的 n,都有

$$|a_n| \leqslant M.$$

所以数列 $\{a_n\}$ 是有界数列.

注:数列有界是数列收敛的必要条件,而不是充分条件. 也就是说,无界数列必定发散,有界数列不一定收敛. 例如,数列 $\{2^n\}$,$\{n(n+1)\}$ 都是无界数列,因而它们都是发散的. 数列 $\{(-1)^n\}$ 是有界的,但却不收敛.

> **性质 3(保号性)**　设 $\lim\limits_{n\to\infty} a_n = a$,且 $a \neq 0$. 则存在 $N \in \mathbf{Z}^+$,使得当 $n > N$ 时的一切 a_n 都与 a 同号.

证　不妨设 $a > 0$. 由于 $a_n \to a (n \to \infty)$,所以,对于 $\varepsilon = \frac{a}{2}$,存在 $N \in \mathbf{Z}^+$,使得当 $n > N$ 时的一切 a_n,都满足不等式

$$|a_n - a| < \varepsilon = \frac{a}{2}.$$

因此,$a_n - a > -\frac{a}{2}$,即 $a_n > \frac{a}{2} > 0$.

类似可证 $a < 0$ 的情形.

> **定理 1.1(有理运算法则)**　设 $\lim\limits_{n\to\infty} a_n = a$,$\lim\limits_{n\to\infty} b_n = b$,则
>
> (1) $\lim\limits_{n\to\infty}(a_n \pm b_n) = a \pm b$;　　　　(2) $\lim\limits_{n\to\infty}(a_n b_n) = ab$;
>
> (3) $\lim\limits_{n\to\infty} \dfrac{a_n}{b_n} = \dfrac{a}{b}$　　$(b \neq 0)$.

证　仅证明(2),其余留给读者.

因为 $\lim\limits_{n\to\infty} a_n = a$，所以，对于任意给定 $\varepsilon > 0$，存在 $N_1 \in \mathbf{Z}^+$，当 $n > N_1$ 时，

$$|a_n - a| < \varepsilon. \tag{1.3}$$

因为 $\lim\limits_{n\to\infty} b_n = b$，所以，对上述 $\varepsilon > 0$，存在 $N_2 \in \mathbf{Z}^+$，当 $n > N_2$ 时，

$$|b_n - b| < \varepsilon. \tag{1.4}$$

令 $N = \max\{N_1, N_2\}$，则当 $n > N$ 时，不等式(1.3)、(1.4) 同时成立.

又根据性质 2，存在 $M > 0$，对任意的 $n \in \mathbf{Z}^+$，都有 $|b_n| \leqslant M$，所以，当 $n > N$ 时，有

$$|a_n b_n - ab| = |a_n b_n - b_n a + b_n a - ab| \leqslant |b_n||a_n - a| + |a||b_n - b|$$
$$\leqslant M \cdot \varepsilon + |a|\varepsilon = (M + |a|)\varepsilon.$$

由于 $(M + |a|)\varepsilon$ 是一个任意小的正数，所以结论成立.

定理 1.1 中的(1) 与(2) 可以推广到有限个数列的情形，并且由(2) 还可得到：

$$\lim\limits_{n\to\infty} k a_n = ka, \quad \lim\limits_{n\to\infty} (a_n)^m = a^m, \text{其中 } k \in \mathbf{R}, m \in \mathbf{Z}^+.$$

例 1.3　求 $\lim\limits_{n\to\infty}\left(\dfrac{1}{n^3} + \dfrac{2^2}{n^3} + \cdots + \dfrac{n^2}{n^3}\right)$.

解　原式 $= \lim\limits_{n\to\infty} \dfrac{1^2 + 2^2 + \cdots + n^2}{n^3} = \lim\limits_{n\to\infty} \dfrac{n(n+1)(2n+1)}{6n^3}$

$$= \lim\limits_{n\to\infty} \dfrac{1}{6}\left(1 + \dfrac{1}{n}\right)\left(2 + \dfrac{1}{n}\right) = \dfrac{1}{3}.$$

例 1.4　求 $\lim\limits_{n\to\infty}\left[\dfrac{1}{1 \cdot 2} + \dfrac{1}{2 \cdot 3} + \cdots + \dfrac{1}{n(n+1)}\right]$.

解　原式 $= \lim\limits_{n\to\infty}\left[\left(1 - \dfrac{1}{2}\right) + \left(\dfrac{1}{2} - \dfrac{1}{3}\right) + \cdots + \left(\dfrac{1}{n} - \dfrac{1}{n+1}\right)\right]$

$$= \lim\limits_{n\to\infty}\left(1 - \dfrac{1}{n+1}\right)$$

$$= 1.$$

定理 1.2(保序性)　设 $\lim\limits_{n\to\infty} a_n = a, \lim\limits_{n\to\infty} b_n = b$. 若存在 $N \in \mathbf{Z}^+$，当 $n > N$ 时，$a_n \leqslant b_n$. 则 $a \leqslant b$.

证　反证法. 若 $a > b$，则 $\lim\limits_{n\to\infty}(a_n - b_n) = a - b > 0$. 由性质3，存在 $N \in \mathbf{Z}^+$，当 $n > N$ 时，$a_n - b_n > 0$，从而 $a_n > b_n$. 与已知条件矛盾，故 $a \leqslant b$.

准则 I(夹逼原理)　设 $\lim\limits_{n\to\infty} a_n = a, \lim\limits_{n\to\infty} b_n = b$. 若存在 $N \in \mathbf{Z}^+$，当 $n > N$ 时，$a_n \leqslant c_n \leqslant b_n$，且 $a = b$. 则

$$\lim\limits_{n\to\infty} c_n = a.$$

证　对任意给定的 $\varepsilon > 0$，因为 $\lim\limits_{n\to\infty} a_n = a$，所以，存在 $N_1 \in \mathbf{Z}^+$，当 $n > N_1$ 时，

$$|a_n - a| < \varepsilon. \tag{1.5}$$

因为 $\lim\limits_{n\to\infty} b_n = a$，所以，对前面的 $\varepsilon > 0$，存在 $N_2 \in \mathbf{Z}^+$，当 $n > N_2$ 时，

$$|b_n - a| < \varepsilon. \tag{1.6}$$

取 $\overline{N} = \max\{N_1, N_2, N\}$，则当 $n > \overline{N}$ 时，不等式(1.5)、(1.6) 同时成立，从而有

$$a - \varepsilon < a_n \leqslant c_n \leqslant b_n < a + \varepsilon.$$

即 $|c_n - a| < \varepsilon$. 故 $\lim\limits_{n \to \infty} c_n = a$.

例 1.5　证明: $\lim\limits_{n \to \infty} \sqrt[m]{1 + \dfrac{1}{n}} = 1, m \in \mathbf{Z}^+$.

证　由于 $1 < \sqrt[m]{1 + \dfrac{1}{n}} < 1 + \dfrac{1}{n}$, 并且 $\lim\limits_{n \to \infty} \left(1 + \dfrac{1}{n}\right) = 1$, 故由准则 I, 得

$$\lim_{n \to \infty} \sqrt[m]{1 + \frac{1}{n}} = 1, \quad m \in \mathbf{Z}^+.$$

例 1.6　证明: $\lim\limits_{n \to \infty} \left(\dfrac{1}{\sqrt{n^2 + 1}} + \dfrac{1}{\sqrt{n^2 + 2}} + \cdots + \dfrac{1}{\sqrt{n^2 + n}}\right) = 1$.

证　由于

$$\frac{n}{\sqrt{n^2 + n}} \leqslant \frac{1}{\sqrt{n^2 + 1}} + \frac{1}{\sqrt{n^2 + 2}} + \cdots + \frac{1}{\sqrt{n^2 + n}} \leqslant \frac{n}{\sqrt{n^2 + 1}},$$

且

$$\lim_{n \to \infty} \frac{n}{\sqrt{n^2 + n}} = \lim_{n \to \infty} \frac{1}{\sqrt{1 + \dfrac{1}{n}}} = 1,$$

$$\lim_{n \to \infty} \frac{n}{\sqrt{n^2 + 1}} = \lim_{n \to \infty} \frac{1}{\sqrt{1 + \dfrac{1}{n^2}}} = 1,$$

故由夹逼原理可知结论成立.

例 1.7　证明 $\lim\limits_{n \to \infty} \sqrt[n]{a} = 1 \ (a > 0)$.

证　当 $a = 1$ 时结论显然成立.

当 $a > 1$ 时, 令 $\sqrt[n]{a} = 1 + x_n, x_n > 0$. 由二项式公式

$$a = (1 + x_n)^n = 1 + n x_n + \frac{n(n-1)}{2!} x_n^2 + \cdots + x_n^n > 1 + n x_n$$

从而有

$$1 < \sqrt[n]{a} = 1 + x_n < \frac{a-1}{n} + 1.$$

由夹逼原理得知　　　$\lim\limits_{n \to \infty} \sqrt[n]{a} = 1$.

当 $0 < a < 1$ 时, 由于 $\dfrac{1}{a} > 1$, 从而 $\lim\limits_{n \to \infty} \sqrt[n]{a} = \lim\limits_{n \to \infty} \dfrac{1}{\sqrt[n]{1/a}} = 1$.

综合上面三种情况, 得

$$\lim_{n \to \infty} \sqrt[n]{a} = 1 \ (a > 0).$$

下面我们介绍判定数列收敛性的两个基本准则, 它们在极限理论中起着非常重要的作用. 为此, 先给出数列的单调性.

设有数列 $\{a_n\}$, 若对任何 $n \in \mathbf{Z}^+$, 都有 $a_n \leqslant a_{n+1} (a_n \geqslant a_{n+1})$, 则称数列 $\{a_n\}$ 是**单调增加的** (**减少的**); 若对任何 $n \in \mathbf{Z}^+$, 都有 $a_n < a_{n+1} (a_n > a_{n+1})$, 则称数列 $\{a_n\}$ 是**严格单调增加的(减少的)**. 单调增加与单调减少(严格单调增加与严格单调减少)数列统称为**单调(严格单调)数列**.

准则 Ⅱ 单调有界数列必有极限.

在性质 2 中曾经指出:有界的数列不一定收敛. 现在准则 Ⅱ 表明,当数列有界,而且单调时,那么数列的极限必定存在. 另外,由于数列的收敛性与前若干项无关,因此,一个数列只要当 n 充分大时单调,就可以给出其收敛的结论了.

例 1.8 设 $a_n = \dfrac{a^n}{n!}$ $(a \in \mathbf{R})$,证明数列 $\{a_n\}$ 是收敛的,并且 $\lim\limits_{n \to \infty} \dfrac{a^n}{n!} = 0$.

证 当 $a = 0$ 时,结论显然成立;

当 $a > 0$ 时,由于

$$\frac{a_{n+1}}{a_n} = \frac{\dfrac{a^{n+1}}{(n+1)!}}{\dfrac{a^n}{n!}} = \frac{a}{n+1},$$

所以,当 $n > a - 1$ 时有 $\dfrac{a_{n+1}}{a_n} < 1$,故 $\{a_n\}$ 从某项以后是严格单调减少的. 又由 $a_n = \dfrac{a^n}{n!} > 0$ 知 $\{a_n\}$ 有下界. 根据单调有界准则可知,数列 $\{a_n\}$ 是收敛的.

为求 $\{a_n\}$ 的极限,设 $\lim\limits_{n \to \infty} a_n = A$. 在等式 $a_{n+1} = \dfrac{a}{n+1} a_n$ 两边取极限得

$$\lim_{n \to \infty} a_{n+1} = \lim_{n \to \infty} \frac{a}{n+1} \cdot \lim_{n \to \infty} a_n,$$

即

$$A = 0 \cdot A.$$

因此,$A = 0$,故

$$\lim_{n \to \infty} \frac{a^n}{n!} = 0;$$

当 $a < 0$ 时,则由不等式

$$-\frac{|a|^n}{n!} \leqslant \frac{a^n}{n!} \leqslant \frac{|a|^n}{n!}$$

与夹逼原理可得

$$\lim_{n \to \infty} \frac{a^n}{n!} = 0.$$

综上,有

$$\lim_{n \to \infty} \frac{a^n}{n!} = 0 \ (a \in \mathbf{R}).$$

例 1.9 设 $a_n = \left(1 + \dfrac{1}{n}\right)^n$,证明数列 $\{a_n\}$ 收敛.

证 先证 $\{a_n\}$ 单调增加. 由二项式公式得

$$a_n = 1 + n \cdot \frac{1}{n} + \frac{n(n-1)}{2!} \cdot \frac{1}{n^2} + \cdots + \frac{n(n-1)\cdots(n-k+1)}{k!} \cdot \frac{1}{n^k} +$$

$$\cdots + \frac{n(n-1)\cdots 2 \cdot 1}{n!} \cdot \frac{1}{n^n}$$

$$= 2 + \frac{1}{2!}\left(1 - \frac{1}{n}\right) + \cdots + \frac{1}{k!}\left(1 - \frac{1}{n}\right)\left(1 - \frac{2}{n}\right)\cdots\left(1 - \frac{k-1}{n}\right) +$$

$$\cdots + \frac{1}{n!}\left(1 - \frac{1}{n}\right)\left(1 - \frac{2}{n}\right)\cdots\left(1 - \frac{n-1}{n}\right).$$

上式右端共有 n 项且每项都是正的,其一般项为

$$\frac{1}{k!}\left(1-\frac{1}{n}\right)\left(1-\frac{2}{n}\right)\cdots\left(1-\frac{k-1}{n}\right).$$

易见当 n 增大时,不但项数增加,而且各项的值也随之增大.因此 $\{a_n\}$ 严格单调增加.

再证 $\{a_n\}$ 有上界.在 a_n 的展开式中,从第二项开始用 1 代替每项中括号内的数,并利用不等式 $2^{k-1}<k!(k>2)$,可知

$$a_n<1+1+\frac{1}{2!}+\frac{1}{3!}+\cdots+\frac{1}{n!}<1+1+\frac{1}{2}+\frac{1}{2^2}+\cdots+\frac{1}{2^{n-1}}=3-\frac{1}{2^{n-1}}<3.$$

根据单调有界准则,$\{a_n\}$ 是收敛的.通常用 e 表示它的极限值.从而得到一个常用的重要极限

$$\lim_{n\to\infty}\left(1+\frac{1}{n}\right)^n=\mathrm{e}.$$

可以证明 e 是一个无理数,它就是在第一节所讲到的指数函数 $y=\mathrm{e}^x$ 和对数函数 $y=\ln x$ 中的底,它的值是

$$\mathrm{e}=2.718\,282\,818\,459\,045\cdots.$$

一个收敛数列 $\{a_n\}$ 在直观上有一个很明显的特点:当 n 充分大以后,它的任意两项在数轴上所对应的点之间的距离可以任意小,反之也成立.把这个事实抽象出来就得到一个用以判别数列收敛性的另一个准则

> **柯西[①]收敛准则**　数列 $\{a_n\}$ 收敛的充分必要条件是:对任意给定的正数 ε,存在着这样的正整数 N,使得当 $m>N,n>N$ 时,就有
> $$|a_n-a_m|<\varepsilon.$$

这个准则不方便用来判别一个具体数列的敛散性,但它有很重要的理论价值.

习　题　1.2

1. 下列说法能否作为 a 是数列 $\{x_n\}$ 的极限的定义?为什么?

(1) 对于无穷多个 $\varepsilon>0$,存在 $N\in\mathbf{N}$,当 $n>N$ 时,不等式 $|x_n-a|<\varepsilon$ 成立;

(2) 对于任给的 $\varepsilon>0$,存在 $N\in\mathbf{N}$,当 $n>N$ 时,有无穷多项 x_n,使不等式 $|x_n-a|<\varepsilon$ 成立.

2. 下列结论是否正确?若不正确,请举出反例.

(1) 若 $\lim\limits_{n\to\infty}a_n=A$,则 $\lim\limits_{n\to\infty}|a_n|=|A|$;

(2) 若 $\lim\limits_{n\to\infty}|a_n|=|A|$,则 $\lim\limits_{n\to\infty}a_n=A\,(A\neq 0)$;

(3) 若 $\lim\limits_{n\to\infty}|a_n|=0$,则 $\lim\limits_{n\to\infty}a_n=0$;

(4) 若 $\lim\limits_{n\to\infty}a_n=A$,则 $\lim\limits_{n\to\infty}a_{n+1}=A$;

(5) 若 $\lim\limits_{n\to\infty}a_n=A$,则 $\lim\limits_{n\to\infty}\dfrac{a_{n+1}}{a_n}=1$;

(6) 若 $\{a_n\}$ 收敛,$\{b_n\}$ 发散,则 $\{a_n+b_n\}$ 发散.

***3.** 设数列 x_n 有界,$\lim\limits_{n\to\infty}y_n=0$,证明:$\lim\limits_{n\to\infty}x_n y_n=0$.

***4.** 对于数列 $\{x_n\}$,若其奇数项与偶数项所组成的子数列 $\{x_{2k}\}$ 与子数列 $\{x_{2k+1}\}$ 都收敛于同一个极限 a,证明 $\{x_n\}$ 也收敛于 a.

5. 求下列数列的极限:

(1) $\lim\limits_{n\to\infty}\dfrac{(n+1)(n+2)(n+3)}{4n^3}$;

(2) $\lim\limits_{n\to\infty}\dfrac{3^n+(-2)^n}{3^{n+1}+(-2)^{n+1}}$;

(3) $\lim\limits_{n\to\infty}\left(\dfrac{1+2+\cdots+n}{n+2}-\dfrac{n}{2}\right)$;

(4) $\lim\limits_{n\to\infty}\sqrt{n}\left(\sqrt{n+4}-\sqrt{n}\right)$;

---

① 柯西(A. L. Cauchy),1789—1856,法国数学家.

(5) $\lim\limits_{n\to\infty}\left(1+\dfrac{1}{n+1}\right)^n$;

(6) $\lim\limits_{n\to\infty}\left(\dfrac{n+1}{n+2}\right)^{3n}$;

(7) $\lim\limits_{n\to\infty}\left(1-\dfrac{1}{2^2}\right)\left(1-\dfrac{1}{3^2}\right)\cdots\left(1-\dfrac{1}{n^2}\right)$;

(8) $\lim\limits_{n\to\infty}\left(\dfrac{1}{n^2+\pi}+\dfrac{1}{n^2+2\pi}+\cdots+\dfrac{1}{n^2+n\pi}\right)$;

(9) $\lim\limits_{n\to\infty}\sqrt[n]{2+\sin^2 n}$.

6. 用数列极限存在准则证明下列数列的极限存在,并求极限:

(1) $x_n=\sqrt{2+\sqrt{2+\cdots+\sqrt{2}}}$;

(2) $0<x_1<1,x_{n+1}=1-\sqrt{1-x_n}$;

(3) $a>0,x_1>0,x_{n+1}=\dfrac{1}{2}\left(x_n+\dfrac{a}{x_n}\right)$;

(4) $0<x_1<\sqrt{3},x_{n+1}=\dfrac{3(1+x_n)}{3+x_n}$.

1.3 函数的极限

本节将数列极限的概念、性质及运算法则推广到函数上,然后讨论两类特殊的函数极限:无穷大与无穷小.

1.3.1 函数极限的概念

根据自变量 x 的变化情况,函数的极限可以分为以下两种情况分别讨论.

1. 自变量 x 无限趋大时函数的极限

所谓 x 无限趋大,包括两种情况:x 取正值无限趋大,记作 $x\to+\infty$;x 取负值而 $|x|$ 无限趋大,记作 $x\to-\infty$;x 既可取正值又可取负值而 $|x|$ 无限趋大,记作 $x\to\infty$.

先讨论 $x\to+\infty$ 时函数极限的定义. 对于这种情况,可以假设 $f:(a,+\infty)\to\mathbf{R}(a\in\mathbf{R})$. 由上一节的讨论知,数列 $\{a_n\}$ 实质上是整标函数 $a_n=f(n)\ (n\in\mathbf{Z}^+)$,可见,数列的极限是函数的极限的一种特殊类型,它们的区别只是定义域不同. 前者自变量 x 可以"连续地"取遍 $(a,+\infty)$ 中的每个数(称 x 为连续变量),后者自变量 n 只能"离散地"取正整数(称 n 为离散变量). 因此,仿照数列极限的定义,可以给出当 $x\to+\infty$ 时函数 $f:(a,+\infty)\to\mathbf{R}$ 极限的定义.

> **定义 1.4** 设 $f:(a,+\infty)\to\mathbf{R}$ 是一个实值函数,$A\in\mathbf{R}$. 如果对于任意给定的正数 ε,存在正数 X,使得对于适合不等式 $x>X$ 的一切 x,所对应的函数值 $f(x)$ 都满足不等式
> $$|f(x)-A|<\varepsilon,$$
> 则称数 A 为函数 $f(x)$ 当 $x\to+\infty$ 时的极限,记作
> $$\lim_{x\to+\infty}f(x)=A \quad \text{或} \quad f(x)\to A\ (x\to+\infty).$$

定义叙述方式称为"ε-X"语言. 几何解释为:对任意给定的 $\varepsilon>0$,总能在 x 轴上找到一点 X,使得函数的图像在 X 右边的部分全部落在由 $y=A-\varepsilon$ 及 $y=A+\varepsilon$ 构成的平面带形域(如图 1.18 中阴影部分)内.

当 $x\to-\infty$ 时,只需将定义 1.4 中不等式 $x>X$ 改为 $x<-X$,便得 $\lim\limits_{x\to-\infty}f(x)=A$ 的定义. 同样,$\lim\limits_{x\to\infty}f(x)=A$ 的定义只需把定义 1.4 中的不等式 $x>X$ 改为 $|x|>X$ 即可. 由读者自己完成. 不难证明

$$\lim_{x\to\infty}f(x)=A\Leftrightarrow\begin{cases}\lim\limits_{x\to+\infty}f(x)=A\\[2mm]\lim\limits_{x\to-\infty}f(x)=A\end{cases}.$$

例 1. 10　证明 $\lim\limits_{x\to\infty}\dfrac{1}{x}=0$.

证　对任意给定的 $\varepsilon>0$,要使

$$\left|\frac{1}{x}-0\right|<\varepsilon$$

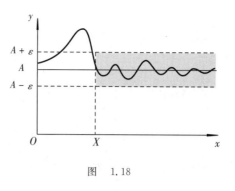

图　1.18

成立,只需要 $|x|>\dfrac{1}{\varepsilon}$ 即可. 所以,如果取 $X=\dfrac{1}{\varepsilon}$,

则当 $|x|>X$ 时,就有

$$\left|\frac{1}{x}-0\right|<\varepsilon$$

成立. 故 $\lim\limits_{x\to\infty}\dfrac{1}{x}=0$.

在几何上明显可以看出,直线 $y=0$ 是函数 $y=\dfrac{1}{x}$ 的图像的水平渐近线.

一般地说,如果 $\lim\limits_{x\to\infty}f(x)=c$,则直线 $y=c$ 是函数 $y=f(x)$ 的图像的**水平渐近线**.

2. 自变量 x 趋于有限值时函数的极限

在实际问题中经常还需要研究当自变量 x 趋于有限值 x_0(记作 $x\to x_0$)时函数的极限.

设 $y=f(x)$ 为任一函数,它在 x_0 的某邻域内有定义. 如果当 $x\to x_0$ 时,$f(x)$ 任意接近于某个常数 $A\in\mathbf{R}$,我们就称 A 是当 $x\to x_0$ 时 $f(x)$ 的极限. 显然,"$f(x)$ 与 A 任意接近"可用 $|f(x)-A|$ 小于任给的 $\varepsilon>0$ 来描述,"$x\to x_0$"可用 $|x-x_0|<\delta\,(\delta>0)$ 来描述. 另外注意到,这类极限讨论的是当 $x\to x_0$ 时函数值 $f(x)$ 的变化趋势,并不需要涉及函数在 x_0 是否有定义以及函数值的大小. 据此,我们给出如下定义.

> **定义 1.5**　设函数 $y=f(x)$ 在 x_0 的某去心邻域内有定义,$A\in\mathbf{R}$. 若对任意给定的 $\varepsilon>0$,总存在正数 δ,使得对于适合不等式 $0<|x-x_0|<\delta$ 的一切 x,对应的函数值 $f(x)$ 都满足不等式
>
> $$|f(x)-A|<\varepsilon,$$
>
> 则称数 A 为 $f(x)$ 当 $x\to x_0$ 时的**极限**,记作
>
> $$\lim\limits_{x\to x_0}f(x)=A\quad\text{或}\quad f(x)\to A(x\to x_0).$$

定义叙述方式称为"ε-δ"语言. 定义用 ε 的任意性来刻画 $f(x)$ 任意接近于 A,用 δ 来刻画 x 趋近于 x_0 的程度,使得只要 $x\in\mathring{U}(x_0,\delta)$(即 $0<|x-x_0|<\delta$),就保证 $f(x)$ 与 A 按 ε 的要求接近,即不等式 $|f(x)-A|<\varepsilon$ 成立. 一般来说,δ 随 ε 的变化而变化. 因此,常记为 $\delta(\varepsilon)$. 但是对给定的 ε,δ 不是唯一的.

定义 1.5 的几何意义是:对于任意给定的 $\varepsilon>0$,总能求得一个 $\delta>0$,使得函数 $y=f(x)$ 在邻域 $\mathring{U}(x_0,\delta)$ 内的图像全部落在由 $y=A-\varepsilon$ 及 $y=A+\varepsilon$ 构成的平面带形域(如图 1.19 中阴影部分)内.

与数列的极限讨论类似,要用定义来验证当 $x\to x_0$ 时 $f(x)$ 的极限是 A,关键在于对任意给定的 $\varepsilon>0$,求出 $\delta>0$,使得当 $0<|x-x_0|<\delta$ 时,不等式 $|f(x)-A|<\varepsilon$ 成立. 由于 $\delta>0$ 并不唯一,因此,在证明中常常可以利用不等式放大技巧来求 δ.

例 1.11 证明 $\lim\limits_{x \to 1}(2x-1) = 1$.

证 任给 $\varepsilon > 0$, 为使
$$|(2x-1)-1| = 2|x-1| < \varepsilon,$$
只要取 $\delta = \dfrac{\varepsilon}{2}$ 即可. 当 $0 < |x-1| < \delta$ 时, 就有

$|(2x-1)-1| < \varepsilon$. 由定义知
$$\lim\limits_{x \to 1}(2x-1) = 1.$$

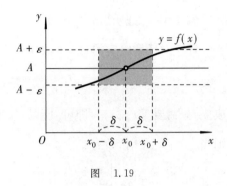

图 1.19

例 1.12 用定义验证 $\lim\limits_{x \to 2}\dfrac{x^2-4}{x-2} = 4$.

证 任给 $\varepsilon > 0$, 为使

$$\left| \frac{x^2-4}{x-2} - 4 \right| = |x-2| < \varepsilon.$$

只要取 $\delta = \varepsilon$ 即可. 因此, 当 $0 < |x-2| < \delta$ 时, 就有 $\left| \dfrac{x^2-4}{x-2} - 4 \right| < \varepsilon$. 由定义知

$$\lim\limits_{x \to 2}\frac{x^2-4}{x-2} = 4.$$

例 1.13 用定义验证 $\lim\limits_{x \to 2}\dfrac{x-2}{x^2-4} = \dfrac{1}{4}$.

证 任给 $\varepsilon > 0$, 由不等式

$$\left| \frac{x-2}{x^2-4} - \frac{1}{4} \right| = \frac{|x-2|}{4|x+2|} < \varepsilon$$

很难求出相应的 δ. 但是, 由于 $x \to 2$, 因此可以限制 x 在 $x_0 = 2$ 的一个小邻域内考察, 例如, 限定 $|x-2| < 1$. 由此可得到 $x > 1$, 故 $|x+2| > 3$, 这样就有

$$\left| \frac{x-2}{x^2-4} - \frac{1}{4} \right| < \frac{|x-2|}{12}.$$

因此, 只要 $|x-2| < 12\varepsilon$, 并且 $|x-2| < 1$ 即可.

取 $\delta = \min\{1, 12\varepsilon\}$, 则当 $0 < |x-2| < \delta$ 时, 就有

$$\left| \frac{x-2}{x^2-4} - \frac{1}{4} \right| < \varepsilon.$$

所以
$$\lim\limits_{x \to 2}\frac{x-2}{x^2-4} = \frac{1}{4}.$$

在当 $x \to x_0$ 时的极限定义中, 要求 x 既从 x_0 的右侧也从 x_0 的左侧趋向于 x_0. 但是, 在许多问题中, 往往只需要 (或只能) 考虑当 x 从 x_0 的一侧趋近于 x_0 时函数的变化趋势, 这就是所谓单侧极限 (左极限和右极限) 问题.

设函数 $f(x)$ 在 x_0 的左侧附近某个范围内有定义. 若对任意给定的 $\varepsilon > 0$, 存在 $\delta > 0$, 使得满足 $x_0 - \delta < x < x_0$ 的所有 x, 对应的函数值 $f(x)$ 都满足不等式
$$|f(x)-A| < \varepsilon,$$
则称 A 为函数 $f(x)$ 当 $x \to x_0$ 时的**左极限**, 记作
$$\lim\limits_{x \to x_0^-}f(x) = A \quad \text{或} \quad f(x_0-0) = A.$$

类似可定义函数 $f(x)$ 的**右极限**,记作 $\lim\limits_{x \to x_0^+} f(x) = A$ 或 $f(x_0 + 0) = A$.

不难证明:

$$\lim_{x \to x_0} f(x) = A \Leftrightarrow \begin{cases} f(x_0 - 0) = A \\ f(x_0 + 0) = A \end{cases}.$$

这个结果表明:函数在点 x_0 处的极限存在当且仅当其在点 x_0 处的左极限、右极限存在且相等. 也就是说,如果函数 $f(x)$ 在点 x_0 处的左、右极限中有一个不存在或者虽然两个都存在但不相等,则函数 $f(x)$ 在点 x_0 处的极限不存在. 该结论常用于讨论分段函数在分段点处极限的存在性.

例 1.14   用定义验证 $\lim\limits_{x \to 0^+} \sqrt{x} = 0$.

证   任给 $\varepsilon > 0$,为使

$$|\sqrt{x} - 0| = \sqrt{x} < \varepsilon,$$

只要取 $\delta = \varepsilon^2$ 即可. 因此,当 $0 < x < \delta$ 时,就有 $|\sqrt{x} - 0| < \varepsilon$. 由定义知

$$\lim_{x \to 0^+} \sqrt{x} = 0.$$

例 1.15   验证函数 $f(x) = \begin{cases} x - 1 & \text{当 } x < 0 \\ 0 & \text{当 } x = 0, \text{当 } x \to 0 \text{ 时极限不存在}. \\ x + 1 & \text{当 } x > 0 \end{cases}$

证   仿照例 1.11 和例 1.14 可证,当 $x \to 0$ 时 $f(x)$ 的左极限

$$\lim_{x \to 0^-} f(x) = \lim_{x \to 0^-} (x - 1) = -1;$$

而右极限

$$\lim_{x \to 0^+} f(x) = \lim_{x \to 0^+} (x + 1) = 1.$$

因为 $\lim\limits_{x \to 0^-} f(x) \neq \lim\limits_{x \to 0^+} f(x)$,所以 $\lim\limits_{x \to 0} f(x)$ 不存在.

1.3.2   无穷小量与无穷大量

无穷小量的理论与极限理论有着非常密切的关系,它在极限理论的发展中起着非常重要的作用. 在历史上,人们对极限理论的认识是通过无穷小量来实现的,极限理论的完善也是随着无穷小理论的完善才逐步完善起来的. 下面,我们将介绍无穷小量的概念和性质,然后介绍与之有着密切联系的无穷大量.

1. 无穷小量及其性质

定义 1.6   当 $x \to x_0 (x \to \infty)$ 时,以零为极限的函数 $\alpha(x)$ 称为当 $x \to x_0 (x \to \infty)$ 时的**无穷小量**,简称为**无穷小**.

读者可以写出无穷小定义的 "ε-N"、"ε-X" 或 "ε-δ" 语言.

例如,x^2 是当 $x \to 0$ 时的无穷小,而 $\dfrac{1}{x}$ 是当 $x \to \infty$ 时的无穷小.

要注意到:无穷小是一个变量,任何绝对值很小的非零常数因为都不再变化,所以不是无穷小. 零常数函数符合无穷小定义,因此是无穷小. 另外,一个函数是否为无穷小,与自变量

的变化趋势有关. 例如, x^2 是当 $x \to 0$ 时的无穷小, 但当 $x \to 1$ 时它就不是无穷小了.

定理 1.3　$\lim\limits_{x \to x_0} f(x) = A$(或 $\lim\limits_{x \to \infty} f(x) = A$) 的充分必要条件是

$$f(x) = A + \alpha(x),$$

其中 $\alpha(x)$ 是当 $x \to x_0$(或 $x \to \infty$) 时的无穷小.

证　仅就 $x \to x_0$ 的情形来证明.

必要性　设 $\lim\limits_{x \to x_0} f(x) = A$, 则对任给 $\varepsilon > 0$, 存在 $\delta > 0$, 当 $x \in \mathring{U}(x_0, \delta)$ 时,

$$|f(x) - A| < \varepsilon.$$

令 $\alpha(x) = f(x) - A$, 则 $\lim\limits_{x \to x_0} \alpha(x) = 0$. 这说明 $\alpha(x)$ 是当 $x \to x_0$ 时的无穷小, 且

$$f(x) = A + \alpha(x).$$

充分性　设 $f(x) = A + \alpha(x)$, 其中 A 是常数, $\alpha(x)$ 是当 $x \to x_0$ 时的无穷小, 于是

$$|f(x) - A| = |\alpha(x)|.$$

因为 $\lim\limits_{x \to x_0} \alpha(x) = 0$, 所以, 对任意给定的 $\varepsilon > 0$, 存在 $\delta > 0$, 使得当 $x \in \mathring{U}(x_0, \delta)$ 时, 有

$$|\alpha(x)| < \varepsilon.$$

即

$$|f(x) - A| = |\alpha(x)| < \varepsilon.$$

这就证明了 $f(x) \to A(x \to x_0)$.

这个定理阐明了函数的极限与无穷小间的密切关系. 根据这个定理, 可以从无穷小出发来定义极限.

定理 1.4　无穷小的性质:
(1) 有限个无穷小的代数和是无穷小;
(2) 有限个无穷小的乘积是无穷小;
(3) 无穷小与有界量的乘积是无穷小.

证　仅证明(3), (1)、(2)的证明留给读者自己去完成.

设函数 $u = u(x)$ 在 x_0 的某邻域 $U(x_0, \delta_1)$ 内是有界的, 即存在 $M > 0$, 使得当 $x \in U(x_0, \delta_1)$ 时,

$$|u| \leqslant M.$$

又设 α 是当 $x \to x_0$ 时的无穷小, 即对任意给定的 $\varepsilon > 0$, 存在 $\delta_2 > 0$, 当 $x \in \mathring{U}(x_0, \delta_2)$ 时, 有

$$|\alpha| < \frac{\varepsilon}{M}.$$

取 $\delta = \min\{\delta_1, \delta_2\}$, 则当 $x \in \mathring{U}(x_0, \delta)$ 时,

$$|u| \leqslant M \quad 及 \quad |\alpha| < \frac{\varepsilon}{M}$$

同时成立. 从而

$$|u\alpha| < M \cdot \frac{\varepsilon}{M} = \varepsilon,$$

这就证明了 $u\alpha \to 0(x \to x_0)$，即 $u\alpha$ 是当 $x \to x_0$ 时的无穷小．

当 $x \to \infty$ 时的情形可同样进行证明．

2. 无穷大量及其性质

如果当 $x \to x_0(x \to \infty)$ 时，对应的函数值的绝对值 $|f(x)|$ 无限增大，则称函数 $f(x)$ 在 $x \to x_0(x \to \infty)$ 时为**无穷大量**，简称为**无穷大**．

定义 1.7　如果对于任意给定的 $M > 0$，总存在 $\delta > 0$（或 $X > 0$），使得对于适合不等式 $0 < |x - x_0| < \delta$（或 $|x| > X$）的一切 x，所对应的函数值 $f(x)$ 都满足不等式
$$|f(x)| > M,$$
则称函数 $f(x)$ 在 $x \to x_0(x \to \infty)$ 时为**无穷大**．记作
$$\lim_{x \to x_0} f(x) = \infty \quad (\lim_{x \to \infty} f(x) = \infty).$$

应当指出，无穷大是一个变量，不能把它与任何绝对值很大的数混为一谈．另外，一个变量是无穷大是相对于自变量的变化趋势而言的，例如，$\dfrac{1}{x}$ 当 $x \to 0$ 时是无穷大，但当 $x \to \infty$ 时它是一个无穷小．

当 $x \to x_0$（或 $x \to \infty$）时为无穷大的函数 $f(x)$，按函数极限的定义来说，极限是不存在的，但为了叙述函数的这一性态，我们仍说"函数的极限是无穷大"，并用记号 $\lim\limits_{x \to x_0} f(x) = \infty$（或 $\lim\limits_{x \to \infty} f(x) = \infty$）来加以表示．

在定义 1.7 中，将 $|f(x)| > M$ 换成 $f(x) > M$（或 $f(x) < -M$）可得 $\lim\limits_{x \to x_0} f(x) = +\infty$ 或 $\lim\limits_{x \to \infty} f(x) = +\infty$（$\lim\limits_{x \to x_0} f(x) = -\infty$ 或 $\lim\limits_{x \to \infty} f(x) = -\infty$）的定义．

在几何上，$\lim\limits_{x \to x_0} f(x) = \infty$ 表示直线 $x = x_0$ 是函数 $y = f(x)$ 的图像的**垂直渐近线**（见图 1.20）．

无穷大量与无穷小量有着密切联系．

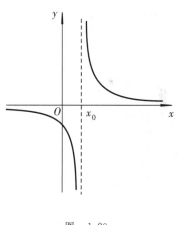

图　1.20

定理 1.5　在自变量的同一变化过程中，如果 $f(x)$ 为无穷大，则 $\dfrac{1}{f(x)}$ 为无穷小；反之，如果 $f(x)$ 为无穷小，且 $f(x) \neq 0$，则 $\dfrac{1}{f(x)}$ 为无穷大．

证　设 $\lim\limits_{x \to x_0} f(x) = \infty$．任意给定 $\varepsilon > 0$，根据无穷大的定义，对于 $M = \dfrac{1}{\varepsilon}$，存在 $\delta > 0$，当 $x \in \mathring{U}(x_0, \delta)$ 时，有
$$|f(x)| > M = \frac{1}{\varepsilon}, \quad 即 \quad \left|\frac{1}{f(x)}\right| < \varepsilon,$$
所以 $\lim\limits_{x \to x_0} \dfrac{1}{f(x)} = 0$，即 $\dfrac{1}{f(x)}$ 当 $x \to x_0$ 时为无穷小．

反过来，设当 $x \to x_0$ 时 $f(x)$ 为无穷小，且 $f(x) \neq 0$．任意给定 $M > 0$，根据 $\lim\limits_{x \to x_0} f(x) =$

0,对于 $\varepsilon = \dfrac{1}{M}$,存在 $\delta > 0$,当 $x \in \overset{\circ}{U}(x_0, \delta)$ 时,有

$$| f(x) | < \varepsilon = \frac{1}{M}.$$

由于 $f(x) \neq 0$,从而

$$\left| \frac{1}{f(x)} \right| > M,$$

所以当 $x \to x_0$ 时,$\dfrac{1}{f(x)}$ 为无穷大.

类似地可证 $x \to \infty$ 时的情形.

1.3.3 函数极限的性质及运算法则

函数极限有与数列极限相应的一些性质和运算法则,它们可以像数列极限一样利用函数极限的定义来证明.下面仅给出部分性质的证明,其余的由读者补证.

性质 1(唯一性) 若 $\lim\limits_{x \to x_0} f(x)$ 存在,则必唯一.

性质 2(局部有界性) 若 $\lim\limits_{x \to x_0} f(x) = A$,则 $f(x)$ 是局部有界的,即存在 $M > 0, \delta > 0$,使得当 $x \in \overset{\circ}{U}(x_0, \delta)$ 时,恒有

$$| f(x) | \leqslant M.$$

证 由于 $\lim\limits_{x \to x_0} f(x) = A$,故对 $\varepsilon = 1$,存在 $\delta > 0$,对任意的 $x \in \overset{\circ}{U}(x_0, \delta)$,有 $| f(x) - A | < 1$,从而

$$| f(x) | = | f(x) - A + A | < 1 + | A |,$$

故 $f(x)$ 是局部有界的.

性质 3(局部保号性) 设 $\lim\limits_{x \to x_0} f(x) = A$. 若 $A \neq 0$,则存在 $\delta > 0$,使得当 $x \in \overset{\circ}{U}(x_0, \delta)$ 时,$f(x)$ 与 A 同号.

证 设 $A > 0$,由于 $\lim\limits_{x \to x_0} f(x) = A$,取 $\varepsilon = \dfrac{A}{2} > 0$,存在 $\delta > 0$,使得当 $x \in \overset{\circ}{U}(x_0, \delta)$ 时,

$$| f(x) - A | < \frac{A}{2}, \quad \text{即} \quad f(x) > A - \frac{A}{2} = \frac{A}{2} > 0.$$

这就证明了所给命题.同理可证 $A < 0$ 的情形.

定理 1.6(有理运算法则) 设 $\lim\limits_{x \to x_0} f(x) = A, \lim\limits_{x \to x_0} g(x) = B$,则

(1) $\lim\limits_{x \to x_0} [f(x) \pm g(x)] = A \pm B$;   (2) $\lim\limits_{x \to x_0} [f(x) g(x)] = AB$;

(3) 当 $B \neq 0$ 时,$\lim\limits_{x \to x_0} \dfrac{f(x)}{g(x)} = \dfrac{A}{B}$.

证 (1) 因为 $\lim\limits_{x \to x_0} f(x) = A, \lim\limits_{x \to x_0} g(x) = B$,所以,由定理 1.3,$f(x) = A + \alpha(x)$,$g(x) = B + \beta(x)$,其中 $\alpha(x)$ 和 $\beta(x)$ 都是当 $x \to x_0$ 时的无穷小. 于是

$$f(x) \pm g(x) = (A \pm B) + [\alpha(x) \pm \beta(x)].$$

由定理 1.4 可知 $\alpha(x) \pm \beta(x)$ 是 $x \to x_0$ 时的无穷小,所以由定理 1.3 可知

$$\lim_{x \to x_0} [f(x) \pm g(x)] = A \pm B.$$

(2) 留给读者自己完成.

(3) 与(1)一样,$f(x) = A + \alpha(x)$,$g(x) = B + \beta(x)$,且 $\alpha(x)$ 和 $\beta(x)$ 是当 $x \to x_0$ 时的无穷小. 于是,设

$$\gamma = \frac{f(x)}{g(x)} - \frac{A}{B},$$

则

$$\gamma = \frac{A + \alpha(x)}{B + \beta(x)} - \frac{A}{B} = \frac{1}{B[B + \beta(x)]} [B\alpha(x) - A\beta(x)].$$

上式表明,γ 可看作无穷小 $B\alpha(x) - A\beta(x)$ 与另一个函数 $\dfrac{1}{B[B + \beta(x)]}$ 的乘积. 下面我们证明

函数 $\dfrac{1}{B[B + \beta(x)]}$ 在 x_0 的某邻域内有界.

事实上,由于 $\lim\limits_{x \to x_0} \beta(x) = 0$,又 $B \neq 0$. 因此对于 $\dfrac{|B|}{2} > 0$,存在 $\delta > 0$,当 $x \in \overset{\circ}{U}(x_0, \delta)$ 时,有

$$|\beta(x)| < \frac{|B|}{2},$$

于是

$$|B + \beta(x)| \geqslant |B| - |\beta(x)| > \frac{|B|}{2}.$$

从而

$$|B(B + \beta(x))| = |B| \, |B + \beta(x)| > \frac{|B|^2}{2}.$$

所以

$$\left| \frac{1}{B[B + \beta(x)]} \right| < \frac{2}{|B|^2}.$$

这就证明了 $\dfrac{1}{B[B + \beta(x)]}$ 在 x_0 点的 δ 邻域内有界.

因此,根据定理 1.4,γ 是 $x \to x_0$ 时的无穷小,且

$$\frac{f(x)}{g(x)} = \frac{A}{B} + \gamma,$$

由定理 1.3,得

$$\lim_{x \to x_0} \frac{f(x)}{g(x)} = \frac{A}{B}.$$

定理 1.6 的结论(1)和(2)可推广到有限个函数的代数和及有限个函数相乘的情况,另外还有如下推论.

推论 1　若 $\lim\limits_{x \to x_0} f(x)$ 存在,且 c 是常数,则 $\lim\limits_{x \to x_0} [c \cdot f(x)] = c \cdot \lim\limits_{x \to x_0} f(x)$.

推论 2　若 $\lim\limits_{x \to x_0} f(x)$ 存在,而 n 为正整数,则 $\lim\limits_{x \to x_0} [f(x)]^n = [\lim\limits_{x \to x_0} f(x)]^n$.

上述性质和运算对于 $x \to \infty$ 的情况也成立.

定理 1.7 设 $\lim\limits_{x \to x_0} f(x) = A, \lim\limits_{x \to x_0} g(x) = B.$

(1)**(局部保序性)** 若存在 $\delta > 0$, 使得当 $x \in \overset{\circ}{U}(x_0, \delta)$ 时, $f(x) \leqslant g(x)$, 则 $A \leqslant B.$

(2)**(夹逼原理)** 若存在 $\delta > 0$, 使得当 $x \in \overset{\circ}{U}(x_0, \delta)$ 时,

$$f(x) \leqslant \varphi(x) \leqslant g(x),$$

且 $A = B$, 则 $\lim\limits_{x \to x_0} \varphi(x) = A.$

例 1.16 求 $\lim\limits_{x \to 1}(3x + 2).$

解 原式 $= \lim\limits_{x \to 1} 3x + \lim\limits_{x \to 1} 2 = 3 \lim\limits_{x \to 1} x + 2 = 3 \times 1 + 2 = 5.$

例 1.17 求 $\lim\limits_{x \to -1} \dfrac{x^2 + 2x + 5}{x^2 + 1}.$

解 因为 $\lim\limits_{x \to -1}(x^2 + 1) = 2 \neq 0$, 故

$$原式 = \frac{\lim\limits_{x \to -1}(x^2 + 2x + 5)}{\lim\limits_{x \to -1}(x^2 + 1)} = \frac{\lim\limits_{x \to -1} x^2 + 2\lim\limits_{x \to -1} x + \lim\limits_{x \to -1} 5}{\lim\limits_{x \to -1} x^2 + \lim\limits_{x \to -1} 1} = \frac{1 - 2 + 5}{1 + 1} = 2.$$

例 1.18 求 $\lim\limits_{x \to \infty} \dfrac{x^2 + 2x + 7}{x^2 + x + 4}.$

解 当 $x \to \infty$ 时, 由于分子分母同样趋于 ∞, 因此不能直接利用商的运算法则, 这类极限常称为 $\dfrac{\infty}{\infty}$ 型未定式. 求解时需要分子、分母同除 x 的最高次幂, 将分子分母化为极限存在且分母极限不为零的商式, 然后利用商的极限运算法则求解.

$$原式 = \lim\limits_{x \to \infty} \frac{1 + \dfrac{2}{x} + \dfrac{7}{x^2}}{1 + \dfrac{1}{x} + \dfrac{4}{x^2}} = \frac{\lim\limits_{x \to \infty}\left(1 + \dfrac{2}{x} + \dfrac{7}{x^2}\right)}{\lim\limits_{x \to \infty}\left(1 + \dfrac{1}{x} + \dfrac{4}{x^2}\right)} = \frac{1 + 0 + 0}{1 + 0 + 0} = 1.$$

例 1.19 求 $\lim\limits_{x \to \infty} \dfrac{3x^3 - 2x^2 - 1}{x^2 + 2x + 1}.$

解 因为

$$\lim\limits_{x \to \infty} \frac{x^2 + 2x + 1}{3x^3 - 2x^2 - 1} = \lim\limits_{x \to \infty} \frac{\dfrac{1}{x} + \dfrac{2}{x^2} + \dfrac{1}{x^3}}{3 - \dfrac{2}{x} - \dfrac{1}{x^3}} = 0,$$

所以, 由无穷小与无穷大的关系得

$$\lim\limits_{x \to \infty} \frac{3x^3 - 2x^2 - 1}{x^2 + 2x + 1} = \infty.$$

例 1.18 和例 1.19 是下列一般情形的特例, 即当 $a_0 \neq 0, b_0 \neq 0, m, n$ 为非负整数时有:

$$\lim\limits_{x \to \infty} \frac{a_0 x^m + a_1 x^{m-1} + \cdots + a_m}{b_0 x^n + b_1 x^{n-1} + \cdots + b_n} = \begin{cases} \dfrac{a_0}{b_0} & 当 \ m = n \\ 0 & 当 \ m < n \\ \infty & 当 \ m > n \end{cases}.$$

例 1.20　求 $\lim\limits_{x \to 1} \dfrac{x^2 - 1}{x^3 - 1}$.

解　当 $x \to 1$ 时,由于分子和分母的极限都是 0,不能直接利用商的运算法则,这类极限常称为 $\dfrac{0}{0}$ **型未定式**. 对于这类极限,它是否存在,如果存在,怎样求其极限值,不能一概而论. 就本题而言,由于 $x \to 1$ 时,$x - 1 \neq 0$,故可消去分子分母中的 $x - 1$ 因子,然后再利用商的极限运算法则求其极限.

$$\lim_{x \to 1} \frac{x^2 - 1}{x^3 - 1} = \lim_{x \to 1} \frac{(x-1)(x+1)}{(x-1)(x^2 + x + 1)} = \lim_{x \to 1} \frac{x+1}{x^2 + x + 1} = \frac{2}{3}.$$

例 1.21　求 $\lim\limits_{x \to 0} \dfrac{(1+x)^n - 1}{x}, n \in \mathbf{Z}^+$.

解　这个极限也属于 $\dfrac{0}{0}$ 型未定式,根据二项式定理得

$$\text{原式} = \lim_{x \to 0} \frac{nx + \dfrac{n(n-1)}{2!}x^2 + \cdots + x^n}{x} = \lim_{x \to 0} \left[n + \frac{n(n-1)}{2!}x + \cdots + x^{n-1} \right]$$
$$= n.$$

例 1.22　求 $\lim\limits_{x \to 2} \left(\dfrac{1}{x-2} - \dfrac{12}{x^3 - 8} \right)$.

解　由于当 $x \to 2$ 时,括号中的两项都趋于 ∞,因此不能直接利用减法法则,这类极限常称为 $\infty - \infty$ **型未定式**. 对于这类极限,通常采用通分的方法化为 $\dfrac{0}{0}$ 型未定式,然后再求其极限.

$$\text{原式} = \lim_{x \to 2} \frac{x^2 + 2x - 8}{x^3 - 8} = \lim_{x \to 2} \frac{x+4}{x^2 + 2x + 4} = \frac{1}{2}.$$

例 1.23　求 $\lim\limits_{x \to \infty} \dfrac{\sin x}{x}$.

解　当 $x \to \infty$ 时,分子分母的极限都不存在,故不能应用商的极限的运算法则,但注意到 $\lim\limits_{x \to \infty} \dfrac{1}{x} = 0$,而 $|\sin x| \leqslant 1$,所以,根据定理 1.4(3),有

$$\text{原式} = \lim_{x \to \infty} \frac{1}{x} \sin x = 0.$$

1.3.4　两个重要极限

1. $\lim\limits_{x \to 0} \dfrac{\sin x}{x} = 1.$

证　先设 $0 < x < \dfrac{\pi}{2}$. 作一单位圆,如图 1.21 所示. 由图易见:

$$\triangle AOB \text{ 的面积} < \text{扇形 } AOB \text{ 的面积} < \triangle AOD \text{ 的面积},$$

即

$$\frac{1}{2}\sin x < \frac{1}{2}x < \frac{1}{2}\tan x$$

或

$$\sin x < x < \tan x \quad \left(0 < x < \frac{\pi}{2}\right).$$

因为当 $0 < x < \frac{\pi}{2}$ 时,$\sin x > 0$,上式两边同除以 $\sin x$,得

$$1 < \frac{x}{\sin x} < \frac{1}{\cos x} \quad 或 \quad \cos x < \frac{\sin x}{x} < 1.$$

从而有

$$0 < 1 - \frac{\sin x}{x} < 1 - \cos x = 2\sin^2 \frac{x}{2} < \frac{x^2}{2} \quad \left(0 < x < \frac{\pi}{2}\right).$$

由于 $\frac{\sin x}{x}$ 与 x^2 都是偶函数,所以当 $-\frac{\pi}{2} < x < 0$ 时,不等式

$$0 < 1 - \frac{\sin x}{x} < \frac{x^2}{2}$$

也成立. 故此不等式对于满足 $0 < |x| < \frac{\pi}{2}$ 的所有 x 都成立. 由夹逼原理得

$$\lim_{x \to 0}\left(1 - \frac{\sin x}{x}\right) = 0.$$

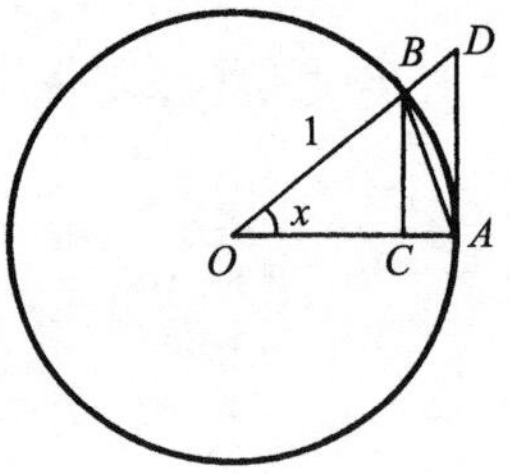

因而

$$\lim_{x \to 0} \frac{\sin x}{x} = \lim_{x \to 0}\left[1 - \left(1 - \frac{\sin x}{x}\right)\right] = 1.$$

这就得到了公式的证明.

图 1.21

由上面证明过程中得到的不等式:$0 < 1 - \cos x < \frac{x^2}{2} \left(0 < |x| < \frac{\pi}{2}\right)$,可得

$$\lim_{x \to 0} \cos x = 1.$$

例 1.24 求 $\lim_{x \to 0} \dfrac{\tan x}{x}$.

解 原式 $= \lim_{x \to 0} \dfrac{\sin x}{x} \dfrac{1}{\cos x} = \lim_{x \to 0} \dfrac{\sin x}{x} \cdot \dfrac{1}{\lim_{x \to 0} \cos x} = 1.$

例 1.25 求 $\lim_{x \to 0} \dfrac{1 - \cos x}{\dfrac{x^2}{2}}$.

解 原式 $= \lim_{x \to 0} \dfrac{2\sin^2 \dfrac{x}{2}}{\dfrac{x^2}{2}} = \lim_{x \to 0} \dfrac{\sin^2 \dfrac{x}{2}}{\left(\dfrac{x}{2}\right)^2} = \lim_{x \to 0} \left(\dfrac{\sin \dfrac{x}{2}}{\dfrac{x}{2}}\right)^2 = 1.$

2. $\lim_{x \to \infty}\left(1 + \dfrac{1}{x}\right)^x = \mathrm{e} \quad 或 \quad \lim_{y \to 0}(1 + y)^{\frac{1}{y}} = \mathrm{e}.$

证 先证 $\lim_{x \to +\infty}\left(1 + \dfrac{1}{x}\right)^x = \mathrm{e}$. 设 $n = [x]$,则 $n \leqslant x < n + 1$,从而有

$$\left(1 + \frac{1}{n+1}\right)^n \leqslant \left(1 + \frac{1}{x}\right)^x \leqslant \left(1 + \frac{1}{n}\right)^{n+1}.$$

当 $x \to +\infty$ 时,$n \to +\infty$,并且

$$\lim_{n\to\infty}\left(1+\frac{1}{n+1}\right)^{n} = \lim_{n\to\infty}\left(1+\frac{1}{n+1}\right)^{n+1-1} = \lim_{n\to\infty}\left(1+\frac{1}{n+1}\right)^{n+1} \cdot \lim_{n\to\infty}\left(1+\frac{1}{n+1}\right)^{-1}$$
$$= e;$$

$$\lim_{n\to\infty}\left(1+\frac{1}{n}\right)^{n+1} = \lim_{n\to\infty}\left(1+\frac{1}{n}\right)^{n} \cdot \lim_{n\to\infty}\left(1+\frac{1}{n}\right) = e.$$

故由夹逼原理可得

$$\lim_{x\to+\infty}\left(1+\frac{1}{x}\right)^{x} = e.$$

再证 $\lim\limits_{x\to-\infty}\left(1+\dfrac{1}{x}\right)^{x} = e$. 为此，令 $t=-x$，则当 $x\to-\infty$ 时，$t\to+\infty$，有

$$\lim_{x\to-\infty}\left(1+\frac{1}{x}\right)^{x} = \lim_{t\to+\infty}\left(1-\frac{1}{t}\right)^{-t} = \lim_{t\to+\infty}\left(\frac{t}{t-1}\right)^{t}$$
$$= \lim_{t\to+\infty}\left(1+\frac{1}{t-1}\right)^{t-1} \cdot \lim_{t\to+\infty}\left(1+\frac{1}{t-1}\right)$$
$$= e \cdot 1 = e.$$

综上所述即得我们所要证明的结论.

利用代换 $y=\dfrac{1}{x}$，则当 $x\to\infty$ 时，$y\to 0$. 于是上述公式又可写成

$$\lim_{y\to 0}(1+y)^{\frac{1}{y}} = e.$$

例 1.26　求 $\lim\limits_{x\to\infty}\left(1-\dfrac{2}{x}\right)^{x}$.

解　由于

$$\lim_{x\to\infty}\left(1-\frac{2}{x}\right)^{x} = \lim_{x\to\infty}\left[1+\frac{1}{\left(-\dfrac{x}{2}\right)}\right]^{-\frac{x}{2}\cdot(-2)},$$

令 $-\dfrac{x}{2}=t$，则当 $x\to\infty$ 时，$t\to\infty$. 于是

$$\text{原式} = \lim_{t\to\infty}\left(1+\frac{1}{t}\right)^{-2t} = \lim_{t\to\infty}\frac{1}{\left[\left(1+\dfrac{1}{t}\right)^{t}\right]^{2}} = e^{-2}.$$

例 1.27（连续复利）　设银行存款的年利率为 r，则当存入的本金为 P_0 时，到第 t 年末的本息共为 $P=P_0(1+r)^{t}$. 如果银行在一年内平均分期 m 次结息，则每期利息为 $\dfrac{r}{m}$，一年末的本息共为 $P_0\left(1+\dfrac{r}{m}\right)^{m}$，到第 t 年末的本息共为 $P_m=P_0\left(1+\dfrac{r}{m}\right)^{mt}$. 令 $m\to\infty$ 便得**连续复利公式**

$$P = \lim_{m\to\infty}P_m = \lim_{m\to\infty}P_0\left(1+\frac{r}{m}\right)^{mt} = P_0 e^{rt}.$$

1.3.5　无穷小的比较

由定理 1.4 知道，两个无穷小的和、差及乘积仍旧是无穷小. 但由于

$$\lim_{x\to 0}\frac{x^2}{x} = 0,\ \lim_{x\to 0}\frac{x^2+x}{x} = 1,\ \lim_{x\to 0}\frac{x^2+2x}{x} = 2,\ \lim_{x\to 0}\frac{x}{x^2} = \infty,$$

可见,无穷小的商与分子、分母两个无穷小量趋于 0 的快慢速度有关. 由于无穷小是微积分中最重要的概念之一,使用时需要区分无穷小量趋于 0 的速度,于是我们引入了无穷小的阶的概念.

定义 1.8 设 $\alpha(x)$ 与 $\beta(x)$ 是同一个自变量变化过程中的无穷小,且 $\beta(x) \neq 0$. 而 $\lim \dfrac{\alpha(x)}{\beta(x)}$ 也是在这个变化过程中的极限.

(1) 若 $\lim \dfrac{\alpha(x)}{\beta(x)} = 0$,则称 $\alpha(x)$ 是比 $\beta(x)$ **高阶的无穷小**(或 $\beta(x)$ 是 $\alpha(x)$ 的**低阶无穷小**),记作 $\alpha(x) = o(\beta(x))$;

(2) 若 $\lim \dfrac{\alpha(x)}{\beta(x)} = C \neq 0$,则称 $\alpha(x)$ 与 $\beta(x)$ 是**同阶无穷小**;

(3) 若 $\lim \dfrac{\alpha(x)}{\beta(x)} = 1$,则称 $\alpha(x)$ 与 $\beta(x)$ 是**等价无穷小**,记作 $\alpha(x) \sim \beta(x)$;

(4) 若 $\lim \dfrac{\alpha(x)}{[\beta(x)]^k} = C \ (C \neq 0, k \in \mathbf{Z}^+)$,则称 $\alpha(x)$ 是关于 $\beta(x)$ 的 k 阶无穷小.

特别地,取 $\beta(x) = x - x_0$,若 $\lim\limits_{x \to x_0} \dfrac{\alpha(x)}{(x - x_0)^k} = C$,则称 $\alpha(x)$ 是当 $x \to x_0$ 时的 k 阶无穷小.

例如,当 $x \to 0$ 时,多项式函数

$$a_m x^m + a_{m+1} x^{m+1} + \cdots + a_n x^n \quad (a_m \neq 0, m < n),$$

等价于 x 的最低次幂项 $a_m x^m$,即当 $x \to 0$ 时,有

$$a_m x^m + a_{m+1} x^{m+1} + \cdots + a_n x^n \sim a_m x^m \quad (a_m \neq 0, m < n).$$

例 1.28 证明:当 $x \to 0$ 时,$\arctan x$ 与 x 是等价无穷小.

证 令 $t = \arctan x$,则 $x = \tan t$,于是

$$\lim_{x \to 0} \frac{\arctan x}{x} = \lim_{t \to 0} \frac{t}{\tan t} = \lim_{t \to 0} \frac{1}{\dfrac{\tan t}{t}} = 1.$$

故当 $x \to 0$ 时,$\arctan x$ 与 x 是等价无穷小.

例 1.29 证明:当 $x \to 0$ 时,$\sqrt[n]{1 + x} - 1$ 与 $\dfrac{x}{n}$ 是等价无穷小.

证 令 $u = \sqrt[n]{1 + x} - 1$,则 $x = (1 + u)^n - 1$,故由例 1.21 得

$$\lim_{x \to 0} \frac{\sqrt[n]{1 + x} - 1}{\dfrac{x}{n}} = n \lim_{u \to 0} \frac{u}{(1 + u)^n - 1} = n \frac{1}{n} = 1.$$

故当 $x \to 0$ 时,$\sqrt[n]{1 + x} - 1$ 与 $\dfrac{x}{n}$ 是等价无穷小.

包括利用后面函数的连续性推导的结果在内,常用的几个等价无穷小如下:

当 $x \to 0$ 时:

$$\sin x \sim x \sim \tan x, \quad 1 - \cos x \sim \frac{x^2}{2}, \quad \ln(1 + x) \sim x, \quad \mathrm{e}^x - 1 \sim x,$$

$$a^x - 1 \sim x \ln a, \quad \sqrt[n]{1 + x} - 1 \sim \frac{x}{n}, \quad \arcsin x \sim x \sim \arctan x.$$

下面给出一个可以利用等价无穷小关系间接求极限的有效方法.

定理 1.8 设 $\alpha(x), \beta(x), \tilde{\alpha}(x), \tilde{\beta}(x)$ 都是同一个极限过程的无穷小,若 $\alpha(x) \sim \tilde{\alpha}(x)$, $\beta(x) \sim \tilde{\beta}(x)$,并且 $\lim \dfrac{\tilde{\alpha}(x)}{\tilde{\beta}(x)}$ 存在,则 $\lim \dfrac{\alpha(x)}{\beta(x)}$ 也存在,并且

$$\lim \frac{\alpha(x)}{\beta(x)} = \lim \frac{\tilde{\alpha}(x)}{\tilde{\beta}(x)}.$$

证 根据已知条件即得

$$\lim \frac{\alpha(x)}{\beta(x)} = \lim \frac{\alpha(x)}{\tilde{\alpha}(x)} \cdot \lim \frac{\tilde{\alpha}(x)}{\tilde{\beta}(x)} \cdot \lim \frac{\tilde{\beta}(x)}{\beta(x)} = \lim \frac{\tilde{\alpha}(x)}{\tilde{\beta}(x)}.$$

定理 1.8 为我们提供了求函数极限的又一种方法——无穷小替换法.

例 1.30 求 $\lim\limits_{x \to 0} \dfrac{\sin 2x}{\tan 3x}$.

解 由于当 $x \to 0$ 时,$\sin 2x \sim 2x$, $\tan 3x \sim 3x$,所以

$$\lim_{x \to 0} \frac{\sin 2x}{\tan 3x} = \lim_{x \to 0} \frac{2x}{3x} = \frac{2}{3}.$$

例 1.31 求 $\lim\limits_{x \to 0} \dfrac{1 - \cos x}{x^3 + 2x^2}$.

解 由于当 $x \to 0$ 时,$1 - \cos x \sim \dfrac{x^2}{2}$, $x^3 + 2x^2 \sim 2x^2$,所以

$$\lim_{x \to 0} \frac{1 - \cos x}{x^3 + 2x^2} = \lim_{x \to 0} \frac{\dfrac{x^2}{2}}{2x^2} = \frac{1}{4}.$$

例 1.32 求 $\lim\limits_{x \to 0} \dfrac{\tan x - \sin x}{x^3}$.

解 由于当 $x \to 0$ 时,$\tan x \sim x$, $1 - \cos x \sim \dfrac{x^2}{2}$,所以

$$\lim_{x \to 0} \frac{\tan x - \sin x}{x^3} = \lim_{x \to 0} \frac{\tan x}{x} \frac{1 - \cos x}{x^2} = \lim_{x \to 0} \frac{\tan x}{x} \cdot \lim_{x \to 0} \frac{\dfrac{x^2}{2}}{x^2} = \frac{1}{2}.$$

注意:定理 1.8 中的无穷小等价代换只能对分子分母中的无穷小因子进行,一般不能对其中的加减项进行,否则就可能产生错误. 例如,在上例中如果用 $\tan x \sim x$, $\sin x \sim x$ 分别替换分子的两项,得

$$\lim_{x \to 0} \frac{\tan x - \sin x}{x^3} = \lim_{x \to 0} \frac{x - x}{x} = 0.$$

这是不正确的.

习 题 1.3

1. 下列命题是否正确?若不正确,请举出反例.

(1) $\lim\limits_{x \to x_0} f(x) = a$ 的充要条件是 $\lim\limits_{x \to x_0} |f(x)| = |a|$;

(2) 若 $\lim\limits_{x \to x_0} f(x) = a$,则 $\lim\limits_{x \to x_0} [f(x)]^2 = a^2$;

(3) 若 $\lim\limits_{x \to x_0} f(x)$ 与 $\lim\limits_{x \to x_0} [f(x) + g(x)]$ 都存在,则 $\lim\limits_{x \to x_0} g(x)$ 必存在.

2. 函数 $y = x\cos x$ 在 $(-\infty, +\infty)$ 内是否有界?当 $x \to \infty$ 时,这个函数是否为无穷大?为什么?

3. 求下列极限:

(1) $\lim\limits_{x \to 2} \dfrac{x-2}{\sqrt{x+2}}$;

(2) $\lim\limits_{x \to 1} \dfrac{x^2+x-2}{x^2-3x+2}$;

(3) $\lim\limits_{x \to \infty} \dfrac{x^2-1}{2x^2-x-1}$;

(4) $\lim\limits_{x \to \infty} \dfrac{x^2+x}{x^4-3x^2+1}$;

(5) $\lim\limits_{x \to 4} \dfrac{x^2-6x+8}{x^2-5x+4}$;

(6) $\lim\limits_{x \to 1} \left(\dfrac{1}{1-x} - \dfrac{3}{1-x^3} \right)$;

(7) $\lim\limits_{h \to 0} \dfrac{\sin(x+h) - \sin x}{h}$;

(8) $\lim\limits_{x \to 0} \dfrac{\sqrt{x+1}-1}{x}$;

(9) $\lim\limits_{x \to +\infty} (\sqrt{x^2+1} - x)$;

(10) $\lim\limits_{x \to 1} \dfrac{\sqrt{5x-4}-\sqrt{x}}{x-1}$;

(11) $\lim\limits_{x \to 2} \dfrac{x^3+2x^2}{(x-2)^2}$;

(12) $\lim\limits_{x \to \infty} (2x^3 - x + 1)$;

(13) $\lim\limits_{x \to 0} x^2 \sin \dfrac{1}{x}$;

(14) $\lim\limits_{x \to +\infty} \dfrac{\arctan x}{x}$.

4. 利用两个重要极限求下列极限:

(1) $\lim\limits_{x \to 0} x\cot 2x$;

(2) $\lim\limits_{x \to 0} \dfrac{\tan x - \sin x}{\sin^3 x}$;

(3) $\lim\limits_{x \to n\pi} \dfrac{\sin x}{x - n\pi}$　$(n \in \mathbf{N})$;

(4) $\lim\limits_{x \to 1} (1-x) \tan \dfrac{\pi x}{2}$;

(5) $\lim\limits_{x \to 0} \dfrac{1-\cos 2x}{x\sin x}$;

(6) $\lim\limits_{n \to \infty} 2^n \sin \dfrac{x}{2^n}$　$(x$ 为非零常数$)$;

(7) $\lim\limits_{x \to \infty} \left(1 - \dfrac{2}{x}\right)^{3x}$;

(8) $\lim\limits_{x \to 0} (1-2x)^{\frac{1}{x}}$;

(9) $\lim\limits_{n \to \infty} \left(1 + \dfrac{2}{3^n}\right)^{3^n}$;

(10) $\lim\limits_{x \to \infty} \left(\dfrac{x+2}{x-1}\right)^{2x}$.

5. 已知 $\lim\limits_{x \to \infty} \left(\dfrac{x+c}{x-c}\right)^x = 4$,求 c 值.

6. 讨论下列函数的极限是否存在:

(1) $f(x) = \dfrac{1}{1 + 2^{\frac{1}{x}}}$, $x \to 0$;

(2) $f(x) = \begin{cases} \dfrac{\sin x}{x} & \text{当 } x < 0 \\ (1+x)^{\frac{1}{x}} & \text{当 } x > 0 \end{cases}$, $x \to 0$.

7. 证明:当 $x \to 0$ 时,下列各无穷小是等价的:

(1) $\arctan x \sim x$;

(2) $1 - \cos 2x \sim 2x^2$;

(3) $\sqrt{1+\tan x} - \sqrt{1+\sin x} \sim \dfrac{1}{4} x^3$;

(4) $\cos x - \cos 2x \sim \dfrac{3}{2} x^2$.

8. 利用无穷小替换法求下列极限:

(1) $\lim\limits_{x \to 0} \dfrac{\arctan \alpha x}{\sin \beta x} (\beta \neq 0)$;

(2) $\lim\limits_{x \to 0} \dfrac{1-\cos x}{x^2}$;

(3) $\lim\limits_{x \to 0} \dfrac{\ln(1+x)}{\sqrt{1+x}-1}$;

(4) $\lim\limits_{x \to 0} \dfrac{\sqrt{2} - \sqrt{1+\cos x}}{\sqrt{1+x^2}-1}$;

(5) $\lim\limits_{x \to 0} \dfrac{\tan(\tan x)}{\sin 2x}$;

(6) $\lim\limits_{x \to 0} \dfrac{\arctan 2x}{\arcsin 3x}$;

(7) $\lim\limits_{x \to 0} \dfrac{(\sqrt[3]{1+\tan x}-1)(\sqrt{1+x^2}-1)}{\tan x - \sin x}$;

(8) $\lim\limits_{x \to 0^+} \dfrac{(1-\sqrt{\cos x})\tan x}{(1-\cos x)^{\frac{3}{2}}}$;

(9) $\lim\limits_{x\to 0} \dfrac{\sqrt{1+x\sin x}-1}{\mathrm{e}^{x^2}-1}$.

9. 确定 a,b 值,使极限 $\lim\limits_{x\to +\infty}(\sqrt{x^2-x+1}-ax-b)=0$ 成立.

10. 设 P 是曲线 $y=f(x)$ 上的动点,若点 P 沿该曲线无限远离坐标原点时,它到某定直线 L 的距离趋于 0,则称 L 为曲线 $y=f(x)$ 的**渐近线**. 一般地:

（ⅰ）若 $\lim\limits_{x\to\infty}f(x)=y_0$,则曲线 $y=f(x)$ 有水平渐近线 L: $y=y_0$;

（ⅱ）若 $\lim\limits_{x\to x_0}f(x)=\infty$,则曲线 $y=f(x)$ 有垂直渐近线 L: $x=x_0$;

（ⅲ）若直线 L 的斜率 $k\neq 0$, ∞,则曲线 $y=f(x)$ 有斜渐近线 L: $y=kx+b$,其中

$$k=\lim\limits_{x\to\infty}\frac{f(x)}{x},\quad b=\lim\limits_{x\to\infty}[f(x)-kx].$$

利用上面的结果求下列各曲线的渐近线:

(1) $y=\dfrac{1+\mathrm{e}^{-x^2}}{1-\mathrm{e}^{-x^2}}$;　　　　　　　(2) $f(x)=\dfrac{x^2+1}{x+1}$.

1.4　连 续 函 数

连续性是函数的基本性质之一,本节研究函数连续性的定义、间断点类型与闭区间上连续函数的重要性质.

1.4.1　连续函数的概念与基本性质

在实际问题中所遇到的函数往往具有这样的特点:因变量随自变量的变化而连续不断地变化. 例如,由于热胀冷缩的原因,一根细棒的长度可看成是温度的函数,它随着温度的升高（或降低）连续不断地增长（或缩短）;火车所行走的路程是时间的函数,它随着时间的增加而连续不断地增加等. 这些现象反映在函数关系上,就是函数的连续性. 那么,如何用数学语言来描述这种"连续不断"呢?仔细分析不难发现,虽然上述几个例子所描述的物理现象完全不同,但它们有着一个共同的规律,那就是:当自变量的变化很小时,函数值的变化也很小. 进一步,当自变量的变化无限趋于零时,函数值的变化也无限接近于零. 因此,我们可以利用极限的概念来精确描述"连续不断"的含义,从而给出连续函数的概念,下面我们首先介绍自变量的增量和函数的增量的概念.

设变量 u 从它的一个初值 u_1 变到终值 u_2,称差 u_2-u_1 为变量 u 的**增量**（或**改变量**）,记为 Δu. 即

$$\Delta u=u_2-u_1.$$

值得注意的是,增量 Δu 可正可负. 在 Δu 为正的情形,变量 u 从 u_1 变到 $u_2=u_1+\Delta u$ 时是增大的;当 Δu 为负时,变量 u 是减小的. 另外,记号 Δu 是一个不可分割的记号,它不可理解为 Δ 与 u 的乘积.

设函数 $y=f(x)$ 在 x_0 的某邻域内有定义. 当自变量 x 在这个邻域内取得一个增量 Δx 时,即 x 从 x_0 变到 $x_0+\Delta x$,函数值 y 相应地从 $f(x_0)$ 变到 $f(x_0+\Delta x)$,因此函数 y 的对应增量（见图 1.22）为

$$\Delta y=f(x_0+\Delta x)-f(x_0).$$

定义 1.9 设函数 $y = f(x)$ 在点 x_0 的某一邻域内有定义,如果当自变量的增量 $\Delta x = x - x_0$ 趋于零时,对应的函数的增量 $\Delta y = f(x_0 + \Delta x) - f(x_0)$ 也趋于零,则称函数 $y = f(x)$ 在点 x_0 处**连续**.

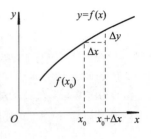

图 1.22

显然,$f(x)$ 在 x_0 点连续 $\Leftrightarrow \lim\limits_{\Delta x \to 0} \Delta y = 0 \Leftrightarrow \lim\limits_{x \to x_0} f(x) = f(x_0)$.

于是,关于 $y = f(x)$ 的连续性,我们又可得到如下定义:

定义 1.10 设函数 $y = f(x)$ 在点 x_0 的某一邻域内有定义,如果函数 $f(x)$ 当 $x \to x_0$ 时的极限存在,且等于它在点 x_0 处的函数值 $f(x_0)$,即

$$\lim\limits_{x \to x_0} f(x) = f(x_0),$$

则称函数 $f(x)$ 在点 x_0 处**连续**.

由 $f(x)$ 当 $x \to x_0$ 时的极限的定义可知,上述定义也可用"ε-δ"语言如下表述:

定义 1.11 设函数 $y = f(x)$ 在点 x_0 的某一邻域内有定义,若对任意给定的 $\varepsilon > 0$,存在 $\delta > 0$,使得适合不等式 $| x - x_0 | < \delta$ 的一切 x,所对应的函数值 $f(x)$ 都满足不等式

$$| f(x) - f(x_0) | < \varepsilon,$$

则称函数 $f(x)$ 在点 x_0 处**连续**.

类似于左极限和右极限,还可以定义函数 $f(x)$ 在点 x_0 处左连续和右连续.

若 $\lim\limits_{x \to x_0^-} f(x)$ 存在且等于 $f(x_0)$,即

$$\lim\limits_{x \to x_0^-} f(x) = f(x_0),$$

则称函数 $f(x)$ 在点 x_0 处**左连续**;如果 $\lim\limits_{x \to x_0^+} f(x)$ 存在且等于 $f(x_0)$,即

$$\lim\limits_{x \to x_0^+} f(x) = f(x_0),$$

则称函数 $f(x)$ 在点 x_0 处**右连续**.

若 $f(x)$ 在开区间 (a,b) 内每点都连续,则称它在开区间 (a,b) 内连续. 若 $f(x)$ 在有限区间 (a,b) 内连续,并且在 a 右连续,在 b 左连续,则称 $f(x)$ 在闭区间 $[a,b]$ 上连续. 区间 I 上连续函数的全体记为 CI. 区间上连续函数的图像是一条连续曲线.

例 1.33 有理整函数(多项式函数)在任意实数 x_0 处连续,因此有理整函数在区间 $(-\infty, +\infty)$ 内是连续的. 有理分式函数在分母不为零的点处是连续的,因此有理分式函数在其定义域内的每一点都是连续的.

例 1.34 证明正弦函数 $y = \sin x \in C(-\infty, +\infty)$.

证 对任意 $x_0 \in (-\infty, +\infty)$,由和差化积公式得

$$\Delta y = \sin(x_0 + \Delta x) - \sin x_0 = 2\cos\left(x_0 + \frac{\Delta x}{2}\right) \cdot \sin\frac{\Delta x}{2},$$

因为 $\left| \cos\left(x_0 + \dfrac{\Delta x}{2}\right) \right| \leqslant 1, \lim\limits_{\Delta x \to 0} \sin\dfrac{\Delta x}{2} = 0$,所以

$$\lim_{\Delta x \to 0} \Delta y = 0.$$

故 $y = \sin x$ 在 x_0 点连续. 由 $x_0 \in (-\infty, +\infty)$ 的任意性可知, $y = \sin x$ 在 $(-\infty, +\infty)$ 连续. 所以, $\sin x \in C(-\infty, +\infty)$.

同理可证明 $\cos x \in C(-\infty, +\infty)$.

例 1.35 证明 $e^x \in C(-\infty, +\infty)$.

证 首先考虑 $\lim\limits_{x \to 0} e^x = 1$. 为此, 我们先证 $\lim\limits_{x \to 0^+} e^x = 1$. 对任意给定的 $\varepsilon > 0$, 要使 $|e^x - 1| < \varepsilon$, 只要 $x < \ln(1 + \varepsilon)$. 取 $\delta = \ln(1 + \varepsilon) > 0$, 当 $0 < x < \delta$ 时, 就有 $|e^x - 1| < \varepsilon$, 因此

$$\lim_{x \to 0^+} e^x = 1.$$

再证 $\lim\limits_{x \to 0^-} e^x = 1$. 由于 $x \to 0^-$ 等价于 $-x \to 0^+$, 所以

$$\lim_{x \to 0^-} e^x = \lim_{-x \to 0^+} \frac{1}{e^{-x}} = 1.$$

故

$$\lim_{x \to 0} e^x = 1.$$

对任意给定 $x_0 \in (-\infty, +\infty)$, 有

$$\lim_{x \to x_0} e^x = \lim_{x \to x_0} e^{x - x_0} \cdot e^{x_0} = e^{x_0} \cdot \lim_{x \to x_0} e^{x - x_0} = e^{x_0} \cdot \lim_{x \to x_0} e^{x - x_0} = e^{x_0}.$$

故 $e^x \in C(-\infty, +\infty)$.

类似可证 $a^x \in C(-\infty, +\infty)$, 其中 $a > 0$ 且 $a \neq 1$.

下面我们介绍关于连续函数的一些基本性质.

定理 1.9 若函数 $f(x)$ 和 $g(x)$ 在点 x_0 处连续, 则 $f(x) \pm g(x)$, $f(x)g(x)$, $\dfrac{f(x)}{g(x)} [g(x) \neq 0]$ 都在点 x_0 处连续.

定理的证明可由函数极限的运算法则及函数连续性的定义直接给出, 由读者自己完成.

定理 1.10 如果函数 $y = f(x)$ 在区间 I_x 上单值、单调增加(或单调减少)且连续, 则它的反函数 $x = f^{-1}(y)$ 在对应的区间 $I_y = \{y \mid y = f(x), x \in I_x\}$ 上单值、单调增加(或单调减少)且连续.

证明从略.

例 1.36 由于正弦函数 $y = \sin x$ 在区间 $\left[-\dfrac{\pi}{2}, \dfrac{\pi}{2}\right]$ 上单调增加且连续, 所以, 它的反函数 $y = \arcsin x$ 在闭区间 $[-1, 1]$ 上也是单调增加且连续的.

同样, 应用定理 1.10 容易证明: $y = \arccos x$ 在区间 $[-1, 1]$ 上单调减少且连续; $y = \arctan x$ 在区间 $(-\infty, +\infty)$ 内单调增加且连续; $y = \text{arccot}\, x$ 在区间 $(-\infty, +\infty)$ 内单调减少且连续.

总之, 反三角函数 $\arcsin x, \arccos x, \arctan x, \text{arccot}\, x$ 在它们的定义域内都是连续的.

例 1.37 由函数 $y = a^x (a \neq 1, a > 0)$ 的图像可知, 其在区间 $(-\infty, +\infty)$ 内单调增加 (当 $a > 1$ 时) 或单调减少(当 $0 < a < 1$ 时) 且连续. 所以, 它的反函数 $y = \log_a x$ 在区间 $(0, +\infty)$ 内单调增加(当 $a > 1$ 时) 或单调减少(当 $0 < a < 1$ 时) 且连续.

定理1.11 设函数 $u = \varphi(x)$ 当 $x \to x_0$ 时的极限存在且等于 a，即 $\lim\limits_{x \to x_0} \varphi(x) = a$，而函数 $y = f(u)$ 在点 $u = a$ 处连续，则复合函数 $y = f(\varphi(x))$ 当 $x \to x_0$ 时的极限也存在且等于 $f(a)$，即

$$\lim_{x \to x_0} f(\varphi(x)) = f(a).$$

证 由于 $f(u)$ 在点 $u = a$ 连续，所以，对于任意给定的正数 ε，存在正数 η，使得当 $|u - a| < \eta$ 时，$|f(u) - f(a)| < \varepsilon$ 成立.

对于上面找到的 η，再由 $\lim\limits_{x \to x_0} \varphi(x) = a$ 知，存在正数 δ，使得当 $0 < |x - x_0| < \delta$ 时，$|\varphi(x) - a| = |u - a| < \eta$ 成立.

综合上述两个方面知，对于如上任意给定的 $\varepsilon > 0$，存在正数 δ，使得当 $0 < |x - x_0| < \delta$ 时，

$$|f(u) - f(a)| = |f(\varphi(x)) - f(a)| < \varepsilon$$

成立. 这就证明了 $\lim\limits_{x \to x_0} f(\varphi(x)) = f(a)$.

定理 1.11 的结论可以从以下两个方面理解：

（Ⅰ）$\lim\limits_{x \to x_0} f(\varphi(x)) = f(\lim\limits_{x \to x_0} \varphi(x))$. 这表明，在定理 1.11 的条件下，求复合函数 $f(\varphi(x))$ 的极限时，函数符号 f 与极限符号可以交换.

（Ⅱ）$\lim\limits_{x \to x_0} f(\varphi(x)) = \lim\limits_{u \to a} f(u)$. 这表明，在定理 1.11 的条件下，可以通过作变换 $u = \varphi(x)$，将极限 $\lim\limits_{x \to x_0} f(\varphi(x))$ 的计算问题转化为求 $\lim\limits_{u \to a} f(u)$.

把定理 1.11 中的 $x \to x_0$ 换成 $x \to \infty$，可得类似的定理.

例1.38 求 $\lim\limits_{x \to 3} \sqrt{\dfrac{x-3}{x^2-9}}$.

解 $y = \sqrt{\dfrac{x-3}{x^2-9}}$ 可看作由 $y = \sqrt{u}$ 与 $u = \dfrac{x-3}{x^2-9}$ 复合而成. 因为

$$\lim_{x \to 3} \frac{x-3}{x^2-9} = \frac{1}{6},$$

而 $y = \sqrt{u}$ 在 $u = \dfrac{1}{6}$ 处连续. 所以

$$\lim_{x \to 3} \sqrt{\frac{x-3}{x^2-9}} = \sqrt{\lim_{x \to 3} \frac{x-3}{x^2-9}} = \sqrt{\frac{1}{6}} = \frac{\sqrt{6}}{6}.$$

例1.39 求 $\lim\limits_{x \to 0} \dfrac{e^x - 1}{x}$.

解 令 $e^x - 1 = t$，则 $x = \ln(1+t)$，并且当 $x \to 0$ 时，$t \to 0$. 所以

$$\lim_{x \to 0} \frac{e^x - 1}{x} = \lim_{t \to 0} \frac{t}{\ln(1+t)} = \lim_{t \to 0} \frac{1}{\ln(1+t)^{\frac{1}{t}}}$$
$$= 1.$$

定理1.12 设函数 $u = \varphi(x)$ 在点 $x = x_0$ 处连续，且 $\varphi(x_0) = u_0$，而函数 $y = f(u)$ 在点 $u = u_0$ 处连续，则复合函数 $y = f(\varphi(x))$ 在点 $x = x_0$ 处也连续.

证明可利用定理 1.11 的结论给出,请读者自己完成.

下面我们讨论初等函数的连续性.

由例 1.34 可知,$y = \sin x$ 及 $y = \cos x$ 在其定义域$(-\infty, +\infty)$ 内是连续的;进一步,由定理 1.9 可知 $y = \tan x$ 及 $y = \cot x$ 在其定义域内也是连续的. 由例 1.36 可知反三角函数 $y = \arcsin x$,$y = \arccos x$,$y = \arctan x$ 及 $y = \text{arccot } x$ 在其定义域内都是连续的. 由例 1.37 可知,指数函数 $y = a^x(a > 0, a \neq 1)$ 及其反函数 $y = \log_a x(a > 0, a \neq 1)$ 在其定义域内都是连续的.

幂函数 $y = x^\mu$ 的定义域随 μ 的值而异,但无论 μ 取何值,在区间$(0, +\infty)$ 内幂函数总是有定义的. 而 $x^\mu = e^{\mu \ln x}$,因此它可看成是 $y = e^u$ 及 $u = \mu \ln x$ 复合而成的复合函数. 所以 $y = x^\mu$ 在$(0, +\infty)$ 内是连续的. 如果对于 μ 取各种不同值加以分别讨论,可以证明幂函数在它的定义域内是连续的.

综上所述,**基本初等函数在它们的定义域内是连续的**. 进一步,由定理 1.9、1.10、1.11 和初等函数的定义可知:**一切初等函数在其定义区间内都是连续的**.

1.4.2　函数的间断点及其分类

根据函数 $y = f(x)$ 在 x_0 点处连续的定义可知,函数 $f(x)$ 在 x_0 点处连续需要满足下面三个条件:

(1) $f(x)$ 在 x_0 处有定义;

(2) $\lim\limits_{x \to x_0} f(x)$ 存在,即 $f(x_0 - 0)$ 与 $f(x_0 + 0)$ 存在且相等;

(3) $\lim\limits_{x \to x_0} f(x) = f(x_0)$.

如果这三个条件中有一个不满足,也就是说,如果 $f(x)$ 在 x_0 无定义;或者 $f(x)$ 在 x_0 虽有定义但在 x_0 的极限不存在;或者 $f(x)$ 在 x_0 有定义,极限也存在,但极限值不等于 $f(x_0)$,则 $f(x)$ 在 x_0 处不连续.

使函数 $f(x)$ 不连续的点 x_0 称为 $f(x)$ 的**间断点**. 通常将函数的间断点分为两类:一类是左右极限都存在的间断点,称为**第一类间断点**;不是第一类的间断点,都称为**第二类间断点**.

例 1.40　讨论 $f(x) = \dfrac{x^2 - 1}{x - 1}$ 的间断点.

解　因为 $f(x)$ 在 $x = 1$ 处无定义,所以 $x = 1$ 是间断点. 由

$$\lim_{x \to 1} f(x) = \lim_{x \to 1} \frac{x^2 - 1}{x - 1} = \lim_{x \to 1} (x + 1) = 2.$$

可知 $x = 1$ 是第一类间断点. 由于只要补充定义 $f(1) = 2$,所给函数在 $x = 1$ 处就连续. 所以 $x = 1$ 又称为函数的**可去间断点**(见图 1.23).

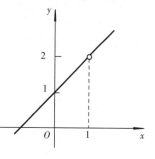

图　1.23

一般地,若 x_0 是函数 $y = f(x)$ 的间断点,通过补充或修改 $f(x)$ 在 x_0 处的定义,即构造函数

$$\widetilde{f}(x) = \begin{cases} f(x) & \text{当 } x \neq x_0 \\ \lim\limits_{x \to x_0} f(x) & \text{当 } x = x_0, \end{cases}$$

使得 $\tilde{f}(x)$ 在 x_0 处连续，则称 x_0 为函数 $f(x)$ 的**可去间断点**，$\tilde{f}(x)$ 称为 $f(x)$ 在 x_0 处的**连续延拓函数**.

例 1.41 讨论 $f(x) = \begin{cases} x-1 & \text{当 } x < 0 \\ 0 & \text{当 } x = 0 \\ x+1 & \text{当 } x > 0 \end{cases}$ 的间断点.

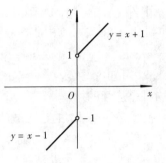

图 1.24

解 由于

$$\lim_{x \to 0^-} f(x) = \lim_{x \to 0^-} (x-1) = -1;$$
$$\lim_{x \to 0^+} f(x) = \lim_{x \to 0^+} (x+1) = 1,$$

所以函数在 $x = 0$ 处的左右极限存在，但不相等，故极限 $\lim_{x \to 0} f(x)$ 不存在，所以点 $x = 0$ 是函数的第一类间断点（见图 1.24）. 又称这种左右极限都存在但不相等的间断点为**跳跃间断点**.

例 1.42 讨论 $y = \sin \dfrac{1}{x}$ 的间断点.

解 因为函数 $y = \sin \dfrac{1}{x}$ 在点 $x = 0$ 处没有定义，所以 $x = 0$ 是函数 y 的间断点. 由于当 $x \to 0$ 时，函数值在 1 与 -1 之间变动无限多次（见图 1.25），所以点 $x = 0$ 是第二类间断点. 又称这种间断点为函数的**振荡间断点**.

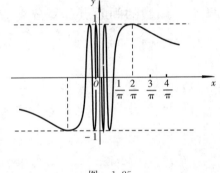

图 1.25

例 1.43 讨论 $y = \tan x$ 的间断点 $x = \dfrac{\pi}{2}$ 的类型.

解 因为 $\lim\limits_{x \to \frac{\pi}{2}} \tan x = \infty$，所以，$x = \dfrac{\pi}{2}$ 是函数的第二类间断点. 又称这种间断点为**无穷间断点**.

例 1.44 讨论函数 $f(x) = \begin{cases} \dfrac{1}{1 - e^{\frac{x}{x-1}}} & \text{当 } x \neq 1 \\ 1 & \text{当 } x = 1 \end{cases}$ 的连续性.

解 因为分段函数在 $x = 0$ 处没有定义，所以，$x = 0$ 是它的间断点. 由

$$\lim_{x \to 0} \frac{1}{1 - e^{\frac{x}{x-1}}} = \infty$$

可知，$x = 0$ 是该函数的第二类间断点，是无穷间断点. 由

$$\lim_{x \to 1^-} \frac{1}{1 - e^{\frac{x}{x-1}}} = 1, \qquad \lim_{x \to 1^+} \frac{1}{1 - e^{\frac{x}{x-1}}} = 0$$

可知，$x = 1$ 是该函数的第一类间断点，是跳跃间断点.

除 $x = 0, 1$ 外，函数 $f(x)$ 在区间 $(-\infty, 0)$，$(0, 1)$，$(1, +\infty)$ 由初等函数表示，从而在这些区间上该函数都是连续的.

1.4.3 闭区间上连续函数的性质

定义在闭区间上的连续函数有一些在理论和应用中都十分重要的性质.

定理 1.13(最大最小值定理)　设 $f(x) \in C[a,b]$,则 $f(x)$ 在 $[a,b]$ 上一定能取得它的最大值与最小值,即至少存在两点 $\xi_1,\xi_2 \in [a,b]$,使得

$$f(\xi_1) = \max_{x \in [a,b]}\{f(x)\}, \quad f(\xi_2) = \min_{x \in [a,b]}\{f(x)\}.$$

定理的几何解释为:闭区间连续的曲线上一定存在最高点和最低点,最高点的纵坐标即为函数的最大值,最低点的纵坐标即为函数的最小值(见图 1.26).

应当注意,如果函数在开区间内连续,或函数在闭区间上有间断点,则函数在该区间上就不一定取得到最大值或最小值. 例如,$y = \tan x$ 在开区间 $\left(-\dfrac{\pi}{2}, \dfrac{\pi}{2}\right)$ 内连续,但在开区间内既无最大值又无最小值;又如函数

$$y = f(x) = \begin{cases} -x+1 & \text{当 } 0 \leqslant x < 1 \\ 1 & \text{当 } x = 1 \\ -x+3 & \text{当 } 1 < x \leqslant 2 \end{cases}$$

在闭区间 $[0,2]$ 上有间断点 $x = 1$(见图 1.27),它在闭区间 $[0,2]$ 上既无最大值又无最小值.

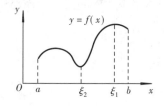

图　1.26

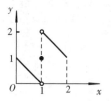

图　1.27

定理 1.14(有界性定理)　设 $f(x) \in C[a,b]$,则 $f(x)$ 在 $[a,b]$ 上有界.

证　因为 $f(x) \in C[a,b]$. 由定理 1.13,$f(x)$ 在区间 $[a,b]$ 上存在最大值 M 和最小值 m,使任意的 $x \in [a,b]$,都满足

$$m \leqslant f(x) \leqslant M.$$

取 $K = \max\{|M|, |m|\}$,则对任意 $x \in [a,b]$,都满足

$$|f(x)| \leqslant K.$$

因此函数 $f(x)$ 在 $[a,b]$ 上有界.

定理 1.15(零点存在定理)　设 $f(x) \in C[a,b]$,若 $f(a) \cdot f(b) < 0$,则至少存在一点 $\xi \in (a,b)$,使

$$f(\xi) = 0.$$

从几何上看,定理 1.15 表明:如果连续曲线弧 $y = f(x)$ 的两个端点 $(a, f(a))$ 及 $(b, f(b))$ 位于 x 轴的不同侧,则这段曲线弧与 x 轴至少有一个交点(见图 1.28).

定理 1.16(介值定理)　设 $f(x) \in C[a,b]$,μ 是介于 $f(a), f(b)$ 之间的任一值,则至少存在一点 $\xi \in (a,b)$,使

$$f(\xi) = \mu.$$

证　设 $F(x) = f(x) - \mu$. 则 $F(x) \in C[a,b]$,且 $F(a) = f(a) - \mu$ 与 $F(b) = f(b) - \mu$ 异号,由定理 1.15,至少存在一点 $\xi \in (a,b)$,使得 $F(\xi) = 0$ 即 $f(\xi) = \mu$. 这就证明了定理的结

论(见图1.29).

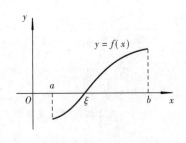
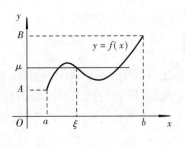

图 1.28　　　　　　　　　图 1.29

> **推论** 设 $f(x) \in C[a,b]$,则
> (1) $f(x)$ 能取到介于它的最大值 M 与最小值 m 之间的任一值;
> (2) f 将闭区间 $[a,b]$ 映为闭区间 $[m,M]$,即 $f([a,b]) = [m,M]$.

例 1.45 证明方程 $x^3 - 4x^2 + 1 = 0$ 至少有一个小于 1 的正根.

证 构造函数 $f(x) = x^3 - 4x^2 + 1$,所考虑的区间是闭区间 $[0,1]$. 显然函数 $f(x)$ 在闭区间 $[0,1]$ 上连续,且

$$f(0) = 1 > 0, \quad f(1) = -2 < 0.$$

根据零点存在定理,在 $(0,1)$ 内至少存在一点 ξ,使得

$$f(\xi) = 0,$$

即

$$\xi^3 - 4\xi^2 + 1 = 0 \quad (0 < \xi < 1).$$

这就证明了方程 $x^3 - 4x^2 + 1 = 0$ 至少有一个小于 1 的正根.

习 题 1.4

1. 利用函数的连续性计算下列极限:

(1) $\lim\limits_{x \to 1} \sqrt{x^2 - 2x + 5}$;

(2) $\lim\limits_{x \to 2} \dfrac{e^x + x}{x}$;

(3) $\lim\limits_{x \to \frac{\pi}{6}} \ln(2\cos 2x)$;

(4) $\lim\limits_{x \to +\infty} \arcsin(\sqrt{x^2 + 1} - x)$;

(5) $\lim\limits_{x \to 0} (\cos x)^{\frac{1}{x^2}}$;

(6) $\lim\limits_{x \to 0} \sqrt[x]{1 - \dfrac{x}{2}}$.

2. 讨论下列函数的连续性,若有间断点,说明间断点的类型:

(1) $f(x) = \dfrac{x^2 - 1}{x^2 - 3x + 2}$;

(2) $y = e^{x + \frac{1}{x}}$;

(3) $f(x) = \begin{cases} \dfrac{\sin x}{x} & \text{当 } x < 0 \\ x^2 - 1 & \text{当 } x \geq 0 \end{cases}$;

(4) $f(x) = \begin{cases} x\sin\dfrac{1}{x} & \text{当 } x \neq 0 \\ 1 & \text{当 } x = 0 \end{cases}$;

(5) $f(x) = \dfrac{1 - \cos x}{x^2}$;

(6) $f(x) = \dfrac{x}{\tan x}$;

(7) $f(x) = \dfrac{x - x^2}{|x|(x^2 - 1)}$.

3. 确定常数 a, b,使下列函数在 $x = 0$ 处连续:

(1) $f(x) = \begin{cases} \arctan x & \text{当 } x < 0 \\ a + \sqrt{x} & \text{当 } x \geqslant 0 \end{cases}$；　(2) $f(x) = \begin{cases} \dfrac{\sin ax}{x} & \text{当 } x > 0 \\ 2 & \text{当 } x = 0. \\ \dfrac{1}{bx}\ln(1-3x) & \text{当 } x < 0 \end{cases}$

4. 讨论函数 $f(x) = \lim\limits_{n \to \infty} \dfrac{1 - x^{2n}}{1 + x^{2n}} x$ 的连续性,若有间断点,判别其类型.

5. 证明:若 $f(x)$ 连续,则 $|f(x)|$ 也连续,逆命题成立吗?

6. 证明下列各题:

　(1) 方程 $x2^x = 1$ 在区间 $(0,1)$ 内至少有一个根;

　(2) 方程 $x^5 - 3x = 1$ 至少有一个根介于 1 和 2 之间;

　(3) 当 $a > 0, b > 0$ 时,方程 $x = a\sin x + b$ 至少有一个正根,并且它不超过 $a + b$.

7. 设 $f(x) \in C[0, 2a]$,且 $f(0) = f(2a)$,证明:存在 $\xi \in [0, a]$,使 $f(\xi) = f(\xi + a)$.

综合习题 1

1. 选择题:

　(1) 设 $0 < a < b$,则 $\lim\limits_{n \to \infty} \sqrt[n]{a^n + b^n} = ($　$)$.

　　(A) a　　　　(B) b　　　　　　(C) 1　　　　　(D) $a + b$

　(2) 当 $x \to 0$ 时,变量 $\dfrac{1}{x^2} \sin \dfrac{1}{x^2}$ 是($\quad$).

　　(A) 无穷小　　　　　　　　　(B) 有界但非无穷小

　　(C) 无界但非无穷大　　　　　(D) 无穷大

　(3) $\lim\limits_{x \to 0} \dfrac{e^{|x|} - 1}{x} = ($　$)$.

　　(A) 1　　　　(B) -1　　　　(C) 0　　　　(D) 不存在

　(4) 下面各式中正确的是($\quad$).

　　(A) $\lim\limits_{x \to \infty} \dfrac{\sin x}{x} = 1$　　　　　　(B) $\lim\limits_{x \to \infty} x \sin \dfrac{1}{x} = 1$

　　(C) $\lim\limits_{x \to \infty} \left(1 - \dfrac{1}{x}\right)^x = -e$　　(D) $\lim\limits_{x \to \infty} \left(1 + \dfrac{1}{x}\right)^{-x} = e$

　(5) 当 $x \to 0$ 时,下面选项中正确的是($\quad$).

　　(A) $1 - \cos 2x \sim x^2$　　　　　　(B) $1 - e^{-x} \sim x$

　　(C) $\sqrt{1 + \tan x} - \sqrt{1 + \sin x} \sim x^3$　(D) $\ln(1 - 2x) \sim 2x$

　*(6) 设函数 $f(x)$ 在 $(-\infty, +\infty)$ 内单调有界,$\{x_n\}$ 为数列,下列命题正确的是($\quad$).

　　(A) 若 $\{x_n\}$ 收敛,则 $\{f(x_n)\}$ 收敛　(B) 若 $\{x_n\}$ 单调,则 $\{f(x_n)\}$ 收敛

　　(C) 若 $\{f(x_n)\}$ 收敛,则 $\{x_n\}$ 收敛　(D) 若 $\{f(x_n)\}$ 单调,则 $\{x_n\}$ 收敛

2. 填空题:

　(1) 已知当 $x \to 0$ 时,$(1 + \alpha x^2)^{\frac{1}{3}} - 1$ 与 $\cos x - 1$ 是等价无穷小,则 $\alpha = $ ＿＿＿;

　(2) 设 $f(x) = \dfrac{e^x - b}{(x-a)(x-1)}$ 有无穷间断点 $x = 0$,可去间断点 $x = 1$. 则 $a = $ ＿＿＿,$b = $ ＿＿＿;

　(3) 已知 $y = \begin{cases} \dfrac{\sin ax}{x} & x < 0 \\ 1 & x = 0 \text{ 是连续函数,则 } (a, b) = \underline{\quad\quad}. \\ \dfrac{b\ln(1-4x)}{2x} & x > 0 \end{cases}$

3. 用介值定理证明:当 n 为奇数时,方程

$$x^n + a_{n-1}x^{n-1} + \cdots + a_1 x + a_0 = 0$$

至少有一个根,其中 $a_i \in \mathbf{R}$ 为常数 $(i = 0, 1, 2, \cdots, n-1)$.

4. 设函数 $f(x)$ 在 $(-\infty, +\infty)$ 上连续,$x = \alpha, x = \beta$ 是 $f(x) = 0$ 的两个相邻的实根. 证明:对于 α, β 间的任一点 γ,若 $f(\gamma)$ 为正(负),则 $f(x)$ 在 (α, β) 内恒为正(负).

5. 证明:若 $f(x)$ 在 $[a, b]$ 上连续,$a < x_1 < x_2 < \cdots < x_n < b$,则在 $[x_1, x_n]$ 上必有 ξ,使得

$$f(\xi) = \frac{1}{n} \sum_{i=1}^{n} f(x_i).$$

6. 一登山运动员从早上 7:00 开始攀登某座山峰,在下午 7:00 到达山顶,第二天早上 7:00 再从山顶开始沿着上山的路下山,下午 7:00 到达山脚,试利用介值定理说明:这个运动员在这两天的某一相同时刻经过登山路线的同一点.

* 实际应用

经典的极限思想在现代数学的许多问题中有着非常重要的应用. 本节中,我们将介绍现代数学中一些有趣的例子,以及如何利用极限的思想解决所提出的问题. 通过这些范例,让我们初步了解建立数学模型的过程,以及如何利用所建立的数学模型来解决实际问题.

案例 1   温度转换

求摄氏温度与华氏温度之间的换算公式. 问是否存在一个摄氏与华氏温度值一样的温度?

解　因为两种温度之间为线性关系,因此可设两者的关系式为

$$F = aC + b.$$

由水的冰点为摄氏 $0\,℃$、华氏 $32\,℉$,沸点为摄氏 $100\,℃$、华氏 $212\,℉$,分别代入上式得到方程组

$$\begin{cases} 32 = a \cdot 0 + b \\ 212 = a \cdot 100 + b, \end{cases}$$

解之得 $a = 1.8, b = 32$. 由此给出摄氏温度与华氏温度之间的关系式为

$$F = 1.8C + 32.$$

设摄氏与华氏温度均为 X 时温度是一样的,则代入上式得到

$$X = 1.8X + 32,$$

解得 $X = -40$. 故摄氏与华氏在零下 40 度时温度是一样的.

案例 2   放射性衰减

实验室的实验表明,某些原子以辐射的方式发射其部分质量,该原子用其剩余物质重新组成某种新元素的原子. 例如,放射性碳-14 衰变成氮;镭最终衰变成铅. 若 y_0 是初始时刻 $t = 0$ 时放射性物质的数量,在任何以后时刻 t 的数量为

$$y = y_0 e^{-rt}, \ r > 0,$$

数 r 称为放射性物质的衰减率. 对碳-14 而言,当 t 用年份来度量时,由实验确定的衰减率约为 $r = 1.2 \times 10^{-4}$. (1)试预测过了 866 年后的碳-14 所占的百分比;(2)求使样本中一半放射性核衰减所需要的年数?

解　(1)若从碳-14 原子核数量 y_0 开始,则 866 年后的剩余量为

$$y(866) = y_0 e^{-1.2 \times 10^{-4} \cdot 866} \approx 0.901 y_0.$$

即 866 年后,原有的碳-14 中有 90% 的留存,所以约有 10% 衰减掉了.

(2)令

$$y_0 e^{-1.2 \times 10^{-4} t} = 0.5 y_0,$$

得

$$e^{-1.2 \times 10^{-4} t} = 0.5,$$

解得

$$t = \frac{\ln 2}{1.2 \times 10^{-4}} \approx 5\,776.23(\text{年}).$$

案例 3　斐波那契[①]数列

斐波那契是 13 世纪初意大利著名数学家,他是西方文艺复兴前夕的数学启明星,是系统将东方数学介绍到西方的第一个人. 他在《算盘书》中提出了一个举世闻名的趣题:"如果一对兔子每月生一对兔子(雌雄各一),一对新生的兔子从第二个月开始生兔子,试问一年以后共繁殖多少对兔子(假设兔子均无死亡)?"

解　用符号　和◎分别表示一对未成年和成年的小兔,则小兔的繁殖数量可用示意图表示出来(见图 1.30).

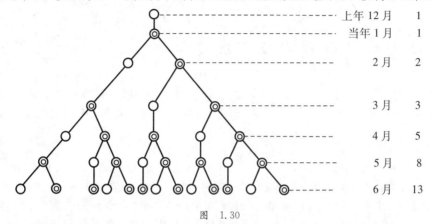

上年 12 月	1
当年 1 月	1
2 月	2
3 月	3
4 月	5
5 月	8
6 月	13

图　1.30

由图可见,6 月共有兔子 13 对,并且从 3 月开始,每月兔子的总数恰好是前两个月兔子总数之和,按此规律可得如下数列:

$$1,\ 1,\ 2,\ 3,\ 5,\ 8,\ 13,\ 21,\ 34,\ 55,\ 89,\ 144,\ 233,\ \cdots.$$

这个数列被称为**斐波那契数列**,其中每一项称为**斐波那契数**. 可以看出,一年后共有 233 对兔子.

记 $F_0 = 1, F_1 = 1, F_2 = 2, F_3 = 3, F_4 = 5, \cdots$,此数列有如下的递推关系:

$$F_{n+2} = F_{n+1} + F_n \quad (n = 0, 1, 2, \cdots).$$

可以证明,它的通项公式为

$$F_n = \frac{1}{\sqrt{5}} \left[\left(\frac{1+\sqrt{5}}{2} \right)^{n+1} - \left(\frac{1-\sqrt{5}}{2} \right)^{n+1} \right].$$

为了计算数年后(即 n 充分大)兔子对数的月增长率,即

$$\frac{F_{n+1} - F_n}{F_n} = \frac{F_n + F_{n-1} - F_n}{F_n} = \frac{F_{n-1}}{F_n},$$

需要考虑极限

$$\lim_{x \to \infty} \frac{F_{n-1}}{F_n} = \lim_{x \to \infty} \frac{\left(\frac{1+\sqrt{5}}{2} \right)^n - \left(\frac{1-\sqrt{5}}{2} \right)^n}{\left(\frac{1+\sqrt{5}}{2} \right)^{n+1} - \left(\frac{1-\sqrt{5}}{2} \right)^{n+1}} = \frac{\sqrt{5} - 1}{2} \approx 0.618.$$

于是,数年后兔子对数的月增长率约为 61.8%.

自然界中的很多现象都可以用斐波那契数列来解释. 例如,人们在研究蜜蜂的繁殖规律时发现,蜂后产的卵,受精的孵化为雌蜂,未受精的孵化为雄蜂,因此,雄蜂没有父亲,只有母亲. 为了追溯一只雄蜂的祖先,分别用符号　和◎代表雄蜂和雌蜂,不难画出雄蜂的"家谱图"(见图 1.31). 从图中易见,一只雄蜂的第 n 代祖先的数目恰好构成斐波那契数列的第 n 项. 又如一棵树木逐年的分枝数通常也构成斐波那契数列,等等.

---

① 斐波那契(Fibonacci),1170—1250,意大利数学家.

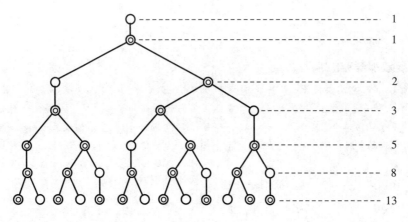

图 1.31

值得指出的是,斐波那契数列与古老的"黄金分割"有着密切的联系. 所谓"黄金分割"就是将一条线段分割成两部分,使较长的一段成为较短的一段与整个线段的比例中项. 这个分割点在线段上的位置就在整个线段长的 $\frac{\sqrt{5}-1}{2} \approx 0.618$ 处,恰与 $\frac{F_n}{F_{n+1}}$ 当 $n \to \infty$ 时的极限相等.

人们对斐波那契数列和黄金分割的深入研究,发现了它们许多新的应用,例如在优选法中常用的分数法和 0.618 法就是以它们为基础的. 更有趣的是,当今斐波那契数列这棵硕大数学之树上的古老枝干又萌新芽. 国外许多数学家认为它是数论中很值得研究的题材. 而且在 1963 年一些数学家还成立了"斐波那契协会",同时创办了《斐波那契季刊》,专门刊载有关这个数列性质的最新发现. 这是古老数学开新花的创举.

案例 4 压缩映射原理与迭代法

设 A、B 是两个集合,$f:A \to B$ 是一个映射. 若存在一个 $x \in A$,使 $f(x)=x$,则称 x 是映射 f 的一个**不动点**. 易见,映射 f 有一个**不动点**,就表示方程 $f(x)=x$ 有一个根. 因此研究映射不动点的存在性及其求法的问题实质上就是研究相应方程根的存在性及其求法的问题.

若映射(函数)$f:\mathbf{R} \to \mathbf{R}$ 满足不等式

$$|f(x)-f(y)| \leqslant k|x-y|,$$

其中 $x,y \in \mathbf{R}$,$0<k<1$,则称 f 为**压缩映射**. 读者不难根据连续性的定义证明压缩映射 f 是连续的.

下面证明**压缩映射原理**:压缩映射有唯一的不动点.

解 (1)首先证明:任取 $x_0 \in \mathbf{R}$,利用压缩映射 f 作迭代数列 $\{x_n\}$.

$$x_1=f(x_0),x_2=f(x_1),\cdots,x_n=f(x_{n-1}),\cdots,$$

则 $\{x_n\}$ 是收敛数列. 事实上,因为

$$
\begin{aligned}
|x_n-x_{n-1}| &= |f(x_{n-1})-f(x_{n-2})| \leqslant k|x_{n-1}-x_{n-2}| \\
&= k|f(x_{n-2})-f(x_{n-3})| \leqslant k^2|x_{n-2}-x_{n-3}| \\
&\leqslant \cdots \leqslant k^{n-1}|x_1-x_0|,
\end{aligned}
$$

所以,对于任何 $p \in \mathbf{Z}^+$,有

$$
\begin{aligned}
|x_{n+p}-x_n| &\leqslant |x_{n+p}-x_{n+p-1}| + |x_{n+p-1}-x_{n+p-2}| + \cdots + |x_{n+1}-x_n| \\
&\leqslant (k^{n+p-1}+k^{n+p-2}+\cdots+k^n)|x_1-x_0| \\
&= \frac{k^n(1-k^p)}{1-k}|x_1-x_0| < \frac{k^n}{1-k}|x_1-x_0|.
\end{aligned}
$$

由于 $k<1$. 故 $\forall \varepsilon>0$,$\exists N \in \mathbf{Z}^+$,当 $n>N$ 时,

$$|x_{n+p}-x_n| < \frac{k^n}{1-k}|x_1-x_0| < \varepsilon.$$

根据柯西收敛原理,$\{x_n\}$ 是收敛数列,设 $x_n \to \tilde{x}(n \to \infty)$.

（2）其次证明：$\tilde{x}$ 是 f 的一个不动点，事实上，对迭代关系式 $x_n = f(x_{n-1})$ 两边取极限，由 f 的连续性得

$$\tilde{x} = f(\tilde{x}),$$

因此 $\tilde{x}$ 是 f 的一个不动点，即 $\tilde{x}$ 是方程 $x = f(x)$ 的一个根．

（3）最后证明：f 的不动点是唯一的．如果 f 有另一个不动点 $\tilde{x}_1$，即 $\tilde{x}_1 = f(\tilde{x}_1)$，则

$$|\tilde{x}_1 - \tilde{x}| = |f(\tilde{x}_1) - f(\tilde{x})| \leqslant k|\tilde{x}_1 - \tilde{x}|.$$

因为 $k < 1$．所以上式当且仅当 $|\tilde{x}_1 - \tilde{x}| = 0$ 时才成立，故 $\tilde{x}_1 = \tilde{x}$．

综上所述，f 有唯一的不动点．

迭代法的几何意义如图 1.32 所示，它是求 $y = x$ 与 $y = f(x)$ 两条曲线交点的横坐标．

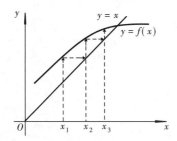 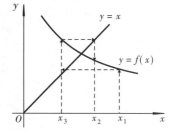

图　1.32

上面的证明不但说明了压缩映射 f 不动点的存在唯一性，即方程 $f(x) = x$ 根的存在唯一性，而且给出了求该方程根的一种近似方法．在实际问题中所遇到的方程往往无法求得它的精确解（根），需要借助于各种近似方法求出它的近似解．由于本例证明中所作的迭代数列 $\{x_n\}$ 收敛于方程的精确解 $\tilde{x}$．因此，迭代数列中任何一项 x_n 都可作为它的近似解，而且 n 越大，精度越高，这种方法是一种常用而且简便易行的近似解法，称为**迭代法**．只要编出简单的程序，就可以在计算机上求出方程足够精确的解．

* 拓展阅读

数学家简介——牛顿

　　牛顿（Isaac Newton，1643—1727）是英国伟大的数学家、物理学家、天文学家和自然哲学家。他于 1661 年入英国剑桥大学圣三一学院，1665 年获文学士学位，1668 年获硕士学位，1669 年任卢卡斯教授，1706 年受封爵士。

　　牛顿在科学上最卓越的贡献是创建了微积分和经典力学。

　　对于微积分，他超越前人的功绩在于，将古希腊以来求解无限小问题的各种特殊技巧统一为两类普遍的算法——微分和积分。微积分方法上，牛顿的贡献是，他不但清楚地看到，而且大胆地运用了代数所提供的大大优越于几何的方法论。他以代数方法取代了卡瓦列里、格雷哥里、惠更斯和巴罗的几何方法，完成了积分的代数化。从此，数学逐渐从感觉的学科转向思维的学科。在微积分产生的初期，由于还没有理论基础，被有些别有用心者钻空子。更因此而引发了著名的第二次数学危机。这个问题直到 19 世纪极限理论建立才得到解决。

　　牛顿在力学领域也有伟大的发现，其中包括提出了运动三定律，这是说明物体运动的科学。第一运动定律，又称牛顿第一定律。牛顿第二定律是最重要的，动力的所有基本方程都可由它通过微积分推导出来。此外，牛顿根据这两个定律推出第三定律。牛顿提出的物理学的三个运动定律总称牛顿运动定律，被誉为是经典物理学的基础。

　　牛顿在历史上还留下了很多脍炙人口的名言：

　　1. 你该将名誉作为你最高人格的标志。

　　2. 我的成就，当归功于精微的思索。

3. 聪明人之所以不会成功,是由于他们缺乏坚韧的毅力。

4. 如果说我所看的比笛卡儿更远一点,那是因为站在巨人肩上的缘故。

5. 你若想获得知识,你该下苦功;你若想获得食物,你该下苦功;你若想获得快乐,你也该下苦功,因为辛苦是获得一切的定律。

6. 胜利者往往是从坚持最后五分钟的时间中得来成功。

7. 我不知道世人怎样看我,但我自己以为我不过像一个在海边玩耍的孩子,不时为发现比寻常更为美丽的一块卵石或一片贝壳而沾沾自喜,至于展现在我面前的浩瀚的真理海洋,却全然没有发现。

亚历山大·蒲柏提到牛顿时说到:

Nature and Nature's laws lay hid in night;

God said,"let Newton be!" and all was light.

Soon,everything returned back to the dark as all be there …

自然和自然的法则在黑夜中隐藏;

上帝说,"让牛顿去吧!"于是一切都被照亮。

不久,一切又回到黑暗,一如既往……

第 2 章　一元函数微分学

16 世纪,资本主义生产力获得蓬勃发展,由于力学、航海、机械制造、军事等需要,运动的研究成为了自然科学的中心议题,于是变量走进历史舞台,形成了数学中的转折点.

到了 17 世纪上半叶,科学史上发生了几件大事.1608 年,荷兰眼镜制造商里帕席发明了望远镜,随后伽利略将他制成的第一架天文望远镜对准星空,从而得到了一系列令世人惊叹不已的天文发现.同时望远镜的发明也推动了光学的研究,比如透镜的制造就涉及确定透镜曲线上任一点的法线,这又需要求得曲线上任一点的切线.1619 年,开普勒公布了他的最后一条行星运动定律,他的工作主要是通过观测归纳出来的,从数学上证明开普勒的经验定律成为当时自然科学的中心课题之一.1638 年,伽利略建立自由落体、动量守恒定律等,为动力学奠定了基础,同时他还认识到弹道的抛物线性质,并研究了炮弹的最大射程,这些激起了人们对他所确立的动力学概念与定律作精确的数学表述的巨大热情,如确定非匀速直线运动的瞬时速度,求函数的极值等.可以说当时几乎所有的科学大师都在致力于寻找解决这些问题的新的数学工具,微分学的基本问题空前地成为人们关注的焦点.

在微分概念与方法的形成过程中,笛卡儿求切线的"圆法",巴罗求切线的"微分三角形",费马求极值的方法,沃利斯的"无穷算术"等等一系列先驱性的工作都已逐渐迈向微积分的大门.但是他们并没有将自己的研究方法作为一般规律明确提出.牛顿和莱布尼茨就是在这种时代背景下出场的,他们沿着前人开辟的道路迈出了空前一步,将微积分发展到了高峰.牛顿是结合运动学的观点来研究和创建微积分的,他将变量看作运动着的点,称微积分为"流数术",但他所创建的微积分符号,一直未被后人采用.而莱布尼茨是从几何问题出发,运用分析学方法引进微积分概念、得到运算法则,我们现在所使用的微积分运算符号,就是由莱布尼茨创造的.牛顿和莱布尼茨二人将两个貌似不相关的问题:微分学中切线问题和积分学中的面积问题联系起来了,建立了微积分基本定理:牛顿－莱布尼茨公式.

微积分包括微分学和积分学两部分,本章将学习一元函数微分学的相关知识,主要内容包括导数与微分及其应用.其中导数是以极限为工具来研究函数相对于自变量的变化快慢问题,而微分则研究当自变量发生微小变化时,函数大体上变化多少的问题.它们的研究方法将被推广,其结果具有广泛的应用价值.

在这一章中,首先介绍导数和微分这两个密切相关的概念和运算,然后利用导数研究函数的某些特性,包括函数的单调性、函数的极值、曲线的凹凸性和拐点等.在研究中微分中值定理起着非常关键的作用,它是联系函数局部性态与整体性态的"桥梁",利用中值定理能够从函数的局部性质推断函数的整体性质,因此中值定理是微分学的理论基础,它更加深刻地揭示了可导函数的性质.另外,还将介绍一些利用导数和微分的概念解决实际问题的实例,以加强读者对这些概念的理解,提高应用能力.

2.1 导数的概念及几何意义

在实际问题中,会遇到自变量变化与函数变化之间的快慢程度,即所谓的函数的变化率问题,在微积分学中称其为**导数**.

2.1.1 导数的概念

为了说明微分学的基本概念——导数,我们先讨论两个实际问题:速度问题及平面曲线的切线问题. 这两个问题在历史上都与导数概念的形成有密切的关系.

引例 1 直线运动的速度问题

设一物体沿直线做变速运动,已知位移随时间的变化规律为 $s = s(t)$. 由于物体的运动速度是随时间不断变化的,为了精确地研究物体的运动规律,必须计算它在运动过程中瞬息变化的速度,就是所谓瞬时速度. 怎样认识和度量它呢?

解 如果物体做匀速直线运动,那么位移函数 $s = s(t)$ 是一个线性函数,s 随 t 的变化是均匀的,即无论从什么时刻 t_0 开始,只要时间的变化 $t - t_0$ 相同,位移的变化 $s(t) - s(t_0)$ 也相同. 此时,物体的运动速度可以用

$$v = \frac{s(t) - s(t_0)}{t - t_0}$$

来度量,显然它是一个常数.

对于非匀速运动,$s = s(t)$ 是一个非线性函数,s 随 t 的变化是非均匀的,即在相同的时间间隔内位移的变化不同. 为了度量在 t_0 时刻的速度 $v(t_0)$,考察物体从 t_0 到 t 时刻的位移 $s(t) - s(t_0)$.

记 $\Delta t = t - t_0$,$\Delta s = s(t) - s(t_0)$,则

$$\bar{v} = \frac{s(t) - s(t_0)}{t - t_0} = \frac{\Delta s}{\Delta t}$$

就是物体在 $|\Delta t|$ 这段时间内的平均速度. 如果假定位移随时间的变化是连续不断的,那么,当 $|\Delta t|$ 很小时,速度的变化也很小,可以近似地看成是不变的. 因此

$$v(t_0) \approx \bar{v} = \frac{\Delta s}{\Delta t}.$$

显然,$|\Delta t|$ 越小,上面的近似表达式越精确.

如果当 $\Delta t \to 0$(即 $t \to t_0$)时,平均速度的极限存在,那么就可以用这个极限值来表示 t_0 时刻的瞬时速度,即

$$v(t_0) = \lim_{\Delta t \to 0} \frac{\Delta s}{\Delta t} = \lim_{t \to t_0} \frac{s(t) - s(t_0)}{t - t_0}.$$

引例 2 平面曲线的切线问题

在很多实际问题中都提出过平面曲线的切线问题. 大家知道,圆周的切线定义为与圆周只有一个交点的直线,这个定义显然不适用于一般的平面曲线. 例如,对于抛物线 $y = x^2$,在原点 O 处两个坐标轴都与曲线只有一个交点,但实际上只有 x 轴是该抛物线在 O 点的切线. 那么怎样定义平面曲线在一点处的切线呢?

解　设有平面曲线 L 及 L 上的一点 M（见图 2.1），在 M 外另取 L 上一点 N，作割线 MN. 当点 N 沿曲线 L 趋向于点 M 时，割线 MN 就绕点 M 旋转而趋向极限位置 MT，直线 MT 就称为曲线 L 在点 M 处的**切线**. 这里极限位置的含义是：只要弦长 $|MN|$ 趋向于零，$\angle NMT$ 也趋向于零.

设 L 为一条连续的平面曲线，它的方程是连续函数 $y = f(x)$（见图 2.2）. 设 $M(x_0, y_0)$ 是曲线 L 上的一个点，$y_0 = f(x_0)$.

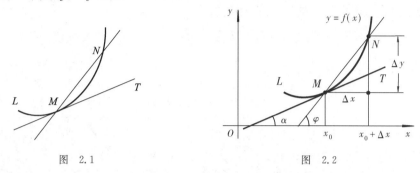

图　2.1　　　　　　　　　　　　　　　　　　图　2.2

根据上述定义要求出曲线 L 在点 M 处的切线，只要求出切线的斜率就行了. 为此，在点 M 外另取 L 上的一点 $N(x, y)$，其中 $x = x_0 + \Delta x$，$y = f(x) = f(x_0 + \Delta x)$. 于是割线 MN 的斜率为

$$\tan \varphi = \frac{\Delta y}{\Delta x} = \frac{y - y_0}{x - x_0} = \frac{f(x) - f(x_0)}{x - x_0},$$

其中，φ 为割线 MN 的倾角. 当点 N 沿曲线 L 趋向于点 M 时，$x \to x_0$，即 $\Delta x \to 0$. 如果当 $\Delta x \to 0$ 时，上式的极限存在，设为 k，即

$$k = \lim_{x \to x_0} \frac{\Delta y}{\Delta x} = \lim_{x \to x_0} \frac{f(x) - f(x_0)}{x - x_0}$$

存在，则此极限 k 是割线斜率的极限，也就是切线 MT 的斜率. 这里 $k = \tan \alpha$，其中 α 是切线 MT 的倾角. 于是，通过点 $M(x_0, f(x_0))$ 且以 k 为斜率的直线 MT 便是曲线 L 在点 M 处的切线.

由引例 1 和引例 2 可看出，虽然它们的背景不同，但它们的解都归结为求一种形式相同的极限，即当自变量的改变量 $\Delta x \to 0$ 时，函数的改变量 Δy 与自变量的改变量 Δx 之比的极限. 因此，我们抛开问题的具体含义，抽象出以下的定义：

定义 2.1　设函数 $y = f(x)$ 在点 x_0 的某个邻域内有定义. 如果极限

$$\lim_{\Delta x \to 0} \frac{\Delta y}{\Delta x} = \lim_{\Delta x \to 0} \frac{f(x_0 + \Delta x) - f(x_0)}{\Delta x} \tag{2.1}$$

存在，则称函数 $y = f(x)$ 在点 x_0 **处可导**，并称该极限值为函数 $f(x)$ 在点 x_0 处的**导数**（或**变化率**），记作 $y'|_{x=x_0}$. 即

$$y'\big|_{x=x_0} = \lim_{\Delta x \to 0} \frac{\Delta y}{\Delta x} = \lim_{\Delta x \to 0} \frac{f(x_0 + \Delta x) - f(x_0)}{\Delta x},$$

也可记作 $f'(x_0)$，$\dfrac{\mathrm{d}y}{\mathrm{d}x}\Big|_{x=x_0}$ 或 $\dfrac{\mathrm{d}f(x)}{\mathrm{d}x}\Big|_{x=x_0}$.

若上面的极限值不存在,则称函数 $f(x)$ 在点 x_0 处**不可导**. 若极限为无穷大,则称 $f(x)$ 在 x_0 处的**导数为无穷大**.

函数 $f(x)$ 在点 x_0 处的**左导数**、**右导数**分别为

$$f'_-(x_0) = \lim_{\Delta x \to 0^-} \frac{f(x_0 + \Delta x) - f(x_0)}{\Delta x}, \quad f'_+(x_0) = \lim_{\Delta x \to 0^+} \frac{f(x_0 + \Delta x) - f(x_0)}{\Delta x}.$$

导数的定义式也可取不同的形式. 常用的有

$$f'(x_0) = \lim_{h \to 0} \frac{f(x_0 + h) - f(x_0)}{h}, \quad f'(x_0) = \lim_{x \to x_0} \frac{f(x) - f(x_0)}{x - x_0}.$$

利用极限与左、右极限的关系可得:

$$f'(x_0) \text{存在} \Leftrightarrow f'_-(x_0), f'_+(x_0) \text{都存在且相等}.$$

如果函数 $y = f(x)$ 在区间 I 内每点都可导(若区间 I 包含其端点,则在端点处是指在左端点右可导,在右端点左可导),则称函数 $f(x)$ 在区间 I 内可导. 此时,函数 $f(x)$ 在任一 $x \in I$ 处都对应着 $f(x)$ 的一个确定的导数值. 这样就构成了一个新的函数,这个函数称为原来函数 $y = f(x)$ 的**导函数**,记作 y', $f'(x)$, $\dfrac{\mathrm{d}y}{\mathrm{d}x}$ 或 $\dfrac{\mathrm{d}f(x)}{\mathrm{d}x}$. 即

$$y' = f'(x) = \frac{\mathrm{d}y}{\mathrm{d}x} = \frac{\mathrm{d}f(x)}{\mathrm{d}x} = \lim_{\Delta x \to 0} \frac{f(x + \Delta x) - f(x)}{\Delta x}.$$

不难看出,函数 $f(x)$ 在点 x_0 处的导数就是 $f(x)$ 的导函数 $f'(x)$ 在点 x_0 处的函数值. 今后,在不致混淆的情况下,简称导函数为**导数**.

例 2.1 考察函数 $f(x) = |x|$ 在 $x_0 = 0$ 处的可导性.

解 由于

$$f'_+(x_0) = \lim_{\Delta x \to 0^+} \frac{|\Delta x|}{\Delta x} = \lim_{\Delta x \to 0^+} \frac{\Delta x}{\Delta x} = 1;$$

$$f'_-(x_0) = \lim_{\Delta x \to 0^-} \frac{|\Delta x|}{\Delta x} = \lim_{\Delta x \to 0^-} \frac{-\Delta x}{\Delta x} = -1.$$

故 $f(x)$ 在 $x_0 = 0$ 处不可导.

下面根据导数定义求一些简单函数的导数.

例 2.2 求函数 $f(x) = C$ (C 为常数)的导数.

解 因 $f'(x) = \lim_{\Delta x \to 0} \dfrac{f(x + \Delta x) - f(x)}{\Delta x} = \lim_{\Delta x \to 0} \dfrac{C - C}{\Delta x} = 0$, 故

$$(C)' = 0.$$

例 2.3 求函数 $f(x) = x^n$ ($n \in \mathbf{Z}^+$)在 $x = a$ 处的导数.

解 $f'(a) = \lim_{x \to a} \dfrac{f(x) - f(a)}{x - a} = \lim_{x \to a} \dfrac{x^n - a^n}{x - a}$

$= \lim_{x \to a} (x^{n-1} + ax^{n-2} + \cdots + a^{n-1})$

$= na^{n-1}.$

把以上结果中的 a 换成 x,得 $f'(x) = nx^{n-1}$,即 $(x^n)' = nx^{n-1}$. 更一般地,对于幂函数 $y = x^\mu$ ($\mu \in \mathbf{R}$),有

$$(x^\mu)' = \mu x^{\mu-1}.$$

这就是幂函数的导数公式,这个公式的证明将在以后讨论. 利用这个公式,可以很方便地求出幂函数的导数,例如:

$$(\sqrt{x})' = (x^{\frac{1}{2}})' = \frac{1}{2} x^{\frac{1}{2}-1} = \frac{1}{2\sqrt{x}};$$

$$\left(\frac{1}{x}\right)' = (x^{-1})' = (-1)x^{-1-1} = -\frac{1}{x^2}.$$

例 2.4   求函数 $f(x) = \sin x$ 的导数.

解 $f'(x) = \lim\limits_{\Delta x \to 0} \dfrac{f(x + \Delta x) - f(x)}{\Delta x} = \lim\limits_{\Delta x \to 0} \dfrac{\sin(x + \Delta x) - \sin x}{\Delta x}$

$$= \lim\limits_{\Delta x \to 0} \frac{1}{\Delta x} \left[2\cos\left(x + \frac{\Delta x}{2}\right) \sin \frac{\Delta x}{2} \right] = \cos x.$$

即

$$(\sin x)' = \cos x.$$

用类似的方法,可求得

$$(\cos x)' = -\sin x.$$

例 2.5   求函数 $f(x) = a^x (a > 0, a \neq 1)$ 的导数.

解 $f'(x) = \lim\limits_{\Delta x \to 0} \dfrac{f(\Delta x + x) - f(x)}{\Delta x} = \lim\limits_{\Delta x \to 0} \dfrac{a^{x+\Delta x} - a^x}{\Delta x} = a^x \lim\limits_{\Delta x \to 0} \dfrac{a^{\Delta x} - 1}{\Delta x}.$

令 $a^{\Delta x} - 1 = \beta$,则 $\Delta x = \log_a(1 + \beta)$,且当 $\Delta x \to 0$ 时 $\beta \to 0$. 于是

$$\lim\limits_{\Delta x \to 0} \frac{a^{\Delta x} - 1}{\Delta x} = \lim\limits_{\beta \to 0} \frac{\beta}{\log_a(1 + \beta)} = \lim\limits_{\beta \to 0} \frac{1}{\log_a(1 + \beta)^{1/\beta}} = \frac{1}{\log_a \mathrm{e}} = \ln a.$$

所以

$$f'(x) = a^x \ln a,$$

于是,我们就得如下求导公式:

$$(a^x)' = a^x \ln a.$$

特殊地,取 $a = \mathrm{e}$ 时,$\ln \mathrm{e} = 1$. 于是

$$(\mathrm{e}^x)' = \mathrm{e}^x.$$

2.1.2   导数的几何意义

由引例 2 中关于切线问题的讨论及函数导数的定义可知:函数 $f(x)$ 在点 x_0 处的导数 $f'(x_0)$ 在几何上表示它的图像(即曲线 $y = f(x)$)在点 $M(x_0, f(x_0))$ 处切线的斜率. 如果函数 $f(x)$ 在 x_0 处连续,且导数为无穷大,则它的图像在点 $M(x_0, f(x_0))$ 处切线的倾角 $\alpha = \dfrac{\pi}{2}$,因此,在 M 点处的切线垂直于 x 轴. 此时它的图像在 $M(x_0, f(x_0))$ 处的切线方程为 $x = x_0$.

根据导数的几何意义并应用直线点斜式方程,可以得到曲线 $y = f(x)$ 在 $M(x_0, f(x_0))$ 点处的切线方程

$$y - y_0 = f'(x_0)(x - x_0) \quad (y_0 = f(x_0))$$

和法线方程

$$y - y_0 = -\frac{1}{f'(x_0)}(x - x_0) \quad (f'(x_0) \neq 0).$$

例 2.6 曲线 $y = x^{\frac{3}{2}}$ 上哪一点处的切线与直线 $y = 3x - 1$ 平行?

解 因为 $y' = (x^{\frac{3}{2}})' = \frac{3}{2}x^{\frac{1}{2}}$. 所以, 由题意得 $\frac{3}{2}x^{\frac{1}{2}} = 3$, 解之可得 $x = 4$, 代入曲线方程, 得 $y = 4^{\frac{3}{2}} = 8$. 所以, 曲线 $y = x^{\frac{3}{2}}$ 在点 $(4, 8)$ 处的切线与直线 $y = 3x - 1$ 平行.

2.1.3 函数的可导性与连续性的关系

设函数 $y = f(x)$ 在点 x_0 处可导, 即

$$\lim_{\Delta x \to 0} \frac{\Delta y}{\Delta x} = f'(x_0)$$

存在. 由极限与无穷小的关系可知

$$\frac{\Delta y}{\Delta x} = f'(x_0) + \alpha,$$

其中 $\lim\limits_{\Delta x \to 0} \alpha = 0$. 于是

$$\Delta y = f'(x_0) \cdot \Delta x + \alpha \cdot \Delta x.$$

由此可见, 当 $\Delta x \to 0$ 时, $\Delta y \to 0$. 这就是说, 函数 $y = f(x)$ 在点 x_0 处是连续的. 这就得到了如下定理.

> **定理 2.1** 设函数 $y = f(x)$ 在点 x_0 处可导, 则该函数必在点 x_0 处连续.

显然定理 2.1 对于区间也成立, 即若 $f(x)$ 在某区间 I 上可导, 则 $f(x)$ 在区间 I 上连续. 但它的逆定理不成立, 即若 $f(x)$ 在某点连续, 则 $f(x)$ 在该点却不一定可导. 也就是说, 函数在某点连续是函数在该点可导的必要条件, 但不是充分条件. 如例2.1.

习 题 2.1

1. 下列各题中均假设 $f'(x_0)$ 存在, 按照导数的定义考察下列极限, 指出 A 表示什么?

(1) $\lim\limits_{\Delta x \to 0} \dfrac{f(x_0 - \Delta x) - f(x_0)}{\Delta x} = A$;

(2) $\lim\limits_{h \to 0} \dfrac{f(x_0 + h) - f(x_0 - h)}{h} = A$;

(3) $\lim\limits_{n \to \infty} n\left[f\left(x_0 + \dfrac{1}{n}\right) - f(x_0) \right] = A$;

(4) $\lim\limits_{n \to \infty} n\left[f\left(x_0 + \dfrac{1}{n}\right) - f\left(x_0 - \dfrac{2}{n}\right) \right] = A$;

(5) $\lim\limits_{x \to x_0} \dfrac{x_0 f(x) - x f(x_0)}{x - x_0} = A$.

2. 利用导数的定义讨论下列函数在 $x_0 = 0$ 处是否可导:

(1) $f(x) = |\sin x|$;

(2) $f(x) = \begin{cases} \ln(1+x) & \text{当 } x \geq 0 \\ x & \text{当 } x < 0 \end{cases}$;

(3) $f(x) = \begin{cases} \sin x & \text{当 } x < 0 \\ \ln(1+x) & \text{当 } x \geq 0 \end{cases}$;

(4) $f(x) = \begin{cases} \dfrac{x}{1 + e^{\frac{1}{x}}} & \text{当 } x \neq 0 \\ 0 & \text{当 } x = 0 \end{cases}$.

3. 试确定常数 a、b 的值, 使函数 $f(x) = \begin{cases} x^2 & \text{当 } x \leq 1 \\ ax + b & \text{当 } x > 1 \end{cases}$ 在 $x = 1$ 处连续且可导.

4. 求曲线 $f(x)=\cos x$ 上点 $\left(\dfrac{\pi}{3},\dfrac{1}{2}\right)$ 处的切线方程与法线方程.

5. 已知 $f(x)=\begin{cases}\sin x & \text{当}\ x<0 \\ x & \text{当}\ x\geqslant 0\end{cases}$，求 $f'(x)$.

6. 在抛物线 $y=x^2$ 上取横坐标 $x_1=1$ 及 $x_2=3$ 的两点，作过这两点的割线. 问该抛物线上哪一点的切线平行于这条割线?

7. 设函数 $\varphi(x)$ 在 $x=a$ 处连续，$f(x)=(x-a)\varphi(x)$，证明函数 $f(x)$ 在 $x=a$ 处可导. 若 $g(x)=|x-a|\varphi(x)$，函数 $g(x)$ 在 $x=a$ 处可导吗?

8. 设 $f(x)$ 为偶函数，且 $f'(0)$ 存在，证明 $f'(0)=0$.

9. 设 $f(x)$ 在区间 $(-\infty,+\infty)$ 上可导，证明：

(1) 若 $f(x)$ 是奇(偶)函数，则 $f'(x)$ 是偶(奇)函数；

(2) 若 $f(x)$ 是周期为 l 的周期函数，则 $f'(x)$ 也是周期为 l 的周期函数.

10. 设函数 $y=f(x)$ 的定义域为 $(0,+\infty)$，且在 $x=1$ 处可导，满足对任意的 $x,\ y\in(0,+\infty)$，$f(xy)=yf(x)+xf(y)$，证明：$f(x)$ 可导，且对任意 $x\in(0,+\infty)$，$f'(x)=\dfrac{f(x)}{x}+f'(1)$.

2.2　导数的运算

上一节介绍了导数的概念，根据导数的定义可以求出一些简单函数的导数. 但是，对于比较复杂的函数，直接根据定义来求它们的导数往往很困难. 因此，本节将利用极限理论推导出一些基本求导法则和基本初等函数的求导公式，借助于这些法则和公式，就能很方便地求出一些常见函数的导数.

2.2.1　函数的和、差、积、商求导法则

> **定理 2.2**　设函数 $f(x),g(x)$ 都在点 x 处可导，则它们的和、差、积、商(分母为零的点除外)都在点 x 处可导，且
>
> (1) $[f(x)\pm g(x)]'=f'(x)\pm g'(x)$；
>
> (2) $[f(x)\cdot g(x)]'=f'(x)g(x)+f(x)g'(x)$；
>
> (3) $\left[\dfrac{f(x)}{g(x)}\right]'=\dfrac{f'(x)g(x)-f(x)g'(x)}{g^2(x)}$　　　$(g(x)\neq 0)$.

证　仅对定理 2.2(2) 进行证明，其余留给读者. 设 $y=f(x)\cdot g(x)$，则

$$\Delta y=f(x+\Delta x)\cdot g(x+\Delta x)-f(x)g(x)$$
$$=f(x+\Delta x)[g(x+\Delta x)-g(x)]+g(x)[f(x+\Delta x)-f(x)]$$
$$=f(x+\Delta x)\Delta g+g(x)\Delta f,$$

于是

$$\frac{\Delta y}{\Delta x}=f(x+\Delta x)\frac{\Delta g}{\Delta x}+g(x)\frac{\Delta f}{\Delta x}.$$

由于 $f(x),g(x)$ 可导，所以

$$\lim_{\Delta x\to 0}\frac{\Delta f}{\Delta x}=f'(x),\quad \lim_{\Delta x\to 0}\frac{\Delta g}{\Delta x}=g'(x),\quad \lim_{\Delta x\to 0}f(x+\Delta x)=f(x),$$

故

$$\lim_{\Delta x\to 0}\frac{\Delta y}{\Delta x}=g(x)\cdot f'(x)+f(x)\cdot g'(x).$$

即

$$\left[f(x) \cdot g(x)\right]' = f'(x) \cdot g(x) + f(x) \cdot g'(x).$$

定理 2.2 中的(1) 和(2) 可以推广到有限个函数的情形.

例 2.7 $y = 4x^3 - 5x^2 + 7$,求 y'.

解 $y' = (4x^3 - 5x^2 + 7)' = (4x^3)' - (5x^2)' + (7)'$

$\qquad = 4(x^3)' - 5(x^2)' = 12x^2 - 10x.$

例 2.8 $y = 2^x + \sqrt{x}\sin x$,求 y'.

解 $y' = (2^x)' + (\sqrt{x}\sin x)' = (2^x)' + (\sqrt{x})'\sin x + \sqrt{x}(\sin x)'$

$\qquad = 2^x \ln 2 + \dfrac{\sin x}{2\sqrt{x}} + \sqrt{x} \cdot \cos x.$

例 2.9 求正切函数 $y = \tan x$ 和余切函数 $y = \cot x$ 的导数.

解 根据两个函数商的求导法则,我们有

$$(\tan x)' = \left(\frac{\sin x}{\cos x}\right)' = \frac{(\sin x)'\cos x - \sin x(\cos x)'}{\cos^2 x} = \frac{\cos^2 x + \sin^2 x}{\cos^2 x} = \sec^2 x.$$

于是我们得到了正切函数的导数公式:

$$(\tan x)' = \sec^2 x \quad \left(x \neq (2k+1)\frac{\pi}{2}, k \in \mathbf{Z}\right).$$

类似可求得余切函数的导数公式:

$$(\cot x)' = -\csc^2 x \quad (x \neq k\pi, k \in \mathbf{Z}).$$

例 2.10 求正割函数 $y = \sec x$ 和余割函数 $y = \csc x$ 的导数.

解 由商的求导公式,有

$$(\sec x)' = \left(\frac{1}{\cos x}\right)' = -\frac{(\cos x)'}{\cos^2 x} = \frac{\sin x}{\cos^2 x} = \sec x\tan x.$$

于是,得到了正割函数的导数公式:

$$(\sec x)' = \sec x \cdot \tan x \quad \left(x \neq (2k+1)\frac{\pi}{2}, k \in \mathbf{Z}\right)$$

类似可求得余割函数的导数公式:

$$(\csc x)' = -\csc x \cdot \cot x \quad (x \neq k\pi, k \in \mathbf{Z}).$$

2.2.2 复合函数的求导法则

定理 2.3 如果函数 $u = \varphi(x)$ 在 x 处可导,而 $y = f(u)$ 在对应的 u 处可导,则复合函数 $y = f(\varphi(x))$ 在 x 处可导,并且

$$\frac{\mathrm{d}y}{\mathrm{d}x} = f'(u)\varphi'(x) \quad \text{或} \quad \frac{\mathrm{d}y}{\mathrm{d}x} = \frac{\mathrm{d}y}{\mathrm{d}u}\frac{\mathrm{d}u}{\mathrm{d}x}.$$

证 由于函数 $y = f(u)$ 在 u 处可导,因此 $\lim\limits_{\Delta u \to 0} \dfrac{\Delta y}{\Delta u} = f'(u)$. 利用极限与无穷小的关系可知

$\dfrac{\Delta y}{\Delta u} = f'(u) + \alpha_1 \left(\lim\limits_{\Delta u \to 0} \alpha_1 = 0\right).$ 从而

$$\Delta y = f'(u)\Delta u + \alpha_1 \cdot \Delta u \quad (\lim_{\Delta u \to 0}\alpha_1 = 0).$$

同理，由 $u = \varphi(x)$ 在 x 处可导有

$$\Delta u = \varphi'(x)\Delta x + \alpha_2 \cdot \Delta x \quad (\lim_{\Delta x \to 0}\alpha_2 = 0).$$

由以上两个函数的改变量得复合函数 $y = f(\varphi(x))$ 在 x 处的改变量

$$\Delta y = f'(u)\Delta u + \alpha_1 \cdot \Delta u = f'(u)[\varphi'(x)\Delta x + \alpha_2 \cdot \Delta x] + \alpha_1 \cdot \Delta u$$
$$= f'(u)\varphi'(x)\Delta x + f'(u)\alpha_2 \cdot \Delta x + \alpha_1 \cdot \Delta u.$$

于是

$$\lim_{\Delta x \to 0}\frac{\Delta y}{\Delta x} = f'(u)\varphi'(x) + f'(u)\lim_{\Delta x \to 0}\alpha_2 + \lim_{\Delta x \to 0}\alpha_1 \cdot \lim_{\Delta x \to 0}\frac{\Delta u}{\Delta x}$$
$$= f'(u)\varphi'(x) + f'(u) \cdot 0 + 0 \cdot \varphi'(x)$$
$$= f'(u)\varphi'(x).$$

此即证明了复合函数 $y = f(\varphi(x))$ 在点 x 处可导，且

$$\frac{\mathrm{d}y}{\mathrm{d}x} = f'(u)\varphi'(x) \quad \text{或} \quad \frac{\mathrm{d}y}{\mathrm{d}x} = \frac{\mathrm{d}y}{\mathrm{d}u}\frac{\mathrm{d}u}{\mathrm{d}x}.$$

复合函数求导公式可以推广到任意有限个函数复合的情形. 这个公式的实质是将一个较复杂的函数求导问题分解成若干个较为简单的函数的求导问题, 这就要求在使用该公式的时候, 一定要分清函数的复合关系, 善于将一个复杂函数分解为几个简单函数的复合, 由外向里一层一层地逐个求导, 不能脱节, 不能遗漏. 这个法则通常被人们称为**链锁规则**. 另外, 对于一个由多个复合函数通过四则运算(加、减、乘、除)组合起来的函数, 通常是先进行函数的和、差、积、商求导运算, 然后进行各个复合函数的求导运算, 这样可使运算步骤清楚明了.

例 2. 11 设 $y = \sin(3x+2)$, 求 $\dfrac{\mathrm{d}y}{\mathrm{d}x}$.

解 函数 $y = \sin(3x+2)$ 是由 $y = \sin u$ 和 $u = 3x+2$ 复合而成, 所以

$$\frac{\mathrm{d}y}{\mathrm{d}x} = \frac{\mathrm{d}y}{\mathrm{d}u} \cdot \frac{\mathrm{d}u}{\mathrm{d}x} = \cos u \cdot 3 = 3\cos(3x+2).$$

例 2. 12 设 $y = \sqrt[3]{1-2x^2}$, 求 $\dfrac{\mathrm{d}y}{\mathrm{d}x}$.

解 函数 $y = \sqrt[3]{1-2x^2}$ 是由 $y = \sqrt[3]{u}$ 和 $u = 1-2x^2$ 复合而成, 所以

$$\frac{\mathrm{d}y}{\mathrm{d}x} = \frac{\mathrm{d}y}{\mathrm{d}u} \cdot \frac{\mathrm{d}u}{\mathrm{d}x} = \frac{1}{3}u^{-\frac{2}{3}}(-4x) = -\frac{4x}{3\sqrt[3]{(1-2x^2)^2}}.$$

对复合函数的分解比较熟练后, 就不必再写出中间变量, 只要认清函数的复合层次, 默记在心, 一步一步逐层求导就行了.

例 2. 13 设 $y = \sqrt{\cot\dfrac{x}{2}}$, 求 $\dfrac{\mathrm{d}y}{\mathrm{d}x}$.

解 $\dfrac{\mathrm{d}y}{\mathrm{d}x} = \left(\sqrt{\cot\dfrac{x}{2}}\right)' = \dfrac{1}{2\sqrt{\cot\dfrac{x}{2}}}\left(\cot\dfrac{x}{2}\right)' = \dfrac{1}{2\sqrt{\cot\dfrac{x}{2}}} \cdot \left(-\csc^2\dfrac{x}{2}\right) \cdot \left(\dfrac{x}{2}\right)'$

$$= -\frac{\csc^2\dfrac{x}{2}}{4\sqrt{\cot\dfrac{x}{2}}}.$$

例 2.14 设 $y=\mathrm{e}^{\sin^2\frac{1}{x}+x^2}$，求 $\dfrac{\mathrm{d}y}{\mathrm{d}x}$.

解 $\dfrac{\mathrm{d}y}{\mathrm{d}x}=(\mathrm{e}^{\sin^2\frac{1}{x}+x^2})'=\mathrm{e}^{\sin^2\frac{1}{x}+x^2}\cdot\left(\sin^2\dfrac{1}{x}+x^2\right)'$

$=\mathrm{e}^{\sin^2\frac{1}{x}+x^2}\cdot\left[2\sin\dfrac{1}{x}\left(\sin\dfrac{1}{x}\right)'+2x\right]$

$=\mathrm{e}^{\sin^2\frac{1}{x}+x^2}\cdot\left[2\sin\dfrac{1}{x}\cdot\cos\dfrac{1}{x}\cdot\left(\dfrac{1}{x}\right)'+2x\right]$

$=\mathrm{e}^{\sin^2\frac{1}{x}+x^2}\cdot\left[2\sin\dfrac{1}{x}\cdot\cos\dfrac{1}{x}\cdot\left(-\dfrac{1}{x^2}\right)+2x\right]$

$=\mathrm{e}^{\sin^2\frac{1}{x}+x^2}\cdot\left(-\dfrac{1}{x^2}\sin\dfrac{2}{x}+2x\right)$.

例 2.15 $y=\sin nx\cdot\sin^n x$（n 为常数），求 $\dfrac{\mathrm{d}y}{\mathrm{d}x}$.

解 $\dfrac{\mathrm{d}y}{\mathrm{d}x}=(\sin nx)'\cdot\sin^n x+\sin nx\cdot(\sin^n x)'$

$=n\cos nx\cdot\sin^n x+\sin nx\cdot n\sin^{n-1}x\cdot\cos x$

$=n\sin^{n-1}x\,\sin(n+1)x$.

例 2.16 求双曲函数的导数.

解 $(\sinh x)'=\left(\dfrac{\mathrm{e}^x-\mathrm{e}^{-x}}{2}\right)'=\dfrac{1}{2}[\mathrm{e}^x-\mathrm{e}^{-x}(-x)']=\dfrac{\mathrm{e}^x+\mathrm{e}^{-x}}{2}=\cosh x;$

$(\cosh x)'=\left(\dfrac{\mathrm{e}^x+\mathrm{e}^{-x}}{2}\right)'=\dfrac{1}{2}[\mathrm{e}^x+\mathrm{e}^{-x}\cdot(-x)']=\dfrac{\mathrm{e}^x-\mathrm{e}^{-x}}{2}=\sinh x;$

$(\tanh x)'=\left(\dfrac{\sinh x}{\cosh x}\right)'=\dfrac{(\sinh x)'\cosh x-\sinh x(\cosh x)'}{\cosh^2 x}$

$=\dfrac{\cosh^2 x-\sinh^2 x}{\cosh^2 x}=\dfrac{1}{\cosh^2 x}.$

于是，得到双曲函数的导数公式：

$$(\sinh x)'=\cosh x;\quad(\cosh x)'=\sinh x;\quad(\tanh x)'=\dfrac{1}{\cosh^2 x}.$$

2.2.3 反函数的求导法则

定理 2.4 设函数 $y=f(x)$ 在某区间 I_x 内单调、可导，且 $f'(x)\neq 0$，则它的反函数 $x=f^{-1}(y)$ 在对应区间 I_y 内也可导，并且

$$[f^{-1}(y)]'=\dfrac{1}{f'(x)}.$$

证 根据定理 1.10 可知，$x=f^{-1}(y)$ 在对应区间 I_y 内也是单调、连续的函数，从而由

$$f^{-1}(y+\Delta y)=f^{-1}(y)+\Delta x=x+\Delta x$$

得到：当 $\Delta y\neq 0$ 时，$\Delta x=f^{-1}(y+\Delta y)-f^{-1}(y)\neq 0$，并且当 $\Delta y\to 0$ 时，$\Delta x\to 0$. 于是

$$[f^{-1}(y)]'=\lim_{\Delta y\to 0}\dfrac{f^{-1}(y+\Delta y)-f^{-1}(y)}{\Delta y}=\lim_{\Delta x\to 0}\dfrac{\Delta x}{f(x+\Delta x)-f(x)}$$

$$= \lim_{\Delta x \to 0} \frac{1}{\dfrac{f(x+\Delta x)-f(x)}{\Delta x}} = \frac{1}{\lim\limits_{\Delta x \to 0} \dfrac{f(x+\Delta x)-f(x)}{\Delta x}}$$

$$= \frac{1}{f'(x)}.$$

上述结论可简单地说成：反函数的导数等于直接函数导数的倒数. 利用这个结论，我们可以很方便地计算反三角函数及对数函数的导数.

例 2.17　求反三角函数的导数.

解　以反正弦函数为例，其他的反三角函数的导数可类似计算.

反正弦函数 $y=\arcsin x$ $(x \in (-1,1))$ 可看成是正弦函数 $x=\sin y$ $\left(y \in \left(-\dfrac{\pi}{2}, \dfrac{\pi}{2}\right)\right)$ 的反函数，并且满足定理 2.4 的所有条件，故在区间 $(-1,1)$ 内有

$$(\arcsin x)' = \frac{1}{(\sin y)'} = \frac{1}{\cos y} = \frac{1}{\sqrt{1-\sin^2 y}} = \frac{1}{\sqrt{1-x^2}}.$$

类似可得 $\arccos x$，$\arctan x$ 及 $\text{arccot } x$ 的求导公式：

$$(\arcsin x)' = \frac{1}{\sqrt{1-x^2}} \quad x \in (-1,1);$$

$$(\arccos x)' = \frac{-1}{\sqrt{1-x^2}} \quad x \in (-1,1);$$

$$(\arctan x)' = \frac{1}{1+x^2} \quad x \in (-\infty, +\infty);$$

$$(\text{arccot } x)' = \frac{-1}{1+x^2} \quad x \in (-\infty, +\infty).$$

例 2.18　计算对数函数 $y=\log_a x$ $(a>0, a \neq 1)$ 的导数.

解　对数函数 $y=\log_a x$ $(x \in (0, +\infty))$ 可看成是指数函数 $x=a^y (y \in (-\infty, +\infty))$ 的反函数. 而函数 $x=a^y (y \in (-\infty, +\infty))$ 满足定理 2.4 的所有条件，所以

$$(\log_a x)' = \frac{1}{(a^y)'} = \frac{1}{a^y \ln a} = \frac{1}{x \ln a}.$$

特殊地，当 $a=\mathrm{e}$ 时可得 $(\ln x)' = \dfrac{1}{x}$.

$$(\log_a x)' = \frac{1}{x \ln a} \quad x \in (0, +\infty);$$

$$(\ln x)' = \frac{1}{x} \quad x \in (0, +\infty).$$

2.2.4　初等函数的求导问题

在前几节中，我们不仅把所有基本初等函数的导数都求了出来，而且还推出了函数的和、差、积、商的求导法则和复合函数的求导法则. 由此得到如下结论：一切初等函数的求导问题均已解决，一般说来，初等函数的导数仍为初等函数.

事实上，根据初等函数的定义可知，初等函数是可用一个式子表示的，而这个式子是由基

本初等函数(幂函数、指数函数、对数函数、三角函数、反三角函数)经过有限次的四则运算和有限次的复合步骤所构成的,所以,任何初等函数都可以按基本初等函数的导数公式和上述求导法则来求出导数. 为了今后使用方便,将基本初等函数的导数公式列于表 2.1.

表 2.1 初等函数的导数公式表

(1) $(C)'=0$	(2) $(x^a)'=\alpha x^{a-1}$
(3) $(a^x)'=a^x\ln a$	(4) $(\mathrm{e}^x)'=\mathrm{e}^x$
(5) $(\log_a x)'=\dfrac{1}{x\ln a}$	(6) $(\ln x)'=\dfrac{1}{x}$
(7) $(\sin x)'=\cos x$	(8) $(\cos x)'=-\sin x$
(9) $(\tan x)'=\sec^2 x$	(10) $(\cot x)'=-\csc^2 x$
(11) $(\sec x)'=\sec x\tan x$	(12) $(\csc x)'=-\csc x\cot x$
(13) $(\arcsin x)'=\dfrac{1}{\sqrt{1-x^2}}$	(14) $(\arccos x)'=-\dfrac{1}{\sqrt{1-x^2}}$
(15) $(\arctan x)'=\dfrac{1}{1+x^2}$	(16) $(\operatorname{arccot} x)'=-\dfrac{1}{1+x^2}$

在所有的求导法则中,复合函数求导法则是最基本最重要的法则,这不仅仅是因为大多数的函数都是复合函数,而且这个法则也是后面介绍的其他求导法则的基础,所以我们应当熟练而准确地掌握它.

例 2.19 设 $y=\ln(1+x+\sqrt{1+x^2})$,求 y'.

解
$$y'=\frac{1}{1+x+\sqrt{1+x^2}}\cdot(1+x+\sqrt{1+x^2})'$$
$$=\frac{1}{1+x+\sqrt{1+x^2}}\cdot\left(1+\frac{x}{\sqrt{1+x^2}}\right)$$
$$=\frac{x+\sqrt{1+x^2}}{\sqrt{1+x^2}(1+x+\sqrt{1+x^2})}.$$

例 2.20 设 $f(x)=u(x)^{v(x)}$,其中 $u=u(x)$,$v=v(x)$ 都是可导函数,求 $f'(x)$.

解 由于 $f(x)=u(x)^{v(x)}=\mathrm{e}^{v(x)\ln u(x)}$,所以
$$f'(x)=\mathrm{e}^{v(x)\ln u(x)}\cdot\left[v'(x)\ln u(x)+\frac{v(x)u'(x)}{u(x)}\right]$$
$$=u(x)^{v(x)}\cdot\left[v'(x)\ln u(x)+\frac{v(x)u'(x)}{u(x)}\right].$$

2.2.5 高阶导数

我们知道,变速直线运动的物体在 t 时刻的速度 $v(t)$ 是位移函数 $s=s(t)$ 对时间 t 的导数,即 $v(t)=s'(t)$;进一步,由力学概念可知,速度函数 $v(x)$ 对时间 t 的变化率就是加速度 $a(t)$,即 $a(t)=v'(t)=[s'(t)]'$,通常称为 $s=s(t)$ 对 t 的二阶导数,记为 $a(t)=s''(t)=\dfrac{\mathrm{d}^2 s}{\mathrm{d}t^2}$.

设函数 $y=f(x)$ 在区间 I 可导,若其导函数 $f'(x)$ 在区间 I 仍可导,则称 $y=f(x)$ 在区间 I 上**二阶可导**,并且称 $[f'(x)]'$ 为 $y=f(x)$ 在区间 I 的**二阶导数**,记为 $f''(x)$ 或 $\dfrac{\mathrm{d}^2 y}{\mathrm{d}x^2}$. 即

$$f''(x) = \left[f'(x) \right]' \quad \text{或} \quad \frac{\mathrm{d}^2 y}{\mathrm{d}x^2} = \frac{\mathrm{d}}{\mathrm{d}x} \left(\frac{\mathrm{d}y}{\mathrm{d}x} \right).$$

一般地,若函数 $y = f(x)$ 的 $n-1$ 阶导数 $f^{(n-1)}(x)$ $\left(\text{或} \dfrac{\mathrm{d}^{n-1} y}{\mathrm{d}x^{n-1}} \right)$ 在区间 I 仍可导,则称函数 $y = f(x)$ 在区间 I 上 n **阶可导**,并且称 $\left[f^{(n-1)}(x) \right]'$ 为 $y = f(x)$ 在区间 I 的 n **阶导数**,记为 $f^{(n)}(x)$ 或者 $\dfrac{\mathrm{d}^n y}{\mathrm{d}x^n}$. 即

$$f^{(n)}(x) = \left[f^{(n-1)}(x) \right]' \quad \text{或} \quad \frac{\mathrm{d}^n y}{\mathrm{d}x^n} = \frac{\mathrm{d}}{\mathrm{d}x} \left(\frac{\mathrm{d}^{n-1} y}{\mathrm{d}x^{n-1}} \right).$$

习惯上,我们把二阶或二阶以上的导数统称为**高阶导数**,为了统一起见,把 $f'(x)$ 称为 $f(x)$ 的**一阶导数**,把 $f(x)$ 本身称为 $f(x)$ 的**零阶导数**.

若 $f^{(n)}(x)$ 在区间 I 上连续,则称 $f(x)$ 在区间 I 上 n **阶连续可导**,或称 $f(x)$ 为区间 I 上的 $\mathrm{C}^{(n)}$ **类函数**,记作 $f(x) \in \mathrm{C}^{(n)}(I)$. 若对任意的 $n \in \mathbf{N}$, $f(x)$ 都是区间 I 上的 $\mathrm{C}^{(n)}$ 类函数,则称 $f(x)$ 为区间 I 的**无限可导函数**,或称之为区间 I 的 C^{∞} **类函数**,记作 $f(x) \in \mathrm{C}^{\infty}(I)$.

由此可见,求高阶导数就是逐次求导数. 所以,仍可应用前面学过的求导方法来计算高阶导数.

例 2.21　证明下列函数的 n 阶导数公式:

(1) $(\mathrm{e}^x)^{(n)} = \mathrm{e}^x$.

(2) $(\sin x)^{(n)} = \sin\left(x + n \cdot \dfrac{\pi}{2} \right), \quad (\cos x)^{(n)} = \cos\left(x + n \cdot \dfrac{\pi}{2} \right)$.

(3) $(x^{\mu})^{(n)} = \mu(\mu-1)(\mu-2)\cdots(\mu-n+1)x^{\mu-n} \quad (\mu \in \mathbf{R})$.

(4) $\left(\dfrac{1}{x+a} \right)^{(n)} = \dfrac{(-1)^n n!}{(x+a)^{n+1}}$.

证　仅证(2)与(4),其余留给读者.

(2) 由于 $(\sin x)' = \cos x = \sin\left(x + \dfrac{\pi}{2} \right)$,

$$(\sin x)'' = \left[\sin\left(x + \frac{\pi}{2} \right) \right]' = \cos\left(x + \frac{\pi}{2} \right) = \sin\left(x + 2 \cdot \frac{\pi}{2} \right),$$

假定 $(\sin x)^{(k)} = \sin\left(x + k \cdot \dfrac{\pi}{2} \right)$ 成立,则

$$(\sin x)^{(k+1)} = \left[\sin\left(x + k \cdot \frac{\pi}{2} \right) \right]' = \cos\left(x + k \cdot \frac{\pi}{2} \right)$$

$$= \sin\left[x + (k+1) \cdot \frac{\pi}{2} \right].$$

由数学归纳法知(2)式对于任何 $n \in \mathbf{N}$ 都成立.

(4) 由于

$$\left(\frac{1}{x+a} \right)' = \frac{-1}{(x+a)^2} = \frac{(-1) \times 1!}{(x+a)^2},$$

$$\left(\frac{1}{x+a} \right)'' = \frac{(-1) \times (-2)}{(x+a)^3} = \frac{(-1)^2 \times 2!}{(x+a)^3},$$

与(2)类似可由数学归纳法证明

$$\left(\frac{1}{x+a} \right)^{(n)} = \frac{(-1)^n \cdot n!}{(x+a)^{n+1}}.$$

> **定理 2.5** 设函数 $u(x)$, $v(x)$ 都是 n 阶可导,则:
>
> (1)(线性性质)
> $$[\alpha u(x) + \beta v(x)]^{(n)} = \alpha u^{(n)}(x) + \beta v^{(n)}(x) \quad (\alpha, \beta \in \mathbf{R});$$
>
> (2)(莱布尼茨①公式)
> $$[u(x)v(x)]^{(n)} = \sum_{k=0}^{n} C_n^k u^{(n-k)}(x) v^{(k)}(x).$$

证明留给读者.

例 2.22 设 $f(x) = x^3 \sin x$,求 $f^{(80)}(x)$.

解 设 $u(x) = x^3$, $v(x) = \sin x$,则

$$u'(x) = 3x^2, u''(x) = 6x, u'''(x) = 6, \cdots,$$
$$u^{(k)}(x) = 0, (k = 4, 5, 6, \cdots),$$

于是,根据莱布尼茨公式得

$$f^{(80)}(x) = x^3 \cdot (\sin x)^{(80)} + 80 \cdot 3x^2 (\sin x)^{(79)} + \frac{80 \cdot (80-1)}{2!} \cdot 6x(\sin x)^{(78)} +$$

$$\frac{80(80-1)(80-2)}{3!} \cdot 6 \cdot (\sin x)^{(77)}$$

$$= x^3 \sin(x + 40\pi) + 240x^2 \sin\left(x + \frac{79}{2}\pi\right) + 18\,960x\sin\left(x + \frac{78}{2}\pi\right) +$$

$$492\,960\sin\left(x + \frac{77}{2}\pi\right)$$

$$= x^3 \sin x - 240x^2 \cos x - 18\,960x\sin x - 492\,960\cos x.$$

2.2.6 隐函数求导法

函数 $y = f(x)$ 表示两个变量 y 与 x 之间的对应关系,这种对应关系可以用各种不同方式表达. 前面我们遇到的函数,例如 $y = \sin x$, $y = xe^x + \ln x$ 等,这种函数表达方式的特点是:等式左端是因变量的记号,而右端是含有自变量的式子,当自变量取定义域内任一值时,由这个式子可确定对应的函数值. 用这种方式表达的函数叫作**显函数**. 在实际问题中,我们也经常碰到这样一类函数,它的因变量 y 与自变量 x 间的对应关系是由一个方程所确定的,例如,方程

$$x + y^3 - 1 = 0$$

就表示一个函数,因为当自变量 x 在 $(-\infty, +\infty)$ 内取值时,变量 y 有确定的值与之对应. 例如,当 $x = 0$ 时,$y = 1$;当 $x = -1$ 时,$y = \sqrt[3]{2}$,等等. 这个函数的特点是:自变量 x 的取值及因变量所对应的值应当满足方程 $x + y^3 - 1 = 0$. 这样所确定的函数称为**隐函数**.

一般地,如果在方程 $F(x, y) = 0$ 中,当 x 取某区间内的任一值时,相应地总有满足这个方程的确定值 y 存在,那么就称方程 $F(x, y) = 0$ 在该区间内确定了一个隐函数.

对于给定的方程,由它所确定的隐函数是否存在,是一个相当复杂的问题,我们将在多元函数的理论中对它进行讨论,本节中我们仅仅讨论在隐函数存在的条件下,如何计算它的导数问题.

---

① 莱布尼茨(G. W. Leibniz),1646—1716,德国数学家.

假定方程 $F(x,y)=0$ 中确定了隐函数 $y=y(x)$. 把隐函数化成显函数, 叫作**隐函数的显**
化. 例如从方程 $x+y^3-1=0$ 中解出 $y=\sqrt[3]{1-x}$, 就把隐函数化成了显函数. 因此, 这类函数
的求导问题已经在前面得到了解决. 但是, 在实际问题中我们所遇到的多数隐函数的显化是非
常困难的, 有时甚至是不可能的. 例如方程 $y^5+2y^2-y+x=0$, 根据介值定理可知, 它一定有
一个实根, 因此方程就一定确定了一个隐函数 $y=y(x)$. 但是, 这个隐函数的显化就非常困
难. 因此, 我们必须寻求一个计算隐函数的导数的方法.

设 $y=f(x)$ 是由方程 $F(x,y)=0$ 所确定的隐函数, 则 $F(x,f(x))\equiv0$. 由于恒等式的左
端是将 $y=f(x)$ 代入到 $F(x,y)$ 所得到的复合函数, 因此根据复合函数求导法将等式两边对
x 求导, 便可得到我们所要求的导数. 下面我们通过例子来说明这种方法.

例 2.23　求由方程 $y^5+2y^3+y+x=0$ 所确定的隐函数 $y=f(x)$ 的导数.

解　注意到方程中 y 是 x 的隐函数, 利用复合函数求导法, 将方程两端同时对 x 求导得
$$5y^4\cdot y'+6y^2\cdot y'+y'+1=0,$$
从而解得
$$y'=-\frac{1}{5y^4+6y^2+1},$$
其中 y 是由方程 $y^5+2y^3+y+x=0$ 所确定的隐函数.

例 2.24　求由方程 $\mathrm{e}^y+xy=\mathrm{e}$ 所确定的隐函数 $y=y(x)$ 在 $x=0$ 处的导数.

解　将方程两端同时对 x 求导数得
$$\mathrm{e}^y\cdot y'+xy'+y=0,$$
从而
$$y'=-\frac{y}{\mathrm{e}^y+x}.$$
由于当 $x=0$ 时, 从所给方程求得 $y=1$, 所以
$$y'\big|_{x=0}=-\frac{y}{\mathrm{e}^y+x}\bigg|_{\substack{x=0\\y=1}}=-\frac{1}{\mathrm{e}}.$$

例 2.25　求由 $x-y+\frac{1}{2}\sin y=0$ 所确定的隐函数 $y=y(x)$ 的二阶导数 $\dfrac{\mathrm{d}^2y}{\mathrm{d}x^2}$.

解　将方程两端同时对 x 求导数得
$$1-\frac{\mathrm{d}y}{\mathrm{d}x}+\frac{1}{2}\cos y\cdot\frac{\mathrm{d}y}{\mathrm{d}x}=0,$$
于是
$$\frac{\mathrm{d}y}{\mathrm{d}x}=\frac{2}{2-\cos y}.$$
上式两边再对 x 求导数得
$$\frac{\mathrm{d}^2y}{\mathrm{d}x^2}=\frac{-2\sin y\cdot\dfrac{\mathrm{d}y}{\mathrm{d}x}}{(2-\cos y)^2}=\frac{-4\sin y}{(2-\cos y)^3}.$$
这就是由方程 $x-y+\frac{1}{2}\sin y=0$ 所确定的隐函数 $y=y(x)$ 的二阶导数.

2.2.7　对数求导法

当函数是积、商或幂指等形式时, 常可以通过两边取对数将其化为隐函数形式, 然后利用

隐函数求导法求出函数的导数,这种方法称为**对数求导法**.

例 2.26 已知函数 $y=2^x \sin x \sqrt{1+x^2}$,求 y'.

解 将函数

$$y=2^x \sin x \sqrt{1+x^2}$$

两边取自然对数得

$$\ln y = x\ln 2 + \ln \sin x + \frac{1}{2}\ln(1+x^2).$$

由此方程确定了 y 是 x 的隐函数,利用隐函数求导法得

$$\frac{y'}{y} = \ln 2 + \cot x + \frac{x}{1+x^2}.$$

从而

$$y' = y\left(\ln 2 + \cot x + \frac{x}{1+x^2}\right) = 2^x \sin x \sqrt{1+x^2}\left(\ln 2 + \cot x + \frac{x}{1+x^2}\right).$$

例 2.27 已知函数 $y=x^x (x>0)$,求 y'.

解 将函数 $y=x^x$ 两边取自然对数得

$$\ln y = x\ln x.$$

由此方程确定了 y 是 x 的隐函数,利用隐函数求导法得

$$\frac{y'}{y} = \ln x + x \cdot \frac{1}{x}.$$

从而

$$y' = y(\ln x + 1) = x^x(\ln x + 1).$$

习 题 2.2

1. 求下列函数的导数:

(1) $y=\sqrt{x}(x^2+2)$;

(2) $y=(\sqrt{x}+1)\left(\frac{1}{\sqrt{x}}-1\right)$;

(3) $y=\dfrac{1-x}{1+x}$;

(4) $y=3e^x \sin x$;

(5) $y=\dfrac{1-\cos x}{1+\cos x}$;

(6) $y=a^x+e^x$;

(7) $y=e^x(x^2-3x+1)$;

(8) $y=\dfrac{e^x}{x^2}+\ln 3$;

(9) $y=\dfrac{2\csc x}{1+x^2}$;

(10) $y=e^x \ln x$.

2. 求下列函数的导数:

(1) $y=\sqrt{3-2x}$;

(2) $y=\sqrt{a-x^2}$;

(3) $y=(2x+3)^4$;

(4) $y=\ln(x+\sqrt{1+x^2})$;

(5) $y=\sin^6 x$;

(6) $y=\sin x^6$;

(7) $y=\sqrt[3]{\dfrac{1+x}{1-x}}$;

(8) $y=\sqrt{x+\sqrt{x+\sqrt{x}}}$;

(9) $y=\arcsin \sqrt{x}$;

(10) $y=\ln(\sec x+\tan x)$;

(11) $y=e^{\alpha x}\sin(\omega x+\beta)$(其中,$\alpha,\omega,\beta$ 为常数);

(12) $y=\sqrt[3]{x}\,e^{\sin\frac{1}{x}}$;

(13) $y=(\arctan\sqrt{x})^2$；

(14) $y=\ln\tan\dfrac{x}{2}$；

(15) $y=\mathrm{e}^{\arctan\frac{x}{2}}$；

(16) $y=\arctan\dfrac{x+1}{x-1}$；

(17) $y=\ln[\ln(\ln x)]$；

(18) $y=\ln(\mathrm{e}^x+\sqrt{1+\mathrm{e}^{2x}})$.

3. 求下列函数的导数（$f(x),g(x)$ 为可导函数）：

(1) $y=f(x^2)$；

(2) $y=\sqrt{f^2(x)+g^2(x)}$；

(3) $y=f(\sin^2 x)+f(\cos^2 x)$；

(4) $y=f(\mathrm{e}^x)\cdot\mathrm{e}^{g(x)}$.

4. 求下列分段函数的导函数：

(1) $f(x)=\begin{cases}1-x & \text{当 }x<1 \\ (1-x)(2-x) & \text{当 }1\leqslant x\leqslant 2 \\ 2-x & \text{当 }x>2\end{cases}$；

(2) $f(x)=\begin{cases}\dfrac{x}{1+\mathrm{e}^{1/x}} & \text{当 }x\neq 0 \\ 0 & \text{当 }x=0\end{cases}$.

5. 求下列函数的高阶导数：

(1) $y=\ln(1-x^2)$，求 y''；

(2) $y=(1+x^2)\arctan x$，求 y''；

(3) $y=\mathrm{e}^x\cos x$，求 $y^{(4)}$；

(4) $y=x^3\ln x$，求 $y^{(4)}$；

(5) $y=x^2\sin 2x$，求 $y^{(50)}$；

(6) $y=\ln(a+x)$，求 $y^{(10)}$.

6. 求下列函数 n 阶导数的一般表达式：

(1) $y=x^n+a_1x^{n-1}+\cdots+a_{n-1}x+a_n(a_i$ 都是常数，$i=1,2,\cdots,n)$；

(2) $y=\sin^2 x$；

(3) $y=\dfrac{1-x}{1+x}$；

(4) $y=x\mathrm{e}^x$；

(5) $y=x\ln x$；

(6) $y=\dfrac{1}{x^2-3x+2}$；

(7) $y=\mathrm{e}^x\sin x$.

7. 求由下列方程所确定的隐函数的导数 $\dfrac{\mathrm{d}y}{\mathrm{d}x}$：

(1) $y^2-2xy+x=0$；

(2) $x^3+y^3-3xy=0$；

(3) $xy=\mathrm{e}^{x+y}$；

(4) $y=1-x\mathrm{e}^y$.

8. 求由下列方程所确定的隐函数的二阶导数 $\dfrac{\mathrm{d}^2 y}{\mathrm{d}x^2}$：

(1) $x^2-y^2=1$；

(2) $y=\sin(x+y)$；

(3) $y=\tan(x+y)$；

(4) $y=1+x\mathrm{e}^y$.

9. 求曲线 $x^{\frac{2}{3}}+y^{\frac{2}{3}}=a^{\frac{2}{3}}$ 在点 $\left(\dfrac{\sqrt{2}}{4}a,\dfrac{\sqrt{2}}{4}a\right)$ 处的切线方程和法线方程.

10. 用对数求导法求下列函数的导数：

(1) $y=\left(\dfrac{x}{1+x}\right)^x$；

(2) $y=(\tan 2x)^{\cot\frac{x}{2}}$；

(3) $y=\dfrac{(3-x)^4\sqrt{x+2}}{(x+1)^2}$；

(4) $y=\sqrt{x\sin x\sqrt{1-\mathrm{e}^x}}$.

11. 设曲线 L 由极坐标方程 $r=r(\theta)$ 给出，求该曲线上任意一点的切线斜率. 并求心形线 $r=a(1-\cos\theta)(a>0)$ 上任意一点的斜率.

2.3　微　　分

微分是与导数密切相关又有本质区别的一个概念. 我们知道，导数 $f'(x_0)$ 是函数 $f(x)$ 在

x_0 处的变化率,它反映了在 x_0 处因变量 y 随自变量 x 变化的快慢问题;而微分则是研究函数在 x_0 的一个小邻域内,因变量 y 随自变量 x 变化的大小问题. 本节中我们将首先给出微分的概念,然后讨论微分的运算. 最后,我们将讨论由参数方程确定的函数的导数,以及在近似计算中如何利用微分解决实际问题.

2.3.1 微分的概念

对于线性函数 $y=kx+b$ 而言,当 x 从 x_0 变到 $x_0+\Delta x$ 时,函数的改变量 $\Delta y=k\Delta x$,即 Δy 是关于 Δx 的线性函数. 对于一般的非线性函数,情况又将是怎样呢? 先来看两个具体函数.

对于函数 $y=x^3$,我们有

$$\Delta y=(x_0+\Delta x)^3-x_0^3=3x_0^2\Delta x+3x_0(\Delta x)^2+(\Delta x)^3,$$

显然,Δy 与 Δx 之间已不再是简单的线性关系了. 但仔细分析不难发现,Δy 是由两部分组成的:一部分是 $3x_0^2\Delta x$,它是 Δx 的线性部分;另一部分是 $3x_0(\Delta x)^2+(\Delta x)^3$,它是当 $\Delta x\to0$ 时关于 Δx 的高阶无穷小 $o(\Delta x)$. 故

$$\Delta y=3x_0^2\Delta x+o(\Delta x) \quad (\Delta x\to0).$$

对于函数 $y=\ln x$ 也有类似的情况,由 $\ln(1+x)=x+o(x)(x\to0)$ 得

$$\Delta y=\ln(x_0+\Delta x)-\ln x_0=\ln\left(1+\frac{\Delta x}{x_0}\right)$$

$$=\frac{1}{x_0}\Delta x+o(\Delta x) \quad (\Delta x\to0).$$

一般地,若函数 $y=f(x)$ 在 x_0 可导,则 $\lim\limits_{\Delta x\to0}\dfrac{\Delta y}{\Delta x}=f'(x_0)$,故由极限与函数的关系可得

$$\Delta y=f'(x_0)\Delta x+o(\Delta x) \quad (\Delta x\to0).$$

它是由两部分所组成:关于 Δx 的线性部分 $f'(x_0)\Delta x$ 和高阶无穷小部分 $o(\Delta x)$. 显然,函数的这种性质是非常重要的,我们抽象出它们的共同本质,给出函数微分的具体定义.

定义 2.2 设函数 $y=f(x)$ 在 x_0 的某邻域内有定义,$x_0+\Delta x$ 也在这个邻域内,如果函数的增量 $\Delta y=f(x_0+\Delta x)-f(x_0)$ 可表示为

$$\Delta y=A\Delta x+o(\Delta x),$$

其中 A 是不依赖于 Δx 的常数,而 $o(\Delta x)$ 是比 Δx 当 $\Delta x\to0$ 时高阶的无穷小,则称函数 $f(x)$ 在 x_0 是**可微的**,而 $A\Delta x$ 称为函数 $y=f(x)$ 在点 x_0 相应于自变量增量 Δx 的**微分**,记作 $\mathrm{d}y$,即

$$\mathrm{d}y=A\cdot\Delta x.$$

由定义 2.2 可知,函数 $f(x)$ 在点 x_0 处的微分就是在小区间 $[x_0,x_0+\Delta x]$(或 $[x_0+\Delta x,x_0]$)上函数改变量的线性部分,它是函数改变量的线性近似值,它们的差是关于 Δx 的高阶无穷小.

定理 2.6 函数 $y=f(x)$ 在点 x_0 处可微的充分必要条件是函数 $f(x)$ 在点 x_0 处可导,且

$$\mathrm{d}y=f'(x_0)\Delta x.$$

证 设函数 $y=f(x)$ 在点 x_0 可微,则由定义 2.2 可知

$$\Delta y=A\cdot\Delta x+o(\Delta x),$$

从而

$$\frac{\Delta y}{\Delta x}=A+\frac{o(\Delta x)}{\Delta x}.$$

因为 $\lim\limits_{\Delta x\to 0}\dfrac{o(\Delta x)}{\Delta x}=0$，于是

$$A=\lim_{\Delta x\to 0}\frac{\Delta y}{\Delta x}=f'(x_0).$$

反过来，如果函数 $f(x)$ 在点 x_0 处可导，即

$$f'(x_0)=\lim_{\Delta x\to 0}\frac{\Delta y}{\Delta x}$$

存在，由极限与无穷小的关系，上式可写成

$$\frac{\Delta y}{\Delta x}=f'(x_0)+\alpha,$$

其中 $\alpha\to 0$（当 $\Delta x\to 0$）. 因此又有

$$\Delta y=f'(x_0)\Delta x+\alpha\Delta x.$$

因为 $\alpha\Delta x=o(\Delta x)$，且 $f'(x_0)$ 不依赖于 Δx，故由定义 2.2 可知，$f(x)$ 在点 x_0 处可微.

如果函数 $f(x)$ 在区间 (a,b) 内任一点可微，则称 $f(x)$ 在区间 (a,b) 可微. 此时，对任意 $x\in(a,b)$，有

$$dy=f'(x)\Delta x.$$

通常把自变量 x 的增量 Δx 称为**自变量的微分**，记作 dx，即 $dx=\Delta x$. 于是函数 $f(x)$ 的微分又可写作

$$dy=f'(x)dx.$$

若将上式两端同除以 dx 便可得到

$$\frac{dy}{dx}=f'(x).$$

此式表明，可以将函数的导数看成是函数的微分与自变量的微分之商. 因此，又称导数为**微商**.

为了加深对微分概念的理解，我们来说明微分的几何意义. 在图 2.3 中，函数 $y=f(x)$ 的图像是一条曲线，它在 x_0 处的导数 $f'(x_0)$ 就是该图像上点 $M(x_0,f(x_0))$ 处切线的斜率 $\tan\alpha$，因此

$$dy=f'(x_0)dx=\tan\alpha\cdot MQ=PQ.$$

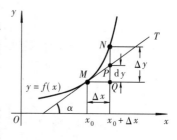

图　2.3

这就是说，函数 $y=f(x)$ 在 x_0 处的微分表示当自变量的改变量为 Δx 时，曲线 $y=f(x)$ 在对应点 M 处的切线上纵坐标的改变量.

又因为 $\Delta y=f(x_0+\Delta x)-f(x_0)$ 就是 NQ，所以，用微分近似代替改变量 Δy 所产生的误差就是 NP，当 $|\Delta x|$ 很小时，NP 比 PQ 小得多. 于是，当 $|\Delta x|=|x-x_0|$ 很小时，

$$f(x)\approx f(x_0)+f'(x_0)(x-x_0).$$

上式表明，用微分近似代替改变量 Δy，就是在 x_0 附近用上式右端的线性函数来近似代替

函数 $y = f(x)$. 几何上就是表示在 M 点附近用切线 MT 去近似代替曲线 MN. 这种在局部范围内，用线性函数近似代替给定的非线性函数，或者说在几何上，用切线近似代替曲线，是微分学的基本思想之一.

2.3.2 微分的运算法则

从函数的微分表达式

$$\mathrm{d}y = f'(x)\mathrm{d}x$$

可以看出，要计算函数的微分，只要计算函数的导数，再乘以自变量的微分即可. 因此由函数的求导公式可得相应的微分公式；由函数的求导法则可得到相应的微分法则. 为了便于记忆和对照，列表于表 2.2 中.

表 2.2 导数与微分公式对照表

导数公式	微分公式
(1) $(x^\mu)' = \mu x^{\mu-1}$	(1) $\mathrm{d}(x^\mu) = \mu x^{\mu-1}\mathrm{d}x$
(2) $(\sin x)' = \cos x$	(2) $\mathrm{d}(\sin x) = \cos x\mathrm{d}x$
(3) $(\cos x)' = -\sin x$	(3) $\mathrm{d}(\cos x) = -\sin x\mathrm{d}x$
(4) $(\tan x)' = \sec^2 x$	(4) $\mathrm{d}(\tan x) = \sec^2 x\mathrm{d}x$
(5) $(\cot x)' = -\csc^2 x$	(5) $\mathrm{d}(\cot x) = -\csc^2 x\mathrm{d}x$
(6) $(\sec x)' = \sec x\tan x$	(6) $\mathrm{d}(\sec x) = \sec x\tan x\mathrm{d}x$
(7) $(\csc x)' = -\csc x\cot x$	(7) $\mathrm{d}(\csc x) = -\csc x\cot x\mathrm{d}x$
(8) $(a^x)' = a^x\ln a$	(8) $\mathrm{d}(a^x) = a^x\ln a\mathrm{d}x$
(9) $(\log_a x)' = \dfrac{1}{x\ln a}$	(9) $\mathrm{d}(\log_a x) = \dfrac{1}{x\ln a}\mathrm{d}x$
(10) $(\arcsin x)' = \dfrac{1}{\sqrt{1-x^2}}$	(10) $\mathrm{d}(\arcsin x) = \dfrac{1}{\sqrt{1-x^2}}\mathrm{d}x$
(11) $(\arccos x)' = -\dfrac{1}{\sqrt{1-x^2}}$	(11) $\mathrm{d}(\arccos x) = -\dfrac{1}{\sqrt{1-x^2}}\mathrm{d}x$
(12) $(\arctan x)' = \dfrac{1}{1+x^2}$	(12) $\mathrm{d}(\arctan x) = \dfrac{1}{1+x^2}\mathrm{d}x$
(13) $(\text{arccot }x)' = -\dfrac{1}{1+x^2}$	(13) $\mathrm{d}(\text{arccot }x) = -\dfrac{1}{1+x^2}\mathrm{d}x$

下面介绍一下复合函数的微分运算法则. 设 $y = f(u), u = \varphi(x)$，则复合函数 $y = f(\varphi(x))$ 的微分为

$$\mathrm{d}y = \frac{\mathrm{d}}{\mathrm{d}x}[f(\varphi(x))]\mathrm{d}x = f'(u)\varphi'(x)\mathrm{d}x.$$

由于 $\varphi'(x)\mathrm{d}x = \mathrm{d}u$，所以上式也可以写成

$$\mathrm{d}y = f'(u)\mathrm{d}u.$$

由此可见，无论 u 是自变量还是另一个变量的函数，微分形成 $\mathrm{d}y = f'(u)\mathrm{d}u$ 保持不变. 这一性质称为**一阶微分形式不变性**.

利用一阶微分形式不变性可以给出函数四则运算的微分公式：

(1) $\mathrm{d}(u \pm v) = \mathrm{d}u \pm \mathrm{d}v$；

(2) $\mathrm{d}(uv) = v\mathrm{d}u + u\mathrm{d}v$；

(3) $\mathrm{d}\left(\dfrac{u}{v}\right)=\dfrac{v\mathrm{d}u-u\mathrm{d}v}{v^2}(v\neq0)$.

例 2.28　求函数 $y=\tan(2x+1)$ 的微分.

解　令 $u=2x+1$,则

$$\begin{aligned}\mathrm{d}y&=\sec^2u\mathrm{d}u=\sec^2(2x+1)\mathrm{d}(2x+1)\\&=2\sec^2(2x+1)\mathrm{d}x.\end{aligned}$$

例 2.29　求函数 $y=\ln(x+\sqrt{1+x^2})$ 的微分.

解　$\begin{aligned}\mathrm{d}y&=\mathrm{d}\ln(x+\sqrt{1+x^2})=\frac{1}{x+\sqrt{1+x^2}}\mathrm{d}(x+\sqrt{1+x^2})\\[2mm]&=\frac{1}{x+\sqrt{1+x^2}}(\mathrm{d}x+\mathrm{d}\sqrt{1+x^2})\\[2mm]&=\frac{1}{x+\sqrt{1+x^2}}\left(1+\frac{x}{\sqrt{1+x^2}}\right)\mathrm{d}x\\[2mm]&=\frac{1}{\sqrt{1+x^2}}\mathrm{d}x.\end{aligned}$

由于函数的导数等于函数的微分与自变量的微分之商,因此,也可利用微分形式不变性来计算复合函数的导数.

例 2.30　设 $y=\left(x+\sin\dfrac{x}{3}\right)^3$,求 $\dfrac{\mathrm{d}y}{\mathrm{d}x}$.

解　根据微分形式不变性,因为

$$\begin{aligned}\mathrm{d}y&=\mathrm{d}\left(x+\sin\frac{x}{3}\right)^3=3\left(x+\sin\frac{x}{3}\right)^2\mathrm{d}\left(x+\sin\frac{x}{3}\right)\\[2mm]&=3\left(x+\sin\frac{x}{3}\right)^2\left[\mathrm{d}x+\cos\frac{x}{3}\mathrm{d}\left(\frac{x}{3}\right)\right]\\[2mm]&=3\left(x+\sin\frac{x}{3}\right)^2\left(1+\frac{1}{3}\cos\frac{x}{3}\right)\mathrm{d}x,\end{aligned}$$

所以

$$\frac{\mathrm{d}y}{\mathrm{d}x}=3\left(x+\sin\frac{x}{3}\right)^2\left(1+\frac{1}{3}\cos\frac{x}{3}\right).$$

2.3.3　参数方程确定的函数的求导

在很多实际问题中,常常用参数方程来表示物体的运动规律. 例如,研究抛射体的运动问题时,如果空气阻力忽略不计,则抛射体的运动轨迹可表示为

$$\begin{cases}x=v_1t\\[1mm]y=v_2t-\dfrac{1}{2}gt^2,\end{cases}$$

其中 v_1,v_2 分别是抛射体初速的水平、垂直分量,g 是重力加速度,t 是飞行时间,x 与 y 分别是飞行中抛射体在垂直平面上的位置的横坐标和纵坐标(见图 2.4).

在上式中,x,y 都是 t 的函数. 如果把对应于同一个 t 值的 y 与 x 的值看作对应的,这样就得到 y 与 x 之间的函数关系. 于是,从第一个方程解出参数 t,并代入第二个方程消去参数 t,得

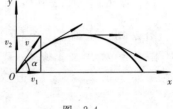

$$y = \frac{v_2}{v_1}x - \frac{g}{2v_1^2}x^2.$$

这就是以上参数方程所确定的函数的显式表示.

一般地,由参数方程

$$\begin{cases} x = \varphi(t) \\ y = \psi(t) \end{cases}$$

图 2.4

所确定的 y 与 x 之间的函数关系,称为由参数方程确定的函数. 如果参数方程比较复杂,消去参数 t 比较困难,如何计算该函数的导数呢? 下面采用先求微分,再求微商的方法计算由参数方程所确定的函数的导数.

例 2.31 设 $\begin{cases} x = r\cos t \\ y = r\sin t \end{cases}$, 求 $\dfrac{\mathrm{d}y}{\mathrm{d}x}, \dfrac{\mathrm{d}^2 y}{\mathrm{d}x^2}$.

解 $\mathrm{d}x = -r\sin t\,\mathrm{d}t, \mathrm{d}y = r\cos t\,\mathrm{d}t$,所以,

$$\frac{\mathrm{d}y}{\mathrm{d}x} = \frac{r\cos t\,\mathrm{d}t}{-r\sin t\,\mathrm{d}t} = \frac{\cos t}{-\sin t} = -\cot t.$$

又因为 $\mathrm{d}\left(\dfrac{\mathrm{d}y}{\mathrm{d}x}\right) = \csc^2 t\,\mathrm{d}t$,所以

$$\frac{\mathrm{d}^2 y}{\mathrm{d}x^2} = \frac{\mathrm{d}\left(\dfrac{\mathrm{d}y}{\mathrm{d}x}\right)}{\mathrm{d}x} = \frac{\csc^2 t\,\mathrm{d}t}{-r\sin t\,\mathrm{d}t} = -\frac{1}{r\sin^3 t}.$$

例 2.32 计算由摆线(见图 2.5)的参数方程

$$\begin{cases} x = a(t - \sin t) \\ y = a(1 - \cos t) \end{cases}$$

所确定的函数的二阶导数 $\dfrac{\mathrm{d}^2 y}{\mathrm{d}x^2}$.

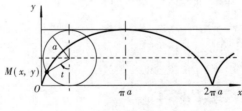

图 2.5

解 $\dfrac{\mathrm{d}y}{\mathrm{d}x} = \dfrac{a\sin t\,\mathrm{d}t}{a(1-\cos t)\,\mathrm{d}t} = \dfrac{\sin t}{1-\cos t}$,

$$\frac{\mathrm{d}^2 y}{\mathrm{d}x^2} = \frac{\mathrm{d}\left(\dfrac{\mathrm{d}y}{\mathrm{d}x}\right)}{\mathrm{d}x} = \frac{\mathrm{d}\left(\dfrac{\sin t}{1-\cos t}\right)}{\mathrm{d}x} = \frac{\dfrac{\cos t(1-\cos t) - \sin^2 t}{(1-\cos t)^2}\mathrm{d}t}{a(1-\cos t)\,\mathrm{d}t}$$

$$= -\frac{1}{a(1-\cos t)^2}.$$

下面,利用曲线的参数对所谓的光滑曲线作一说明. 设曲线 L 由参数方程

$$L: \begin{cases} x = \varphi(t) \\ y = \psi(t) \end{cases}$$

表示. 若 $\varphi(t)$ 与 $\psi(t)$ 有连续的导数,并且 $[\varphi'(t)]^2 + [\psi'(t)]^2 \neq 0$,则 $\dfrac{\mathrm{d}y}{\mathrm{d}x}\left(\text{或}\dfrac{\mathrm{d}x}{\mathrm{d}y}\right)$ 是 t 的连续函数,因而 L 上各点的切线方向是连续变化的. 称这种曲线是**光滑曲线**,像圆和椭圆等都是光滑曲线. 若曲线 L 在区间 (α, β) 上不是光滑的,但若将 (α, β) 分为若干子区间,L 在每个子区间对应的各弧段都是光滑的,则称这种曲线为**分段光滑曲线**. 如摆线的每一拱都是光滑的,但在曲线上对应于 $t = 2k\pi (k = 0, \pm 1, \pm 2, \cdots)$ 处出现尖点,故这些点都是不可导点,所以摆线是一条分段光滑曲线.

2.3.4 微分在近似计算中的应用

在工程问题中,经常会遇到一些复杂的计算公式,如果直接用这些公式进行计算,那是很费力的. 利用微分往往可以把一些复杂的计算公式用简单的近似公式来代替,在满足一定的精度要求的条件下,是允许这样做的.

用微分进行近似计算的基本思想是:在微小局部将给定的函数线性化,即当 $|\Delta x| = |x - x_0|$ 充分小时,有

$$\Delta y \approx \mathrm{d}y = f'(x_0) \cdot \Delta x$$

或者

$$f(x) \approx f(x_0) + f'(x_0)(x - x_0). \tag{2.2}$$

特殊地,取 $x_0 = 0$,则当 $|x|$ 充分小时,有

$$f(x) \approx f(0) + f'(0)x. \tag{2.3}$$

例 2.33 求 $\sqrt[3]{1.02}$ 的近似值.

解 取 $f(x) = \sqrt[3]{x}$,则由式(2.2)有

$$\sqrt[3]{x} \approx \sqrt[3]{x_0} + \frac{1}{3\sqrt[3]{x_0^2}} \cdot (x - x_0).$$

令 $x_0 = 1, x = 1.02$,于是

$$\sqrt[3]{1.02} \approx 1 + \frac{1}{3} \times 0.02 \approx 1.006\,7.$$

例 2.34 求 $\sin 30°30'$ 的近似值.

解 $30°30'$ 化为弧度得 $30°30' = \dfrac{\pi}{6} + \dfrac{\pi}{360}$.

取 $f(x) = \sin x$,则由式(2.2)有

$$\sin x \approx \sin x_0 + \cos x_0 (x - x_0).$$

令 $x_0 = \dfrac{\pi}{6}, x = \dfrac{\pi}{6} + \dfrac{\pi}{360}$,于是

$$\sin 30°30' \approx \sin\frac{\pi}{6} + \cos\frac{\pi}{6} \cdot \frac{\pi}{360} = \frac{1}{2} + \frac{\sqrt{3}}{2} \cdot \frac{\pi}{360} \approx 0.507\,6.$$

利用式(2.2)或式(2.3)可以推得工程技术中常用的几个近似公式:

当 $|x|$ 充分小时:

$$\sqrt[n]{1+x} \approx 1 + \frac{1}{n}x; \qquad \sin x \approx x; \qquad \tan x \approx x;$$

$$\mathrm{e}^x \approx 1 + x; \qquad\qquad \ln(1+x) \approx x.$$

例 2. 35 求 $\sqrt[5]{270}$ 的近似值.

解 由于

$$\sqrt[5]{270}=\sqrt[5]{243+27}=3\left(1+\frac{27}{243}\right)^{\frac{1}{5}},$$

于是，由公式 $\sqrt[n]{1+x}\approx1+\frac{1}{n}x$，取 $x=\frac{27}{243}$，得

$$\sqrt[5]{270}\approx3\left(1+\frac{1}{5}\times\frac{27}{243}\right)\approx3.0667.$$

习 题 2.3

1. 求下列函数的微分：

(1) $y=\frac{1}{x}+2\sqrt{x}$；

(2) $y=x\sin 2x$；

(3) $y=\frac{x}{\sqrt{x^2+1}}$；

(4) $y=\left[\ln(1-x)\right]^2$；

(5) $y=\arcsin\sqrt{1-x^2}$；

(6) $y=\tan^2(1+2x^2)$；

(7) $y=\arctan\frac{1-x^2}{1+x^2}$；

(8) $y=x^2\mathrm{e}^{2x}$；

(9) $y=\sqrt[3]{\frac{1-x}{1+x}}$；

(10) $y=x\sinh 2x$.

2. 将适当的函数填入下列括号内，使等式成立：

(1) $\mathrm{d}(\quad)=x^2\mathrm{d}x$；

(2) $\mathrm{d}(\quad)=-\sin x\mathrm{d}x$；

(3) $\mathrm{d}(\quad)=\mathrm{e}^{-2x}\mathrm{d}x$；

(4) $\mathrm{d}(\quad)=\sec^2 3x\mathrm{d}x$；

(5) $\mathrm{d}(\quad)=\frac{1}{4+x^2}\mathrm{d}x$；

(6) $\mathrm{d}(\quad)=\frac{1}{\sqrt{x}}\mathrm{d}x$；

(7) $\mathrm{d}(\quad)=\frac{\ln x}{x}\mathrm{d}x$；

(8) $\mathrm{d}(\quad)=\frac{1}{1+x}\mathrm{d}x$.

3. 利用一阶微分形式不变性求下列函数的微分 $\mathrm{d}y$：

(1) $y=\sqrt{1+x^2}$；

(2) $y=\sin 2x+\sin x^2+\sin^2 x$；

(3) $y=\ln^2(1+\cos 2x)$；

(4) $y=\arccos\sqrt{1-x^2}$；

(5) $y=\mathrm{e}^{1-3x}\cos 2x$；

(6) $y=(x^2+\mathrm{e}^{2x})^3$.

4. 求由方程 $\mathrm{e}^{xy}-x-y=\mathrm{e}$ 所确定的隐函数 $y=y(x)$ 的微分 $\mathrm{d}y$.

5. 求由参数方程 $x=3t^2+2t+3$，$\mathrm{e}^t\sin t-y+1=0$ 所确定的函数 $y=f(x)$ 的微分 $\mathrm{d}y$.

6. 求下列参数方程所确定的函数的导数 $\frac{\mathrm{d}y}{\mathrm{d}x}$：

(1) $\begin{cases}x=at^2\\y=bt^3\end{cases}$；

(2) $\begin{cases}x=a\cos^3\varphi\\y=a\sin^3\varphi\end{cases}$；

(3) $\begin{cases}x=\theta(1-\sin\theta)\\y=\theta\cos\theta\end{cases}$；

(4) $\begin{cases}x=\mathrm{e}^t\sin t\\y=\mathrm{e}^t\cos t\end{cases}$.

7. 求下列参数方程所确定的函数的二阶导数 $\frac{\mathrm{d}^2y}{\mathrm{d}x^2}$：

(1) $\begin{cases}x=3\mathrm{e}^{-t}\\y=2\mathrm{e}^t\end{cases}$；

(2) $\begin{cases}x=f'(t)\\y=tf'(t)-f(t)\end{cases}$ （$f''(t)$ 存在且不为零）；

(3) $\begin{cases} x = \sqrt{1+t} \\ y = \sqrt{1-t} \end{cases}$;

(4) $\begin{cases} x = \ln(1+t^2) \\ y = \arctan t + t \end{cases}$.

8. 计算下列各式的近似值：

(1) $\cos 29°$；

(2) $\arcsin 0.500\,2$；

(3) $\ln 1.001$；

(4) $\sqrt[3]{998}$.

9. 有一批半径为 1 cm 的球，为了提高球面的光洁度，要镀上一层铜，厚度为 0.01 cm，已知铜的密度为 8.9 g/cm³. 试计算每只球大约需用多少克铜？

10. 单摆周期的计算公式为 $T = 2\pi\sqrt{\dfrac{l}{g}}$，其中 l 的单位是 cm，$g = 980$ cm/s²，T 的单位是 s，求 $T = 1$ s 时的摆长. 如果摆长 l 在冬季缩短了 0.01 cm，问每天时钟上时间变化的近似值是多少？ 如果限制每天不能超过 10 s，问摆长缩短应限制在什么范围内？

2.4　微分中值定理

我们知道，函数的导数与微分反映了函数的局部变化性态，为了研究函数在某个区间上的变化性态，本节将介绍几个微分中值定理. 微分中值定理把函数的导数与函数值在区间上的变化（改变量）联系了起来，使得我们能应用反映函数的局部性态的导数去研究函数的整体性态. 因此，微分中值定理是导数应用的理论基础.

> **定理 2.7（罗尔[①]定理）**　若函数 $f(x)$ 在闭区间 $[a,b]$ 上连续，在开区间 (a,b) 内可导，且在区间端点的函数值相等，即 $f(a) = f(b)$，则至少存在一点 $\xi \in (a,b)$，使得
> $$f'(\xi) = 0.$$

证　根据闭区间上连续函数的性质，存在 $x_1, x_2 \in [a,b]$，使
$$f(x_1) = \max_{x \in [a,b]} f(x) = M, \quad f(x_2) = \min_{x \in [a,b]} f(x) = m.$$

(1) $M = m$. 则 $f(x)$ 在区间 $[a,b]$ 上为一常数，因此 (a,b) 中每一点 ξ 都有
$$f'(\xi) = 0.$$

(2) $M > m$. 因为 $f(a) = f(b)$，所以 M 和 m 这两个数中至少有一个不等于 $f(x)$ 在区间 $[a,b]$ 的端点处的函数值. 不妨假设 $M \neq f(a)$. 则必定存在 $\xi \in (a,b)$. 使得 $f(\xi) = M$. 下面我们就来证明该点 ξ 处的导数 $f'(\xi) = 0$.

因为 $\xi \in (a,b)$，由假设可知 $f'(\xi)$ 存在，即极限
$$\lim_{\Delta x \to 0} \frac{f(\xi + \Delta x) - f(\xi)}{\Delta x}$$
存在. 从而其左、右极限必定存在且相等.

由于 $f(\xi) = M$ 是 $f(x)$ 在区间 $[a,b]$ 上的最大值，因此不论 Δx 是正还是负，均有
$$f(\xi + \Delta x) - f(\xi) \leqslant 0.$$

当 $\Delta x > 0$ 时
$$\frac{f(\xi + \Delta x) - f(\xi)}{\Delta x} \leqslant 0.$$

---

① 罗尔（M. Rolle），1652—1719，法国数学家.

从而

$$f'(\xi)=\lim_{\Delta x\to 0^+}\frac{f(\xi+\Delta x)-f(\xi)}{\Delta x}\leqslant 0.$$

又当 $\Delta x<0$ 时

$$\frac{f(\xi+\Delta x)-f(\xi)}{\Delta x}\geqslant 0,$$

因此

$$f'(\xi)=\lim_{\Delta x\to 0^-}\frac{f(\xi+\Delta x)-f(\xi)}{\Delta x}\geqslant 0.$$

综上所述,有

$$f'(\xi)=0.$$

推论 可微函数 $f(x)$ 的任意两个零点之间至少有 $f'(x)$ 的一个零点.

例 2.36 证明方程 $x^3+2x-1=0$ 在区间 $(0,1)$ 内有且仅有一个实根.

证 设 $f(x)=x^3+2x-1$,则 $f(x)$ 在闭区间 $[0,1]$ 上连续,且

$$f(0)=-1<0,\quad f(1)=2>0,$$

根据连续函数的零点定理,$f(x)$ 在 $(0,1)$ 之间至少有一个零点,即方程 $x^3+2x-1=0$ 在区间 $(0,1)$ 内至少有一个根.

又因为 $f'(x)=3x^2+2>0$,即 $f'(x)$ 在 $(0,1)$ 内没有零点,由推论可知,$f(x)$ 在 $(0,1)$ 内至多有一个零点,即方程 $x^3+2x-1=0$ 在 $(0,1)$ 内至多有一个根.

综上所述,在区间 $(0,1)$ 内方程 $x^3+2x-1=0$ 有且仅有一个实根.

例 2.37 设函数 $f(x)$ 在闭区间 $[0,1]$ 上连续,在开区间 $(0,1)$ 内可导,并且 $f(0)=1$, $f(1)=0$. 则至少存在一个 $\xi\in(0,1)$,使

$$f'(\xi)=-\frac{f(\xi)}{\xi}.$$

证 构造辅助函数 $\Phi(x)=xf(x)$,显然,$\Phi(x)$ 在 $[0,1]$ 上连续,在 $(0,1)$ 内可导,且 $\Phi(0)=\Phi(1)=0$. 根据罗尔定理,至少存在一点 $\xi\in(0,1)$,使 $\Phi'(\xi)=0$,即

$$\Phi'(\xi)=\xi f'(\xi)+f(\xi)=0.$$

解得

$$f'(\xi)=-\frac{f(\xi)}{\xi}.$$

应当注意,罗尔定理的三个条件中有一个不满足都不能保证结论成立. 如图 2.6 所示,分别给出了不满足罗尔定理三个条件之一的三个函数的图像,使定理中结论成立的 ξ 都不存在.

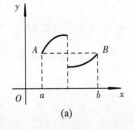
(a)

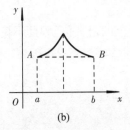
(b)

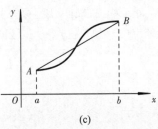
(c)

图 2.6

$f'(\xi)=0$ 在几何上表示曲线 $y=f(x)$ 在点 $(\xi,f(\xi))$ 处具有水平的切线. 因此,罗尔定理的几何意义是:闭区间上端点处函数值相同且处处有切线的曲线弧段上一定具有平行于 x 轴的水平切线.

在图 2.7 中,由于 $f(a)\neq f(b)$,所以,一般来说曲线 $y=f(x)$ 上没有一点的切线平行于 x 轴,但是,不难看出,曲线上至少有一点(如 P_1 与 P_2)处的切线是平行于弦 AB 的,由于弦 AB 的斜率是 $\dfrac{f(b)-f(a)}{b-a}$,故罗尔定理的结论可改写为:至少存在一点 $\xi\in(a,b)$,使得

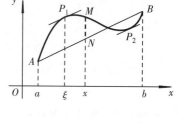

图 2.7

$$f'(\xi)=\frac{f(b)-f(a)}{b-a}.$$

因此,我们得到如下重要定理:

定理 2.8(拉格朗日[①]定理) 若函数 $f(x)$ 在闭区间 $[a,b]$ 上连续,在开区间 (a,b) 内可导,则至少存在一点 $\xi\in(a,b)$,使得

$$f(b)-f(a)=f'(\xi)(b-a). \tag{2.4}$$

分析 为了证明结论成立,由于 $b-a\neq0$,只需证明至少存在一点 $\xi\in(a,b)$,使得

$$\frac{f(b)-f(a)}{b-a}-f'(\xi)=0.$$

又因为

$$\frac{f(b)-f(a)}{b-a}-f'(\xi)=\left[\frac{f(b)-f(a)}{b-a}x-f(x)\right]'\Big|_{x=\xi},$$

所以,只需证明 $\Phi(x)=\dfrac{f(b)-f(a)}{b-a}x-f(x)$ 满足罗尔定理条件.

证 构造辅助函数

$$\Phi(x)=\frac{f(b)-f(a)}{b-a}x-f(x).$$

显然函数 $\Phi(x)$ 在闭区间 $[a,b]$ 上连续,在开区间 (a,b) 内可导,又

$$\Phi(a)=\frac{f(b)-f(a)}{b-a}a-f(a)=\frac{af(b)-bf(a)}{b-a},$$

$$\Phi(b)=\frac{f(b)-f(a)}{b-a}b-f(b)=\frac{af(b)-bf(a)}{b-a},$$

故 $\Phi(a)=\Phi(b)$,由罗尔定理,至少存在一点 $\xi\in(a,b)$,使得 $\Phi'(\xi)=0$,即

$$\frac{f(b)-f(a)}{b-a}-f'(\xi)=0.$$

从而有 $f(b)-f(a)=f'(\xi)(b-a)$.

显然,公式 (2.4) 对于 $b<a$ 也成立. 式 (2.4) 叫作**拉格朗日中值公式**.

由图 2.7 可以看出,可选取另外的辅助函数来证明定理. 读者可试用辅助函数

$$\Phi(x)=f(x)-\left[f(a)+\frac{f(b)-f(a)}{b-a}(x-a)\right]$$

① 拉格朗日(J. L. Lagrange),1736—1813,法国数学家、力学家、天文学家.

来证明这个定理,并说明辅助函数的几何意义.

在拉格朗日定理中,若 $f(a)=f(b)$,则有 $f'(\xi)=0$,因此,拉格朗日定理是罗尔定理的推广.

拉格朗日中值公式还可写成其他形式:由于 $\xi\in(a,b)$,所以 $0<\dfrac{\xi-a}{b-a}<1$. 令 $\theta=\dfrac{\xi-a}{b-a}$,则 $\xi=a+\theta(b-a)$,于是有

$$f(b)-f(a)=f'[a+\theta(b-a)](b-a)\ (0<\theta<1).$$

如果 $a=x,b=x+\Delta x$,拉格朗日中值公式又可写成

$$\Delta y=f(x+\Delta x)-f(x)=f'(x+\theta\Delta x)\Delta x\ (0<\theta<1).$$

因而,常称它为**有限增量公式**,它建立了函数 $y=f(x)$ 在区间上的改变量与区间内某点的导数之间的关系,从而使我们能够用导数来研究函数在区间上的变化情况.

> **推论** 设函数 $f(x)$ 在区间 I 上可导,则在区间 I 上 $f'(x)\equiv0$ 的充分必要条件是在区间 I 上
>
> $$f(x)\equiv C\ (C\ \text{为常数}).$$

证 充分性是显然的,下面证明必要性.

设 $x_1,x_2\in I$,且 $x_1<x_2$,在区间 $[x_1,x_2]$ 上对函数 $y=f(x)$ 应用拉格朗日定理,存在 $\xi\in(x_1,x_2)$,使得

$$f(x_2)-f(x_1)=f'(\xi)(x_2-x_1)=0,$$

即

$$f(x_1)=f(x_2).$$

由 x_1,x_2 的任意性知 $f(x)$ 在 I 上恒为常数.

例 2.38 证明:当 $x>0$ 时,$\dfrac{x}{1+x}<\ln(1+x)<x$.

证 此题就是要证明 $\dfrac{1}{1+x}<\dfrac{\ln(1+x)}{x}<1$,由于

$$\frac{\ln(1+x)}{x}=\frac{\ln(1+x)-\ln 1}{x-0},$$

所以取 $f(x)=\ln(1+x)$ 作为辅助函数,显然 $f(x)$ 在 $[0,x]$ 上满足拉格朗日定理的条件,从而至少存在 $\xi\in(0,x)$,使得

$$f(x)-f(0)=f'(\xi)(x-0),$$

即

$$\ln(1+x)=\frac{x}{1+\xi}.$$

又因为 $\xi\in(0,x)$,故有

$$\frac{x}{1+x}<\frac{x}{1+\xi}<x,$$

于是我们就证明了不等式

$$\frac{x}{1+x}<\ln(1+x)<x\quad(x>0).$$

拉格朗日定理的几何意义:如果连续曲线弧 AB 上除端点外处处具有不垂直于横轴的切

线.则这段弧上至少有一点 P,使曲线在点 P 处的切线平行于弦 AB.

如果曲线弧 AB 由参数方程 $\begin{cases} X=g(x) \\ Y=f(x) \end{cases}$ $(a \leqslant x \leqslant b)$ 给出,其中 x 为参数. 则此时拉格朗日中值公式应表现为

$$\frac{f(b)-f(a)}{g(b)-g(a)}=\frac{f'(\xi)}{g'(\xi)} \quad (a<\xi<b).$$

由此,我们可得到如下重要定理:

定理 2.9(柯西定理)　设函数 $f(x)$ 与 $g(x)$ 在闭区间 $[a,b]$ 上连续,在开区间 (a,b) 内可导,且 $g'(x) \neq 0, x \in (a,b)$,则至少存在一点 $\xi \in (a,b)$,使得

$$\frac{f(b)-f(a)}{g(b)-g(a)}=\frac{f'(\xi)}{g'(\xi)}.$$

证　首先注意到 $g(b)-g(a) \neq 0$. 这是由于

$$g(b)-g(a)=g'(\eta)(b-a) \quad (\eta \in (a,b)),$$

由假设 $g'(\eta) \neq 0$,又 $b-a \neq 0$,所以 $g(b)-g(a) \neq 0$.

为证明结论成立,构造辅助函数[①]

$$\Phi(x)=[f(b)-f(a)]g(x)-[g(b)-g(a)]f(x),$$

则 $\Phi(x)$ 在 $[a,b]$ 上满足罗尔定理条件. 故至少存在一点 $\xi \in (a,b)$,使得

$$\Phi'(\xi)=[f(b)-f(a)]g'(\xi)-[g(b)-g(a)]f'(\xi)=0.$$

由于 $g'(\xi) \neq 0$,故由上式即可得到所要证明的等式.

在柯西定理中,取 $g(x)=x$,就变成了拉格朗日定理. 因此,柯西定理是拉格朗日定理的推广.

习　题　2.4

1. 验证拉格朗日中值定理对函数 $y=4x^3-5x^2+x-2$ 在区间 $[0,1]$ 上的正确性.

2. 对函数 $f(x)=\sin x$ 及 $F(x)=x+\cos x$ 在区间 $\left[0,\dfrac{\pi}{2}\right]$ 上验证柯西中值定理的正确性.

3. 证明对函数 $y=px^2+qx+r$ $(p,g,r \in \mathbf{R})$ 应用拉格朗日中值定理时所求得的点 ξ 总是位于区间的正中间.

4. 设 $f(x)$ 在 $[1,2]$ 上二阶可导,且 $f(2)=f(1)=0$,又 $F(x)=(x-1)^2 f(x)$,证明在 $(1,2)$ 内至少存在一点 ξ,使 $F''(\xi)=0$.

5. 设 $f(x)=(x-1)(x-2)(x-3)(x-4)$,问方程 $f'(x)=0$ 有几个实根,并指出它们所在的区间.

6. 若方程 $a_0 x^n+a_1 x^{n-1}+\cdots+a_{n-1} x=0$ 有一个正根 $x=x_0$,证明方程

$$a_0 n x^{n-1}+a_1(n-1)x^{n-2}+\cdots+a_{n-1}=0$$

必有一个小于 x_0 的正根.

7. 设 $a_i \in \mathbf{R}(i=0,1,2,\cdots,n)$,并且满足 $a_0+\dfrac{a_1}{2}+\cdots+\dfrac{a_n}{n+1}=0$,证明方程

$$a_0+a_1 x+\cdots+a_n x^n=0$$

在 $(0,1)$ 内至少有一个实根.

8. 证明恒等式:

---

① 读者可考虑其他的辅助函数.

(1) $\arcsin x + \arccos x = \dfrac{\pi}{2} \quad x \in [-1, 1]$;

(2) $\arctan x + \text{arccot}\, x = \dfrac{\pi}{2} \quad x \in (-\infty, +\infty)$;

(3) $\arctan x + \arctan \dfrac{1}{x} = \begin{cases} \dfrac{\pi}{2} & \text{当 } x > 0 \\[2mm] -\dfrac{\pi}{2} & \text{当 } x < 0 \end{cases}$.

9. 证明下列不等式：

(1) $|\arctan \alpha - \arctan \beta| \leqslant |\alpha - \beta|$；

(2) $\dfrac{a-b}{a} < \ln \dfrac{a}{b} < \dfrac{a-b}{b} \quad (a > b > 0)$；

(3) $e^x > ex \quad (x > 1)$；

(4) $x > \ln(1+x) > \dfrac{x}{1+x} \quad (-1 < x < 0)$.

10. 设函数 $f(x)$ 二阶可导，且 $f(x_1) = f(x_2) = f(x_3)$，其中 $x_1 < x_2 < x_3$，证明至少存在一个点 $\xi \in (x_1, x_3)$，使得 $f''(\xi) = 0$.

11. 设 $f(x), g(x)$ 在 $[a, b]$ 上连续，在 (a, b) 内可导，证明在 (a, b) 内至少有一点 ξ，使

$$\begin{vmatrix} f(a) & f(b) \\ g(a) & g(b) \end{vmatrix} = (b-a) \begin{vmatrix} f(a) & f'(\xi) \\ g(a) & g'(\xi) \end{vmatrix}.$$

2.5 洛必达[①]法则

由于当 $x \to x_0$（或 $x \to \infty$）时，同为无穷小（或同为无穷大）的函数 $f(x)$ 与 $g(x)$ 的商的极限 $\lim\limits_{x \to x_0} \dfrac{f(x)}{g(x)} \left(\text{或} \lim\limits_{x \to \infty} \dfrac{f(x)}{g(x)} \right)$ 可能存在，也可能不存在，因此，常称这种极限为**未定型**，并分别记为 $\dfrac{0}{0} \left(\text{或} \dfrac{\infty}{\infty} \right)$.

本节将利用柯西定理推导出一种求各种未定型极限的简单而有效的常用方法——洛必达法则.

> **定理 2.10** 设函数 $f(x)$ 及 $g(x)$ 在 x_0 的某邻域内满足下列条件：
>
> (1) $\lim\limits_{x \to x_0} f(x) = \lim\limits_{x \to x_0} g(x) = 0$；
>
> (2) 在 x_0 的某去心邻域内 $f(x)$ 及 $g(x)$ 均可导，且 $g'(x) \neq 0$；
>
> (3) $\lim\limits_{x \to x_0} \dfrac{f'(x)}{g'(x)} = A$（$A$ 为有限实数或无穷大）.
>
> 则
> $$\lim\limits_{x \to x_0} \dfrac{f(x)}{g(x)} = \lim\limits_{x \to x_0} \dfrac{f'(x)}{g'(x)} = A.$$

证 因为研究 $x \to x_0$ 时的极限与 x_0 处的函数值无关，所以，若函数 $f(x)$ 与 $g(x)$ 在 x_0 处不连续，可补充定义 $f(x_0) = g(x_0) = 0$，使得 $f(x)$ 与 $g(x)$ 在 x_0 处连续. 于是，由条件(1)与(2)可知，函数 $f(x)$ 与 $g(x)$ 在 x_0 的某邻域内是连续的. 对于 x_0 的这个邻域中任一 x，则在以 x_0 和 x 为区间端点的区间上，柯西定理的条件均满足，故

---

① 洛必达(G. F. A. de L'Hospital)，1661—1704，法国数学家.

$$\frac{f(x)}{g(x)}=\frac{f(x)-f(x_0)}{g(x)-g(x_0)}=\frac{f'(\xi)}{g'(\xi)} \quad (\xi \text{ 在 } x_0 \text{ 与 } x \text{ 之间}).$$

当 $x \to x_0$ 时，显然有 $\xi \to x_0$，从而得

$$\lim_{x \to x_0}\frac{f(x)}{g(x)}=\lim_{\xi \to x_0}\frac{f'(\xi)}{g'(\xi)}=A.$$

应用洛必达法则时，定理的三个条件都需要验证，只是条件的验证通常是直接表现在计算过程中的.

例 2.39　求 $\displaystyle\lim_{x \to 0}\frac{\tan x - x}{x - \sin x}$.

解　此为 $\dfrac{0}{0}$ 型的未定式，由洛必达法则得

$$\lim_{x \to 0}\frac{\tan x - x}{x - \sin x}=\lim_{x \to 0}\frac{\sec^2 x - 1}{1 - \cos x}=\lim_{x \to 0}\frac{2\sec^2 x \tan x}{\sin x}=\lim_{x \to 0}2\sec^3 x = 2.$$

注意，上式第一个等号后面的极限经初等变换计算得到其存在，所以原式与其相等. 实际上，它仍是 $\dfrac{0}{0}$ 型的未定式，可以继续使用洛必达法进行计算. 一般来说，若 $\displaystyle\lim_{x \to x_0}\frac{f'(x)}{g'(x)}$ 仍然属于 $\dfrac{0}{0}$ 型的未定型，只要 $f'(x)$ 与 $g'(x)$ 仍满足定理 2.10 中的相应条件，则可继续使用该法则，即

$$\lim_{x \to x_0}\frac{f(x)}{g(x)}=\lim_{x \to x_0}\frac{f'(x)}{g'(x)}=\lim_{x \to x_0}\frac{f''(x)}{g''(x)}=\cdots.$$

例 2.40　求 $\displaystyle\lim_{x \to 1}\frac{x^3-3x+2}{x^3-x^2-x+1}$.

解　原式 $=\displaystyle\lim_{x \to 1}\frac{3x^2-3}{3x^2-2x-1}=\lim_{x \to 1}\frac{6x}{6x-2}=\frac{3}{2}$.

说明：上式中 $\displaystyle\lim_{x \to 1}\frac{6x}{6x-2}$ 已不是未定式，因此，不能对它应用洛必达法则，否则要导致错误，以后使用洛必达法则应当充分注意到这一点.

对于复杂的未定式或在每次使用洛必达法则之前，通常应该先用重要极限、等价代换、消分母的零因子、按乘法分离出极限存在且不为零的函数分别计算. 这样可使余下的未定式简单，便于使用洛必达法则.

例 2.41　求 $\displaystyle\lim_{x \to 0}\frac{2e^{2x}-e^x-3x-1}{(e^x-1)^2 e^x}$.

解　原式 $=\displaystyle\lim_{x \to 0}\frac{2e^{2x}-e^x-3x-1}{x^2 e^x}=\lim_{x \to 0}\frac{2e^{2x}-e^x-3x-1}{x^2}\cdot\lim_{x \to 0}\frac{1}{e^x}=\lim_{x \to 0}\frac{4e^{2x}-e^x-3}{2x}\cdot 1$

$\qquad=\displaystyle\lim_{x \to 0}\frac{8e^{2x}-e^x}{2}=\frac{7}{2}$.

注：当 $\displaystyle\lim_{\substack{x \to x_0 \\ (x \to \infty)}}\frac{f'(x)}{g'(x)}$ 不存在，且不是 ∞ 时，并不能说明 $\displaystyle\lim_{\substack{x \to x_0 \\ (x \to \infty)}}\frac{f(x)}{g(x)}$ 也不存在. 例如，虽然

$$\lim_{x \to 0}\frac{\left(x^2\cos\dfrac{1}{x}\right)'}{(x+\sin x)'}=\lim_{x \to 0}\frac{2x\cos\dfrac{1}{x}-\sin\dfrac{1}{x}}{1+\cos x}$$

不存在，也不是 ∞. 但极限

$$\lim_{x \to 0} \frac{x^2 \cos \dfrac{1}{x}}{x + \sin x} = \lim_{x \to 0} \frac{x \cos \dfrac{1}{x}}{1 + \dfrac{\sin x}{x}} = \frac{0}{1+1} = 0,$$

是存在的. 这说明当 $\dfrac{0}{0}$ 型的未定式不满足洛必达法则的第三条件时, 不能判断原极限的存在与否, 原极限的存在需用其他方法计算.

关于 $\dfrac{\infty}{\infty}$ 型的未定式, 有如下定理:

> **定理 2.11**　如果:
> (1) 当 $x \to x_0$ 时, 函数 $f(x)$ 与 $g(x)$ 都趋于无穷大;
> (2) 在 $(x_0 - \delta, x_0 + \delta)$ (x_0 点可以除外) 内 $f'(x)$ 及 $g'(x)$ 存在, 且 $g'(x) \neq 0$;
> (3) $\lim\limits_{x \to x_0} \dfrac{f'(x)}{g'(x)} = A$ (A 为有限值或为无穷大).
>
> 则
> $$\lim_{x \to x_0} \frac{f(x)}{g(x)} = \lim_{x \to x_0} \frac{f'(x)}{g'(x)} = A.$$

证明从略.

以上我们给出了 $x \to x_0$ 时 $\dfrac{0}{0}$ 型与 $\dfrac{\infty}{\infty}$ 型两种未定型所对应的洛必达法则, 对于 $x \to \infty$ 时, 也有类似的洛必达法则, 只须将定理 2.10 和定理 2.11 的 $x \to x_0$ 相应地改为 $x \to \infty$; 将条件 (2) 中 $f(x)$ 与 $g(x)$ 在 $(x_0 - \delta, x_0 + \delta)$ 内可导改为 $f(x)$ 与 $g(x)$ 在 $|x| > X$ 内可导即可.

例 2.42　求 $\lim\limits_{x \to +\infty} \dfrac{\ln x}{x^n}$ ($n > 0$) 与 $\lim\limits_{x \to +\infty} \dfrac{x^n}{e^{\lambda x}}$ ($n \in \mathbf{N}, \lambda > 0$).

解　这两个极限都属于 $\dfrac{\infty}{\infty}$ 型的未定型, 应用洛必达法则得

$$\lim_{x \to +\infty} \frac{\ln x}{x^n} = \lim_{x \to +\infty} \frac{\dfrac{1}{x}}{n x^{n-1}} = \frac{1}{n} \lim_{x \to +\infty} \frac{1}{x^n} = 0;$$

$$\lim_{x \to +\infty} \frac{x^n}{e^{\lambda x}} = \lim_{x \to +\infty} \frac{n x^{n-1}}{\lambda e^{\lambda x}} = \lim_{x \to +\infty} \frac{n(n-1) x^{n-2}}{\lambda^2 e^{\lambda x}}$$

$$= \cdots = \lim_{x \to +\infty} \frac{n!}{\lambda^n e^{\lambda x}}$$

$$= 0.$$

上述第二个极限中, 若 n 不是正整数而是任何实数, 则极限值仍为 0, 请读者给予证明.

我们指出, 除了 $\dfrac{0}{0}$ 和 $\dfrac{\infty}{\infty}$ 型的未定型以外, 还有一些其他的未定型, 例如 $0 \cdot \infty$ 型, $\infty - \infty$ 型, 0^0 型, 1^∞ 型, ∞^0 型等, 对于这些未定型, 我们可以设法将它们化为 $\dfrac{0}{0}$ 或 $\dfrac{\infty}{\infty}$ 型的未定型来计算, 下面用例子来说明.

例 2.43　求下列极限:

(1) $\lim\limits_{x \to \frac{\pi}{2}} (\sec x - \tan x)$;　　　　(2) $\lim\limits_{x \to 0^+} x^n \ln x$ ($n > 0$);

(3) $\lim\limits_{x\to+\infty}\left(\dfrac{\pi}{2}-\arctan x\right)^{\frac{1}{\ln x}}$;　　　　　(4) $\lim\limits_{x\to0^+}x^x$;

(5) $\lim\limits_{x\to+\infty}x^{\frac{1}{x}}$.

解　(1)这是 $\infty-\infty$ 型未定型,由 $\sec x-\tan x=\dfrac{1-\sin x}{\cos x}$,化为 $\dfrac{0}{0}$ 型的未定型. 应用洛必达法则,得

$$\lim\limits_{x\to\frac{\pi}{2}}(\sec x-\tan x)=\lim\limits_{x\to\frac{\pi}{2}}\dfrac{1-\sin x}{\cos x}=\lim\limits_{x\to\frac{\pi}{2}}\dfrac{-\cos x}{-\sin x}=0.$$

(2) 这是 $0\cdot\infty$ 型的未定型,由 $x^n\ln x=\dfrac{\ln x}{\dfrac{1}{x^n}}=\dfrac{\ln x}{x^{-n}}$ 化为 $\dfrac{\infty}{\infty}$ 型的未定型,应用洛必达法则,得

$$\lim\limits_{x\to0^+}x^n\ln x=\lim\limits_{x\to0^+}\dfrac{\ln x}{x^{-n}}=\lim\limits_{x\to0^+}\dfrac{\dfrac{1}{x}}{-nx^{-n-1}}=-\dfrac{1}{n}\lim\limits_{x\to0^+}x^n=0.$$

(3) 这是 0^0 型的未定型,由 $\left(\dfrac{\pi}{2}-\arctan x\right)^{\frac{1}{\ln x}}=\mathrm{e}^{\frac{\ln\left(\frac{\pi}{2}-\arctan x\right)}{\ln x}}$ 化为指数为 $\dfrac{\infty}{\infty}$ 型的未定型. 对指数应用洛必达法则,得

$$\lim\limits_{x\to+\infty}\dfrac{\ln\left(\dfrac{\pi}{2}-\arctan x\right)}{\ln x}=\lim\limits_{x\to+\infty}\dfrac{-\dfrac{x}{1+x^2}}{\dfrac{\pi}{2}-\arctan x}=\lim\limits_{x\to+\infty}\dfrac{\dfrac{1-x^2}{(1+x^2)^2}}{\dfrac{1}{1+x^2}}$$

$$=\lim\limits_{x\to+\infty}\dfrac{1-x^2}{1+x^2}$$

$$=-1.$$

所以

$$\lim\limits_{x\to+\infty}\left(\dfrac{\pi}{2}-\arctan x\right)^{\frac{1}{\ln x}}=\mathrm{e}^{-1}=\dfrac{1}{\mathrm{e}}.$$

(4) 这是 0^0 型的未定型. 由 $x^x=\mathrm{e}^{x\ln x}=\mathrm{e}^{\frac{\ln x}{x^{-1}}}$ 化为指数是 $\dfrac{\infty}{\infty}$ 型的未定型. 由洛必达法则,得

$$\lim\limits_{x\to0^+}x^x=\lim\limits_{x\to0^+}\mathrm{e}^{x\ln x}=\mathrm{e}^{\lim\limits_{x\to0^+}x\ln x}=\mathrm{e}^0=1.$$

(5) 这是 ∞^0 型的未定型. 由 $x^{\frac{1}{x}}=\mathrm{e}^{\frac{\ln x}{x}}$ 化为指数是 $\dfrac{\infty}{\infty}$ 型的未定型. 由洛必达法则,得

$$\lim\limits_{x\to+\infty}x^{\frac{1}{x}}=\lim\limits_{x\to+\infty}\mathrm{e}^{\frac{\ln x}{x}}=\mathrm{e}^{\lim\limits_{x\to+\infty}\frac{\ln x}{x}}=\mathrm{e}^0=1,$$

特别地,$\lim\limits_{n\to\infty}n^{\frac{1}{n}}=1$.

注:与 $\dfrac{0}{0}$ 型的未定型情形相似,当 $\lim\limits_{\substack{x\to x_0\\(x\to\infty)}}\dfrac{f'(x)}{g'(x)}$ 不存在,且不是 ∞ 时,并不能说明 $\lim\limits_{\substack{x\to x_0\\(x\to\infty)}}\dfrac{f(x)}{g(x)}$ 也不存在. 例如,虽然

$$\lim\limits_{x\to\infty}\dfrac{(x+\sin x)'}{(x)'}=\lim\limits_{x\to\infty}\dfrac{1+\cos x}{1}$$

不存在,也不是 ∞. 但极限

$$\lim_{x\to\infty}\frac{x+\sin x}{x}=\lim_{x\to\infty}\left(1+\frac{\sin x}{x}\right)=1+0=1$$

是存在的.

习 题 2.5

1. 求下列极限过程中都应用了洛必达法则,解法是否正确? 若有错,请给予修改.

(1) $\lim\limits_{x\to1}\dfrac{x^2+1}{x^2-1}=\lim\limits_{x\to1}\dfrac{(x^2+1)'}{(x^2-1)'}=\lim\limits_{x\to1}\dfrac{2x}{2x}=1$;

(2) 因 $\lim\limits_{x\to\infty}\dfrac{\sin x+x}{x}=\lim\limits_{x\to\infty}\dfrac{(\sin x+x)'}{(x)'}=\lim\limits_{x\to\infty}(\cos x+1)$ 不存在,故原极限不存在;

(3) 设 $f(x)$ 在 x_0 处可导,则

$$\lim_{h\to0}\frac{f(x_0+h)-2f(x_0)+f(x_0-h)}{h^2}=\lim_{h\to0}\frac{f'(x_0+h)-f'(x_0-h)}{2h}$$

$$=\lim_{h\to0}\frac{f''(x_0+h)+f''(x_0-h)}{2}=f''(x_0).$$

2. 用洛必达法则计算下列极限:

(1) $\lim\limits_{x\to\pi}\dfrac{\sin 3x}{\tan 5x}$;

(2) $\lim\limits_{x\to0}\dfrac{e^x-1}{xe^x+e^x-1}$;

(3) $\lim\limits_{x\to\frac{\pi}{2}}\dfrac{\ln\sin x}{(\pi-2x)^2}$;

(4) $\lim\limits_{x\to e}\dfrac{\ln x-1}{x-e}$;

(5) $\lim\limits_{x\to0}\dfrac{\cos\alpha x-\cos\beta x}{x^2}$;

(6) $\lim\limits_{x\to+\infty}\dfrac{\ln(1+\frac{1}{x})}{\text{arccot } x}$;

(7) $\lim\limits_{x\to1}\left(\dfrac{2}{x^2-1}-\dfrac{1}{x-1}\right)$;

(8) $\lim\limits_{x\to0}\cot x\ln\dfrac{1+x}{1-x}$;

(9) $\lim\limits_{x\to0}\dfrac{\tan x-x}{x^2\sin x}$;

(10) $\lim\limits_{x\to0}\left(\cot x-\dfrac{1}{x}\right)$;

(11) $\lim\limits_{x\to\frac{\pi}{2}^+}(\sec x-\tan x)$;

(12) $\lim\limits_{x\to0^+}\sin x\ln x$;

(13) $\lim\limits_{x\to0^+}\left(\dfrac{1}{x}\right)^{\tan x}$;

(14) $\lim\limits_{x\to\frac{\pi}{4}}(\tan x)^{\tan 2x}$;

(15) $\lim\limits_{x\to+\infty}\left(\dfrac{2}{\pi}\arctan x\right)^x$;

(16) $\lim\limits_{x\to0}x^2 e^{\frac{1}{x^2}}$.

3. 讨论函数 $f(x)=\begin{cases}\left[\dfrac{(1+x)^{\frac{1}{x}}}{e}\right]^{\frac{1}{x}} & \text{当 } x>0 \\ e^{-\frac{1}{2}} & \text{当 } x\leqslant0\end{cases}$ 在 $x=0$ 点处的连续性.

4. 设函数 $g(x)$ 在 $x=0$ 的某邻域内二阶可导,$g(0)=0$,研究函数 $f(x)=\begin{cases}\dfrac{g(x)}{x} & \text{当 } x\neq0 \\ g'(0) & \text{当 } x=0\end{cases}$ 在 $x=0$ 处的可导性.

5. 确定常数 a,b,使极限 $\lim\limits_{x\to0}\dfrac{1+a\cos 2x+b\cos 4x}{x^4}$ 存在,并求出它的值.

2.6 泰勒[①]定 理

为了便于应用和理论研究,我们常常使用一些简单的量来近似代替比较复杂的量. 例

---

① 泰勒(B. Taylor),1685—1731,英国数学家.

如,若函数 $y=f(x)$ 在 x_0 处可微,则对于 x_0 处的充分小的邻域中的任一 x,有
$$\Delta y=f'(x_0)\Delta x+o(\Delta x),$$
即
$$f(x)=f(x_0)+f'(x_0)(x-x_0)+o(x-x_0).$$
可见,在 x_0 处的充分小的邻域中的任一 x 处,函数值 $f(x)$ 可以用一次多项式
$$P_1(x)=f(x_0)+f'(x_0)(x-x_0)$$
来近似,即
$$f(x)\approx P_1(x),$$
也即将曲线 $f(x)$ 用 x_0 对应处的切线 $P_1(x)$ 近似,所产生的误差是 $|o(x-x_0)|$.

　　显然,对于非线性函数 $f(x)$,这种近似会产生较大的误差. 因此,我们自然想到用形式简单、计算方便的高次多项式来近似它. 下面就来寻找这样的多项式.

　　若函数 $f(x)$ 是多项式,我们来看它的导数与其系数的关系. 设
$$f(x)=P_n(x)=a_0+a_1(x-x_0)+a_2(x-x_0)^2+\cdots+a_n(x-x_0)^n$$
对 $f(x)$ 求直到 n 阶的各阶导数,并代入点 x_0,得
$$f(x_0)=a_0,\ f'(x_0)=a_1,\ f''(x_0)=2!\ a_2,\ \cdots,\ f^{(n)}(x_0)=n!\ a_n.$$
解得
$$a_0=f(x_0),\ a_1=f'(x_0),\ a_2=\frac{f''(x_0)}{2!},\ \cdots,\ a_n=\frac{f^{(n)}(x_0)}{n!}.$$
于是得到多项式函数用其导数表示系数的结果为
$$f(x)=P_n(x)=f(x_0)+f'(x_0)(x-x_0)+\frac{f''(x_0)}{2!}(x-x_0)^2+\cdots+\frac{f^{(n)}(x_0)}{n!}(x-x_0)^n.$$
$$(2.5)$$

可以证明式(2.5)用 x_0 处的导数表示的系数是唯一的.

　　若函数 $f(x)$ 不是多项式,当它在 x_0 处具有 n 阶导数时,令
$$P_n(x)=f(x_0)+f'(x_0)(x-x_0)+\cdots+\frac{f^{(n)}(x_0)}{n!}(x-x_0)^n,$$
及
$$f(x)=P_n(x)+R_n(x),$$
称 $R_n(x)$ 为**余项**,则余项在包含点 x_0 的某区间内不会恒等于零. 现在来看余项
$$R_n(x)=f(x)-P_n(x)=f(x)-\left[f(x_0)+f'(x_0)(x-x_0)+\frac{f''(x_0)}{2!}(x-x_0)^2+\right.$$
$$\left.\cdots+\frac{f^{(n)}(x_0)}{n!}(x-x_0)^n\right]$$
的情况. 由于 $f(x)$ 在点 x_0 处具有 n 阶导数,从而具有直到 $n-1$ 阶的连续导数,有
$$\lim_{x\to x_0}R^{(k)}(x)=\lim_{x\to x_0}\left\{f^{(k)}(x)-\left[\frac{f^{(k)}(x_0)}{k!}\cdot k!+\frac{f^{(k+1)}(x_0)}{(k+1)!}\cdot(k+1)k\cdots 2(x-x_0)+\right.\right.$$
$$\left.\left.\cdots+\frac{f^{(n)}(x_0)}{n!}\cdot n(n-1)\cdots(n-k+1)(x-x_0)^{n-k}\right]\right\}$$
$$=\lim_{x\to x_0}(f^{(k)}(x)-f^{(k)}(x_0))$$
$$=0.\quad(k=0,1,2,\cdots,n-1)$$
据此,连续使用洛必达法则 $n-1$ 次,再由 $f(x)$ 在点 x_0 处 n 阶导数存在得
$$\lim_{x\to x_0}\frac{R_n(x)}{(x-x_0)^n}=\lim_{x\to x_0}\frac{f(x)-P_n(x)}{(x-x_0)^n}=\lim_{x\to x_0}\frac{f'(x)-P_n'(x)}{n(x-x_0)^{n-1}}=\cdots$$

$$= \lim_{x \to x_0} \frac{f^{(n-1)}(x) - \left[f^{(n-1)}(x_0) + \dfrac{f^{(n)}(x_0)}{n!} \cdot n(n-1) \cdot \cdots \cdot 2(x-x_0) \right]}{n!\ (x-x_0)}$$

$$= \frac{1}{n!} \lim_{x \to x_0} \frac{f^{(n-1)}(x) - f^{(n-1)}(x_0)}{(x-x_0)} - \frac{f^{(n)}(x_0)}{n!}$$

$$= \frac{1}{n!} f^{(n)}(x_0) - \frac{f^{(n)}(x_0)}{n!}$$

$$= 0.$$

从而 $R_n(x) = o((x-x_0)^n)$. 由此给出如下定理：

> **定理 2.12**　设函数 $y = f(x)$ 在 x_0 处具有 n 阶导数，则在 x_0 的邻域内
>
> $$f(x) = f(x_0) + f'(x_0)(x-x_0) + \frac{f''(x_0)}{2!}(x-x_0)^2 + \cdots + \frac{f^{(n)}(x_0)}{n!}(x-x_0)^n +$$
>
> $$o((x-x_0)^n). \tag{2.6}$$

称式 (2.6) 为 $f(x)$ 在 x_0 的邻域内带**皮亚诺**[①]余项的 n 阶泰勒公式，称 $R_n(x) = o((x-x_0)^n)$ 为 $f(x)$ 的**皮亚诺余项**.

显然，皮亚诺余项就是用 n 次多项式来近似代替 $f(x)$ 时所产生的误差，但不能用它对误差作数值分析. 因此，我们需要给出余项可以明确表示出来的如下定理：

> **定理 2.13（泰勒定理）**　设函数 $f(x)$ 在含 x_0 的某区间 I 内具有直到 $(n+1)$ 阶的导数，则在 I 内有
>
> $$f(x) = f(x_0) + f'(x_0)(x-x_0) + \frac{f''(x_0)}{2!}(x-x_0)^2 + \cdots + \frac{f^{(n)}(x_0)}{n!}(x-x_0)^n + R_n(x).$$
>
> $$\tag{2.7}$$
>
> 其中 $R_n(x) = \dfrac{f^{(n+1)}(\xi)}{(n+1)!}(x-x_0)^{n+1}$，这里 ξ 介于 x 与 x_0 之间.

证　要证明式 (2.7) 成立，只要证明

$$R_n(x) = f(x) - P_n(x) = \frac{f^{(n+1)}(\xi)}{(n+1)!}(x-x_0)^{n+1}$$

或

$$\frac{R_n(x)}{(x-x_0)^{n+1}} = \frac{f^{(n+1)}(\xi)}{(n+1)!} \quad (\xi \text{ 在 } x \text{ 与 } x_0 \text{ 之间}).$$

由假设可知 $R_n(x)$ 在 (a,b) 内具有直到 $(n+1)$ 阶导数，且

$$R_n(x_0) = R_n'(x_0) = \cdots = R_n^{(n)}(x_0) = 0, \quad R_n^{(n+1)}(x) = f^{(n+1)}(x).$$

所以对函数 $R_n(x)$ 及 $(x-x_0)^{n+1}$ 在以 x_0 及 x 为端点的区间上应用柯西定理得

$$\frac{R_n(x)}{(x-x_0)^{n+1}} = \frac{R_n(x) - R_n(x_0)}{(x-x_0)^{n+1} - 0} = \frac{R_n'(\xi_1)}{(n+1)(\xi_1-x_0)^n},$$

其中 ξ_1 在 x_0 与 x 之间.

再对函数 $R_n'(x)$ 与 $(n+1)(x-x_0)^n$ 在以 x_0 及 ξ_1 为端点的区间上应用柯西定理，得

---

① 皮亚诺 (G. Peano)，1858—1932，意大利数学家、逻辑学家.

$$\frac{R_n'(\xi_1)}{(n+1)(\xi_1-x_0)^n}=\frac{R_n'(\xi_1)-R_n'(x_0)}{(n+1)(\xi_1-x_0)^n-0}=\frac{R_n''(\xi_2)}{n(n+1)(\xi_2-x_0)^{n-1}},$$

其中 ξ_2 在 x_0 与 ξ_1 之间.

继续上述步骤,进行到第 $(n+1)$ 次,得

$$\frac{R_n(x)}{(x-x_0)^{n+1}}=\frac{R_n'(\xi_1)}{(n+1)(\xi_1-x_0)^n}=\frac{R_n''(\xi_2)}{(n+1)n(\xi_2-x_0)^{n-1}}$$

$$=\cdots=\frac{R_n^{(n+1)}(\xi)}{(n+1)!}=\frac{f^{(n+1)}(\xi)}{(n+1)!},$$

其中 ξ 介于 ξ_n 与 x_0 之间, ξ_n 介于 ξ_{n-1} 与 x_0 之间, $\cdots$, ξ_1 介于 x 与 x_0 之间,因而 ξ 也介于 x 与 x_0 之间. 从而定理得证.

通常称定理中 $R_n(x)$ 的表达式为函数 $f(x)$ 在含 x_0 的区间 I 内的**拉格朗日余项**,从而式 (2.7) 被称为 $f(x)$ 在含 x_0 的区间 I 内带拉格朗日余项的 n **阶泰勒公式**.

在式 (2.6) 中,取 $n=1$,就得到一阶微分公式,在式 (2.7) 中取 $n=0$,就得到拉格朗日中值公式,因此,带皮亚诺余项的泰勒公式是一阶微分公式的推广,带拉格朗日余项的泰勒公式是拉格朗日中值公式的推广.

由泰勒定理可知,以多项式 $P_n(x)$ 近似表达函数 $f(x)$ 时,其误差为 $|R_n(x)|$. 如果函数 $f(x)$ 在区间 (a,b) 内 $(n+1)$ 阶可导,并且存在常数 $M>0$,使对任意 $x\in(a,b)$, $|f^{(n+1)}(x)|\leqslant M$. 则

$$|R_n(x)|=\frac{|f^{(n+1)}(\xi)|}{(n+1)!}|x-x_0|^{n+1}\leqslant\frac{M}{(n+1)!}|x-x_0|^{n+1},$$

及

$$\lim_{x\to x_0}\frac{R_n(x)}{(x-x_0)^n}=0.$$

由此可见,误差是当 $x\to x_0$ 时比 $(x-x_0)^n$ 高阶的无穷小,并且 $|R_n(x)|$ 随着 n 的增大而变小,于是我们可以通过项数 n 的选取,使计算达到任何指定的精确度. 这就圆满解决了前面我们所提出的问题.

如果 $x_0=0$,那么式 (2.7) 就变成了

$$f(x)=f(0)+f'(0)x+\frac{f''(0)}{2!}x^2+\cdots+\frac{f^{(n)}(0)}{n!}x^n+\frac{f^{(n+1)}(\xi)}{(n+1)!}x^{n+1} \quad (\xi \text{ 在 } x \text{ 与 } 0 \text{ 之间})$$

或者

$$f(x)=f(0)+f'(0)x+\frac{f''(0)}{2!}x^2+\cdots+\frac{f^{(n)}(0)}{n!}x^n+\frac{f^{(n+1)}(\theta x)}{(n+1)!}x^{n+1} \quad (0<\theta<1).$$

$$(2.8)$$

称式 (2.8) 为**麦克劳林**[①]**公式**.

下面,我们计算几个常用的初等函数的麦克劳林公式.

指数函数 $f(x)=e^x$ 的麦克劳林公式:

因为 $f^{(k)}(x)=e^x(k=0,1,2,\cdots,n)$,从而 $f^{(k)}(0)=1(k=0,1,2,\cdots,n)$,代入式 (2.8) 得

---

① 麦克劳林(C. Maclaurin),1698—1746,英国数学家.

$$e^x = 1 + x + \frac{x^2}{2!} + \cdots + \frac{x^n}{n!} + \frac{x^{n+1}}{(n+1)!}e^{\theta x} \quad (0 < \theta < 1).$$

正弦函数 $f(x) = \sin x$ 与余弦函数 $f(x) = \cos x$ 的麦克劳林公式：

先求 $f(x) = \sin x$ 的麦克劳林公式. 因为

$$f^{(k)}(x) = \sin\left(x + \frac{k\pi}{2}\right) (k = 0, 1, 2, \cdots, n),$$

于是当 $k = 2m$ 时, $f^{(2m)}(0) = 0$；当 $k = 2m+1$ 时, $f^{(2m+1)}(0) = (-1)^m$，所以由式(2.8)得

$$\sin x = x - \frac{x^3}{3!} + \frac{x^5}{5!} + \cdots + (-1)^{m-1}\frac{x^{2m-1}}{(2m-1)!} + \frac{\sin\left[\theta x + (2m+1)\frac{\pi}{2}\right]}{(2m+1)!}x^{2m+1}(0 < \theta < 1).$$

同理得

$$\cos x = 1 - \frac{x^2}{2!} + \frac{x^4}{4!} - \frac{x^6}{6!} + \cdots + (-1)^m\frac{x^{2m}}{(2m)!} + \frac{\cos\left[\theta x + (2m+2)\frac{\pi}{2}\right]}{(2m+2)!}x^{2m+2}(0 < \theta < 1).$$

对数函数 $f(x) = \ln(1+x)$ 的麦克劳林公式：

因为 $f^{(k)}(x) = (-1)^{k-1}\frac{(k-1)!}{(1+x)^k}$ $(k = 1, 2, \cdots, n)$，从而有

$$f^{(k)}(0) = (-1)^{k-1}(k-1)!,$$

代入式(2.8)得

$$\ln(1+x) = x - \frac{x^2}{2} + \frac{x^3}{3} - \frac{x^4}{4} + \cdots + (-1)^{n-1}\frac{x^n}{n} + (-1)^n\frac{x^{n+1}}{(n+1)(1+\theta x)^{n+1}} \quad (0 < \theta < 1).$$

幂函数 $f(x) = (1+x)^\alpha (\alpha \in \mathbf{R})$ 的麦克劳林公式：

因为 $f^{(k)}(x) = \alpha(\alpha-1)\cdots(\alpha-k+1)(1+x)^{\alpha-k}$ $(k = 1, 2, \cdots, n)$，从而有

$$f^{(k)}(0) = \alpha(\alpha-1)\cdots(\alpha-k+1),$$

代入式(2.8)得

$$(1+x)^\alpha = 1 + \alpha x + \frac{\alpha(\alpha-1)}{2!}x^2 + \cdots + \frac{\alpha(\alpha-1)\cdots(\alpha-n+1)}{n!}x^n +$$

$$\frac{\alpha(\alpha-1)\cdots(\alpha-n)}{(n+1)!}(1+\theta x)^{\alpha-n-1}x^{n+1} \quad (0 < \theta < 1).$$

特别地，当 $\alpha = -1, \frac{1}{2}, -\frac{1}{2}$ 时，得到相应的几个常用的麦克劳林公式：

$$\frac{1}{1+x} = 1 - x + x^2 - x^3 + \cdots + (-1)^n x^n + \frac{(-1)^{n+1}}{(1+\theta x)^{n+2}}x^{n+1};$$

$$\sqrt{1+x} = 1 + \frac{1}{2}x - \frac{1}{8}x^2 + \cdots + (-1)^{n-1}\frac{1 \cdot 3 \cdot \cdots \cdot (2n-3)}{2 \cdot 4 \cdot \cdots \cdot 2n}x^n +$$

$$(-1)^n\frac{1 \cdot 3 \cdot 5 \cdot \cdots \cdot (2n-1)}{2 \cdot 4 \cdot 6 \cdot \cdots \cdot (2n+2)}\frac{1}{(1+\theta x)^{n+\frac{1}{2}}}x^{n+1};$$

$$\frac{1}{\sqrt{1+x}} = 1 - \frac{1}{2}x + \frac{3}{8}x^2 - \cdots + (-1)^n \frac{1 \cdot 3 \cdot \cdots \cdot (2n-1)}{2 \cdot 4 \cdot \cdots \cdot 2n} x^n +$$

$$(-1)^{n+1} \frac{1 \cdot 3 \cdot \cdots \cdot (2n+1)}{2 \cdot 4 \cdot \cdots \cdot (2n+2)} \frac{1}{(1+\theta x)^{n+\frac{3}{2}}} x^{n+1}.$$

其中,$0 < \theta < 1$.

最后,作为应用,我们介绍一个例子来说明如何用泰勒公式(麦克劳林公式)来近似计算函数值,并估计误差.

例 2.44 近似计算 e 的值,并估计误差.

解 在 e^x 的麦克劳林展开式中取 $x = 1$,得

$$e = 1 + 1 + \frac{1}{2!} + \cdots + \frac{1}{n!} + \frac{e^\theta}{(n+1)!} \quad \theta \in (0, 1).$$

因为 $e^\theta < e < 3$,故

$$R_n(1) = \frac{e^\theta}{(n+1)!} < \frac{3}{(n+1)!} \to 0 \qquad (n \to \infty).$$

因此,只要 n 充分大,则用上式来近似计算 e 的值就可达到所需要的精度. 例如,要使误差不超过 10^{-5},即要

$$R_n(1) < \frac{3}{(n+1)!} < 10^{-5},$$

只需取 $n = 8$ 即可. 于是

$$e \approx 1 + 1 + \frac{1}{2!} + \cdots + \frac{1}{8!} \approx 2.718\,28.$$

习 题 2.6

1. 设 $f(x) = x^4 - 5x^3 + x^2 - 3x + 4$,写出它在 $x_0 = 1$ 处的泰勒多项式.

2. 写出下列函数的麦克劳林公式:

(1) $f(x) = \dfrac{1}{1-x}$;　　　　　　　(2) $f(x) = xe^x$;

(3) $f(x) = \cosh x$;　　　　　　　　(4) $f(x) = \sin^2 x$.

3. 求下列函数在指定点 x_0 处带皮亚诺余项的 n 阶泰勒公式:

(1) $f(x) = \dfrac{1}{x}$, $x_0 = -1$;　　　　　(2) $f(x) = \ln x$, $x_0 = 1$;

(3) $f(x) = e^{2x}$, $x_0 = 1$;　　　　　　(4) $f(x) = \sin x$, $x_0 = \dfrac{\pi}{4}$.

4. 求函数 $f(x) = \tan x$ 的 2 阶麦克劳林公式.

5. 当 $x_0 = 4$ 时,求函数 $y = \sqrt{x}$ 的 3 阶泰勒公式.

6. 应用 3 阶泰勒公式求近似值,并估计误差:(1) $\sqrt[3]{30}$;(2)$\sin 18°$.

7. 验证:当 $0 < x \leqslant \dfrac{1}{2}$ 时,按公式 $e^x \approx 1 + x + \dfrac{x^2}{2} + \dfrac{x^3}{6}$ 计算 e^x 的近似值时,所产生的误差小于 0.01,并求 $\sqrt{e}$ 的近似值,使误差小于 0.01.

2.7 函数性态的研究

利用导数的几何意义,可以求出曲线上一点处的切线与法线. 本节,将利用函数的导数来

研究函数在一个区间上变化的性态,主要包括函数的单调性和极值、曲线的凹凸性及拐点. 最后再利用这些性态描绘出函数的图像.

2.7.1 函数的单调性

单调函数的概念在第 1 章中已经给出,我们知道,利用定义来讨论一般函数的单调性是很困难的,下面将利用导数的符号给出判定函数单调性的一个简便办法.

定理 2.14 (1) 设函数 $f(x)$ 在闭区间 $[a,b]$ 上连续,在相应开区间 (a,b) 内可导. 若在 (a,b) 内 $f'(x)>0(f'(x)<0)$,则 $f(x)$ 在 $[a,b]$ 上严格单调增加(严格单调减少);

(2) 设函数 $f(x)$ 在区间 I 内可导. 则在区间 I 上 $f'(x)\geqslant0(f'(x)\leqslant0)$ 的充要条件是在区间 I 上 $f(x)$ 单调增加(单调减少).

证 (1) 设在 (a,b) 内 $f'(x)>0$,任取 $x_1,x_2\in[a,b]$,不妨设 $x_2>x_1$,根据拉格朗日定理,有

$$f(x_2)-f(x_1)=f'(\xi)(x_2-x_1)>0, \xi\in(x_1,x_2).$$

因此 $f(x)$ 在 $[a,b]$ 上严格单调增加.

类似证明 $f'(x)<0$ 的情况.

(2) 设 $f'(x)\geqslant0$. 充分性证明类似(1);必要性证明需要使用导数定义:对任何 $x\in I$,取 Δx,使 $x+\Delta x\in I$,便有

$$f'(x)=\lim_{\Delta x\to0}\frac{f(x+\Delta x)-f(x)}{\Delta x}\geqslant0.$$

类似证明 $f'(x)\leqslant0$ 的情况.

注:将定理 2.14(1)中闭区间换成其他区间结论同样成立.

例 2.45 判定函数 $y=x+\dfrac{1}{x}$ 在区间 $[1,+\infty)$ 内的单调性.

解 因为 y 在 $[1,+\infty)$ 上连续,且在区间 $(1,+\infty)$ 内

$$y'=1-\frac{1}{x^2}>0,$$

所以函数 $y=x+\dfrac{1}{x}$ 在区间 $[1,+\infty)$ 内严格单调增加.

例 2.46 讨论函数 $y=e^x-x-1$ 的单调性.

解 由于函数在定义域 $(-\infty,+\infty)$ 内可导,因此,其单调区间由导数等于零的点分划而成. 因为函数的导数

$$y'=e^x-1$$

只在 $x=0$ 处为零,又在区间 $(-\infty,0)$ 内 $y'<0$,在区间 $(0,+\infty)$ 内 $y'>0$,所以函数在区间 $(-\infty,0]$ 内严格单调减少;在区间 $[0,+\infty)$ 内严格单调增加.

例 2.47 证明:(1) 当 $x\in\left(0,\dfrac{\pi}{2}\right)$ 时,$\tan x>x$; (2) 当 $x\in(0,1)$ 时,$e^{2x}<\dfrac{1+x}{1-x}$.

证 (1) 令 $f(x)=\tan x-x$,则 $f(x)$ 在 $\left[0,\dfrac{\pi}{2}\right)$ 上连续,且

$$f'(x)=\sec^2 x-1=\tan^2 x>0, x\in\left(0,\frac{\pi}{2}\right),$$

故 $f(x)$ 在 $\left[0,\dfrac{\pi}{2}\right)$ 上严格单调增加. 又 $f(0)=0$, 于是在 $\left(0,\dfrac{\pi}{2}\right)$ 内 $f(x)>f(0)$, 即

$$f(x)=\tan x-x>0,\ x\in\left(0,\dfrac{\pi}{2}\right).$$

故原不等式成立.

（2）只需证明

$$1+x>(1-x)\mathrm{e}^{2x}\quad(0<x<1).$$

令 $f(x)=1+x-(1-x)\mathrm{e}^{2x}$, 则 $f(x)$ 在 $[0,1)$ 上二阶可导, 且

$$f'(x)=1-(1-2x)\mathrm{e}^{2x},\quad f''(x)=4x\mathrm{e}^{2x}.$$

由于在 $(0,1)$ 内 $f''(x)>0$, 故 $f'(x)$ 在 $[0,1)$ 内严格单调增加, 从而对任意 $x\in(0,1)$, 有

$$f'(x)>f'(0)=0.$$

由此可知 $f(x)$ 在 $[0,1)$ 内严格单调增加, 故有 $f(x)>f(0)=0$, 即

$$1+x>(1-x)\mathrm{e}^{2x},\ x\in(0,1).$$

因此原不等式成立.

2.7.2　函数的极值及其求法

设函数 $y=f(x)$ 的图像如图 2.8 所示. 在 $x=x_1$ 处图像出现"峰", 即点 x_1 处的函数值比点 x_1 两侧附近各点的函数值都要大; 在 $x=x_2$ 处图像出现"谷", 即点 x_2 处的函数值比点 x_2 两侧附近各点的函数值都要小. 这种局部的最大值与最小值在应用上有重要的意义, 下面我们给出一般性的定义:

定义 2.3　设函数 $f(x)$ 在区间 (a,b) 内有定义, $x_0\in(a,b)$. 如果存在着 x_0 的一个邻域, 对于这个邻域内的任何点 x（除了点 x_0 外）, $f(x)<f(x_0)$ 均成立, 就称 $f(x_0)$ 是函数 $f(x)$ 的一个**极大值**; 如果存在着 x_0 的一个邻域, 对于这个邻域内的任何点 x（除了 x_0 外）, $f(x)>f(x_0)$ 均成立, 就称 $f(x_0)$ 是函数的一个**极小值**.

$f(x)$ 的极大值与极小值统称为 $f(x)$ 的**极值**, 使 $f(x)$ 取得极值的点 x_0 称为 $f(x)$ 的**极值点**.

说明: 函数的极大（小）值与最大（小）值是有区别的, 函数的极值是局部性概念, 而最大值与最小值是整体性概念. 函数的极值是局部范围内的最大和最小, 而最大值与最小值是对整个定义域而言的.

求极值的关键是找出极值点. 在图 2.8 中看到, 在极值点处曲线的切线是水平的, 这表明在极值点处的导数等于零. 一般来说, 有如下结论:

定理 2.15（费马[①]**定理**）　设函数 $f(x)$ 在点 x_0 处可导, 且在 x_0 处取得极值, 则

$$f'(x_0)=0.$$

证　不妨假设 $f(x)$ 在 x_0 处取得极大值, 根据极大值的定义, 在 x_0 的某个邻域内, 对于任何 x, 除了 x_0 外, $f(x)<f(x_0)$ 均成立. 于是:

当 $x<x_0$ 时, $\dfrac{f(x)-f(x_0)}{x-x_0}>0$, 因此 $f'(x_0)=\lim\limits_{x\to x_0^-}\dfrac{f(x)-f(x_0)}{x-x_0}\geqslant 0$;

[①]　费马（P. de Fermat）, 1601—1665, 法国数学家.

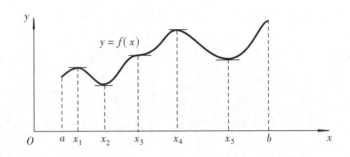

图 2.8

当 $x>x_0$ 时,$\dfrac{f(x)-f(x_0)}{x-x_0}<0$,因此 $f'(x_0)=\lim\limits_{x\to x_0^+}\dfrac{f(x)-f(x_0)}{x-x_0}\leqslant 0$.

从而得到

$$f'(x_0)=0.$$

使导数 $f'(x)$ 为零的点称为函数 $f(x)$ 的**驻点**. 定理 2.15 告诉我们,可导函数的极值点必定是它的驻点. 但反过来,函数的驻点却不一定是极值点. 例如,$f(x)=x^3$,则 $x=0$ 是 $f(x)=x^3$ 的一个驻点,但不是 $f(x)$ 的极值点. 因此,当我们求出函数的驻点以后,还应当判定它是不是极值点. 这通常可用下面两个充分条件来判定.

定理 2.16(第一充分条件) 设函数 $f(x)$ 在 x_0 的某邻域 $U(x_0,\delta)$ 内可导,且

$$f'(x_0)=0.$$

(1) 若当 $x_0-\delta<x<x_0$ 时,$f'(x)>0$;当 $x_0<x<x_0+\delta$ 时,$f'(x)<0$,则 $f(x)$ 在 x_0 处取得极大值$f(x_0)$.

(2) 若当 $x_0-\delta<x<x_0$ 时,$f'(x)<0$;当 $x_0<x<x_0+\delta$ 时,$f'(x)>0$,则 $f(x)$ 在 x_0 处取得极小值$f(x_0)$.

(3) 若 $f'(x)$ 在 x_0 的左右两侧不变号,则 $f(x)$ 在 x_0 处不能取得极值.

证 (1) 由条件知,$f(x)$ 在 $x_0-\delta<x\leqslant x_0$ 内严格单增,在 $x_0\leqslant x<x_0+\delta$ 内严格单减,故

$$f(x)<f(x_0),\ x\in \mathring{U}(x_0,\delta).$$

所以 $f(x)$ 在 x_0 处取得极大值 $f(x_0)$.

类似证明(2)与(3).

由定理的证明过程易见,当 $f(x)$ 在点 x_0 处连续但不可导时,仍可用点 x_0 两侧邻近的一阶导数异号判断极值的存在.

定理 2.15 与定理 2.16 为我们提供了确定函数极值的一种方法,步骤如下:

(1) 求出函数 $f(x)$ 在所讨论区间内的所有驻点与不可导点;

(2) 考察导函数 $f'(x)$ 在各驻点与不可导点左右两侧符号的变化,判定它们是否为极值点,是极大值点还是极小值点;

(3) 求出 $f(x)$ 的极值.

例 2.48 求函数 $f(x)=\sqrt[3]{6x^2-x^3}$ 的极值.

解 $f(x)$ 的定义域为 $(-\infty,+\infty)$,且

$$f'(x) = \frac{4-x}{\sqrt[3]{x} \cdot \sqrt[3]{(6-x)^2}}.$$

于是 $f'(x)=0$ 的根(即驻点)为 $x=4$,不可导点为 $x=0$ 及 $x=6$.

$f'(x)$ 在驻点及不可导点两侧符号的变化可由下表给出.

x	$(-\infty,0)$	0	$(0,4)$	4	$(4,6)$	6	$(6,+\infty)$
$f'(x)$	$-$	∞	$+$	0	$-$	∞	$-$
$f(x)$	↘	极小	↗	极大	↘	非极值点	↘

$f(x)$ 的极大值为 $f(x)|_{x=4}=2\sqrt[3]{4}$,$f(x)$ 的极小值为 $f(x)|_{x=0}=0$.

若函数 $f(x)$ 的导数比较复杂,不易确定它在驻点左右的符号,而函数 $f(x)$ 在驻点处二阶可导,则可用下面另一个充分条件来判定极值.

定理 2.17(第二充分条件)　设 $f(x)$ 在 x_0 处二阶可导,并且 $f'(x_0)=0$,$f''(x_0)\neq0$,则当 $f''(x_0)>0$ 时,$f(x)$ 在 x_0 处取得极小值;当 $f''(x_0)<0$ 时,$f(x)$ 在 x_0 处取得极大值.

证　仅证 $f''(x_0)>0$ 的情况,$f''(x_0)<0$ 的情况留给读者.

由 $f''(x_0)>0$,按二阶导数的定义有

$$f''(x_0)=\lim_{x \to x_0}\frac{f'(x)-f'(x_0)}{x-x_0}>0,$$

由极限的保号性质可知,在 x_0 的足够小的邻域内且 $x\neq x_0$ 时,

$$\frac{f'(x)-f'(x_0)}{x-x_0}>0.$$

但 $f'(x_0)=0$,所以上式可写成

$$\frac{f'(x)}{x-x_0}>0.$$

这说明,对于 x_0 的这个邻域内的不同于 x_0 的 x 来说,$f'(x)$ 与 $x-x_0$ 符号相同. 因此,当 $x-x_0<0$ 即 $x<x_0$ 时,$f'(x)<0$;当 $x-x_0>0$ 即 $x>x_0$ 时,$f'(x)>0$. 根据第一充分条件,$f(x)$ 在 x_0 处取得极小值.

定理 2.17 为我们提供了确定函数的极值的第二种办法,步骤是:

(1) 求出 $f'(x)$ 与 $f''(x)$,并求出 $f(x)$ 在所考虑区间内的所有驻点;

(2) 考察 $f''(x)$ 在各驻点处的符号,判定它们是否为极值点,是何种极值点;

(3) 求出 $f(x)$ 的极值.

例 2.49　求函数 $f(x)=\sin x+\cos x$ 的极值.

解　由于 $f(x)$ 是以 2π 为周期的周期函数,因此,我们只考察 $f(x)$ 在一个周期 $[0,2\pi]$ 内的情况.

$$f'(x)=\cos x-\sin x;$$
$$f''(x)=-(\sin x+\cos x).$$

令 $f'(x)=0$,可解得在 $[0,2\pi]$ 内的驻点为 $x=\dfrac{\pi}{4}$,$x=\dfrac{5\pi}{4}$.

由于 $f''\left(\dfrac{\pi}{4}\right)=-\sqrt{2}<0$,所以 $x=\dfrac{\pi}{4}$ 为 $f(x)$ 的极大值点;又由于 $f''\left(\dfrac{5\pi}{4}\right)=\sqrt{2}>0$,所以 $x=\dfrac{5\pi}{4}$ 为 $f(x)$ 的极小值点.

于是得到 $f(x)$ 的极大值为 $f(x)\big|_{x=\frac{\pi}{4}}=\sqrt{2}$，极小值为 $f(x)\big|_{x=\frac{5\pi}{4}}=-\sqrt{2}$.

最后指出，当 $f''(x_0)=0$ 时定理 2.17 失效. 即当 $f'(x_0)=0$，$f''(x_0)=0$ 时，$f(x)$ 在 x_0 处可能取得极值，也可能不能取得极值. 例如，函数 $f(x)=x^3$ 和 $f(x)=x^4$ 在点 $x=0$ 处的一阶、二阶导数均为零，但在该点一个不取得极值，一个取得极值.

2.7.3　函数的最大值与最小值及其应用

在许多科学领域中，经常提出在一定条件下用料最省、成本最低、时间最少、效益最高等问题，这类问题称为最优化问题. 在数学上，它们常常归结为求一个函数（称为目标函数）的最大值与最小值问题（简称为最值问题）. 在这一节中，我们先从纯数学问题入手，研究最值的求法，然后介绍一些实例.

根据闭区间上连续函数的性质可知，连续函数在闭区间上一定能取到最值. 所以，若 $f(x)\in C[a,b]$，由极值的概念，$f(x)$ 在 $[a,b]$ 上取得最大（小）值的点只能是：

（1）$f(x)$ 在 (a,b) 内的极值点，而极值点出现在 $f(x)$ 的驻点与 $f(x)$ 的不可导点处；

（2）区间 $[a,b]$ 的端点.

因此，我们只要求出 $f(x)$ 在 $[a,b]$ 上的所有驻点和不可导点，并将 $f(x)$ 在这些点处的函数值与端点处的函数值 $f(a)$ 及 $f(b)$ 加以比较，就可得到 $f(x)$ 在闭区间 $[a,b]$ 上的最大值与最小值.

对于开区间（有限或无限）而言，一般说来，函数 $f(x)$ 不一定能取到最大值或最小值. 但是，若 $f(x)$ 在这个区间上可导且只有一个驻点 x_0，并且 x_0 又是 $f(x)$ 的极值点，则当 $f(x_0)$ 为极大值[在几何上曲线呈单峰状见图 2.9(a)]时，$f(x_0)$ 就是 $f(x)$ 在该区间上的最大值；当 $f(x_0)$ 为极小值[在几何上曲线呈单谷状见图2.9(b)]时，$f(x_0)$ 就是 $f(x)$ 在该区间上的最小值.

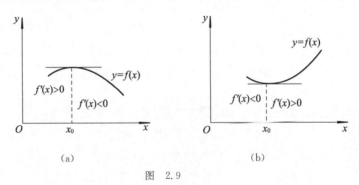

(a)　　　　　　　　　　(b)

图　2.9

例 2.50　求函数 $y=2x^3+3x^2-12x+14$ 在闭区间 $[-3,4]$ 上的最大值与最小值.

解　由于
$$f'(x)=6x^2+6x-12=6(x+2)(x-1),$$
解方程 $f'(x)=0$ 得 $f(x)$ 在 $[-3,4]$ 上的驻点为 $x_1=-2,x_2=1$. 由于
$$f(-3)=23,\ f(-2)=34,\ f(1)=7,\ f(4)=142.$$
比较可得所求最大值为 $f(4)=142$，最小值为 $f(1)=7$.

例 2.51　求函数 $f(x)=x^p+(1-x)^p\ (p>1)$ 在区间 $[0,1]$ 上的最大值或最小值，并证明不等式
$$\frac{1}{2^{p-1}}\leqslant x^p+(1-x)^p\leqslant 1\quad(x\in[0,1],p>1).$$

解　由于
$$f'(x) = px^{p-1} - p(1-x)^{p-1},$$

解方程 $f'(x) = 0$，得 $f(x)$ 在 $[0,1]$ 上的驻点 $x = \dfrac{1}{2}$. 由于
$$f\left(\frac{1}{2}\right) = 2^{1-p}, \quad f(0) = 1, \quad f(1) = 1.$$

比较可知，$f(x)$ 在 $[0,1]$ 上的最大值为 1，最小值为 2^{1-p}. 根据最大值与最小值的含义，可得不等式
$$2^{1-p} \leqslant x^p + (1-x)^p \leqslant 1 \quad (x \in [0,1], p > 1).$$

例 2.52　要制造一个粮食储存器，其下部为圆柱形，顶部为半球形. 设粮食只能储存在圆柱形部分. 又设用来制造圆柱形部分的材料的单价为 c（元/m^2），半球形部分的单价为 $2c$（元/m^2）. 规定储存器储存容量为 a（m^3）. 问如何选取圆柱形的尺寸使造价最低.

解　记圆柱形的高和半径为 h 和 r，则储存器的表面积为
$$S = 2\pi rh + \pi r^2 + 2\pi r^2,$$

材料的造价为
$$C = (2\pi rh + \pi r^2)c + (2\pi r^2)2c.$$

根据题意必须有 $\pi r^2 h = a$，即有 $h = \dfrac{a}{\pi r^2}$，代入上式可得目标函数
$$C = \frac{2ca}{r} + 5\pi c r^2 \quad (0 < r < +\infty).$$

现在的问题就是求目标函数的最小值问题. 因为
$$\frac{\mathrm{d}C}{\mathrm{d}r} = \frac{-2ca}{r^2} + 10\pi cr.$$

令 $\dfrac{\mathrm{d}C}{\mathrm{d}r} = 0$，得驻点 $r = \left(\dfrac{a}{5\pi}\right)^{\frac{1}{3}}$. 由于 C 为可导函数，且只有一个驻点，并且所求问题的最小值一定存在. 由此可知，当 $r = \left(\dfrac{a}{5\pi}\right)^{\frac{1}{3}}$ 时 C 取得最小值，此时
$$h = \left(\frac{25a}{\pi}\right)^{\frac{1}{3}},$$

而
$$\frac{h}{r} = \frac{\left(\dfrac{25a}{\pi}\right)^{\frac{1}{3}}}{\left(\dfrac{a}{5\pi}\right)^{\frac{1}{3}}} = 5.$$

所以，当 $h = 5r$ 时造价最小.

在应用问题中，如遇到在某区间内部只有一个驻点 x_0，且按题意能肯定在区间内部所求的最大（或最小）值一定存在，那么，不必检验就能肯定 $f(x_0)$ 就是所求的最大值（或最小值）.

例 2.53　把一根直径为 d 的圆木锯成截面为矩形的梁（见图 2.10）. 问如何选择矩形截面的尺寸，才能使梁的抗弯截面模量最大？

解　由力学知识可知：矩形梁的抗弯截面模量为
$$W = \frac{1}{6}bh^2,$$

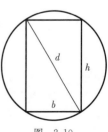

图 2.10

其中 b 和 h 为矩形截面的宽和高. 由于 $h^2 = d^2 - b^2$, 因此可得目标函数

$$W = \frac{1}{6}(d^2 b - b^3) \quad b \in (0, d).$$

于是, 所求问题就转化为求目标函数 W 在区间 $(0, d)$ 内的最大值问题.

$$W' = \frac{1}{6}(d^2 - 3b^2).$$

解方程 $W' = 0$ 可得在 $(0, d)$ 内的驻点 $b = \sqrt{\dfrac{1}{3}} d$. 由于梁的最大抗弯截面模量一定存在,

而且在 $(0, d)$ 内取得, 并且只有唯一的可能极值点. 所以, 当 $b = \sqrt{\dfrac{1}{3}} d$ 时, W 的值最大, 此时

$h = \sqrt{\dfrac{2}{3}} d$. 于是, 当 $d : h : b = \sqrt{3} : \sqrt{2} : 1$ 时, W 取得最大值.

2.7.4 曲线的凹凸性及拐点

前面研究了函数的单调性和极值, 但这还不能完全反映函数的性态. 如图 2.11 所示的两条曲线弧, 虽然它们都是单调上升的, 但图形却明显不同. ACB 是向上凸的曲线, ADB 则是向上凹的曲线, 显然它们的凹凸性是不同的. 下面研究曲线的凹凸性及其判定方法.

从几何上看, 在有些曲线弧上, 连接任意两点的弦总位于这两点间的弧段的上方 [见图 2.12(a)], 而有些曲线弧则正好相反, 连接任意两点的弦总位于这两点间的弧段的下方 [见图 2.12(b)]. 因此, 曲线的凹凸性可以用连接曲线弧上任意两点的弦的中点与曲线弧上相应点的位置关系来定义.

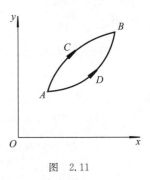

图 2.11

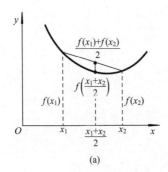

(a)

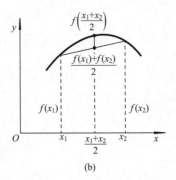

(b)

图 2.12

定义 2.4 设函数 $y = f(x)$ 在区间 I 连续, 若对任意的 $x_1, x_2 \in I (x_1 \neq x_2)$, 恒有

$$f\left(\frac{x_1 + x_2}{2}\right) < \frac{f(x_1) + f(x_2)}{2},$$

则称曲线 $y = f(x)$ 在区间 I 上是**凹的**; 若不等式的不等号反向, 即

$$f\left(\frac{x_1 + x_2}{2}\right) > \frac{f(x_1) + f(x_2)}{2},$$

则称曲线 $y = f(x)$ 在区间 I 上是**凸的**.

凹 (凸) 曲线对应的区间称为**凹 (凸) 区间**.

显然,用定义判断函数图像的凹凸性通常是比较困难的. 下面,给出一个用函数的二阶导数判断函数图像(即曲线)凹凸性的定理.

> **定理 2.18(判断曲线凹凸)** 设函数 $y=f(x)$ 在区间 I 上具有二阶导数.
> (1)若在 I 上 $f''(x)>0$,则曲线 $y=f(x)$ 在区间 I 上是凹的;
> (2)若在 I 上 $f''(x)<0$,则曲线 $y=f(x)$ 在区间 I 上是凸的.

证 (1) 任取 $x_1,x_2 \in I$, $x_1<x_2$,记 $x_0=\dfrac{x_1+x_2}{2}$,$x_2-x_0=x_0-x_1=h$,则由拉格朗日中值定理,得

$$f(x_0)-f(x_1)=f'(x_0-\theta_1 h)h,$$
$$f(x_2)-f(x_0)=f'(x_0+\theta_2 h)h,$$

其中 $0<\theta_1$,$\theta_2<1$. 两式相减,得

$$f(x_1)+f(x_2)-2f(x_0)=[f'(x_0+\theta_2 h)-f'(x_0-\theta_1 h)]h.$$

对 $f'(x)$ 在 $[x_0-\theta_1 h,x_0+\theta_2 h]$ 上再利用拉格朗日中值定理,得

$$f'(x_0+\theta_2 h)-f'(x_0-\theta_1 h)=f''(\xi)(\theta_1+\theta_2)h^2,$$

其中 $x_0-\theta_1 h<\xi<x_0+\theta_2 h$. 由题设条件知 $f''(\xi)>0$,则有

$$f(x_1)+f(x_2)-2f(x_0)>0,$$

即

$$\frac{f(x_1)+f(x_2)}{2}>f(x_0)=f\left(\frac{x_1+x_2}{2}\right)$$

所以,曲线 $y=f(x)$ 在区间 I 上是凹的.

类似的可以证明(2).

例 2.54 判断下列曲线的凹凸性:

(1) $y=\ln x$ $(x>0)$;　　　　　　　(2) $y=x^3$.

解 (1) 因为 $y'=\dfrac{1}{x}$, $y''=-\dfrac{1}{x^2}<0$ $(x>0)$,所以,曲线在 $(0,+\infty)$ 上是凸的.

(2) $y'=3x^2$, $y''=6x$. 当 $x<0$ 时,$y''<0$,曲线在 $(-\infty,0)$ 内是凸的;当 $x>0$ 时,$y''>0$,曲线在 $(0,+\infty)$ 内是凹的.

例 2.54(2)中,点 $(0,0)$ 是曲线 $y=x^3$ 凹凸性改变的临界点,通常称它为拐点.

> **定义 2.5** 若连续曲线 $y=f(x)$ 在点 $(x_0,f(x_0))$ 两侧的凹凸性发生改变,则称点 $(x_0,f(x_0))$ 是曲线的**拐点**.

由拐点定义及定理 2.18 给出用二阶导数符号判断拐点的方法.

> **定理 2.19(判断拐点)** 若函数 $f(x)$ 在 x_0 连续或 $f''(x_0)=0$,则当 $f''(x)$ 在 x_0 两侧异号时,$(x_0,f(x_0))$ 是曲线 $y=f(x)$ 的拐点.

需要强调的是:当 $f''(x_0)=0$ 时,$(x_0,f(x_0))$ 未必是曲线 $y=f(x)$ 的拐点,如函数 $f(x)=x^4$ 在 $x_0=0$ 处二阶导数为零,但 $(0,0)$ 不是拐点;另外,函数的一阶或二阶导数不存在的连续点也可能对应着拐点,例如,函数 $f(x)=\sqrt[3]{x}$,$f(x)=\sqrt[3]{x^5}$ 在 $x=0$ 点处的一阶导数和二阶导数分别不存在,但点 $(0,0)$ 是它们的拐点(见图 2.13). 因此,可以按照下述步骤求曲线 $y=f(x)$ 的拐点:

(1) 求 $f''(x)$,并求方程 $f''(x)=0$ 的所有根 $x_i(i=1,$ $2,\cdots,n)$;

(2) 考察 $f''(x)$ 在 x_i 左右两侧的符号,若变号,则 $(x_i,$ $f(x_i))$ 是拐点,否则就不是拐点;

(3) 对使 $f'(x)$ 或 $f''(x)$ 不存在但使 $f(x)$ 连续的点 x_0,同样也考察其左右两侧 $f''(x)$ 的符号,若变号,则点 $(x_0,f(x_0))$ 是拐点,否则就不是拐点.

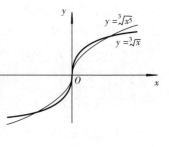

图　2.13

2.7.5　函数图像的描绘

前面已经利用导数对函数的性态进行了很好的研究.

我们知道,借助于函数的一阶导数的符号,可以判定曲线的上升与下降和函数的极值;借助于函数的二阶导数的符号,可以判定曲线的凹凸性和拐点.函数的这些鲜明的几何特征为我们准确地描绘出函数的图像打下了良好的基础.

函数作图的具体步骤可归纳如下:

(1) 确定函数 $y=f(x)$ 的定义域、间断点、奇偶性与周期性.

(2) 求出 $f'(x)$ 及 $f''(x)$,并在函数的定义域内求出方程 $f'(x)=0$ 和 $f''(x)=0$ 的所有实根,利用这些根以及 $f(x)$ 的间断点和导数不存在的点,将定义域划分成若干个子区间.

(3) 确定在这些子区间内 $f'(x)$ 和 $f''(x)$ 的符号,并由此确定函数图像的升降和凹凸性、极值点和拐点(通常用制表的方式给出).

(4) 确定函数图像的渐近线及其他变化趋势.

(5) 算出 $f'(x)=0$ 和 $f''(x)=0$ 的根所对应的函数值,定出图像上相应的点.为了把图像描绘得准确些,有时还要补充一些点.

例 2.55　作函数 $f(x)=e^{-x^2}$ 的图像.

解　(1)函数的定义域为 $(-\infty,+\infty)$.因为函数为偶函数,所以只要讨论在 $[0,+\infty)$ 内的情况就够了.

(2) 求函数的一、二阶导数,得

$$f'(x)=-2xe^{-x^2},\quad f''(x)=2(2x^2-1)e^{-x^2}.$$

令 $f'(x)=0$,在右半区间 $[0,+\infty)$ 上得 $x=0$;

令 $f''(x)=0$,在右半区间 $[0,+\infty)$ 上得 $x=\dfrac{1}{\sqrt{2}}$.

(3) 列表确定函数的单调性、极值,曲线的凹凸性、拐点.

x	0	$\left(0,\dfrac{1}{\sqrt{2}}\right)$	$\dfrac{1}{\sqrt{2}}$	$\left(\dfrac{1}{\sqrt{2}},+\infty\right)$
$f'(x)$	0	$-$	$-$	$-$
$f''(x)$	$-$	$-$	0	$+$
$f(x)$	极大值 1	↘ 曲线凸	拐点 $\left(\dfrac{1}{\sqrt{2}},\dfrac{1}{\sqrt{e}}\right)$	↘ 曲线凹

(4) 由于 $\lim\limits_{x\to+\infty}e^{-x^2}=0$,故 $y=0$ 为一条水平渐近线,且任意 $x\in[0,+\infty)$,$e^{-x^2}>0$,故函数图像在 x 轴上方.

根据以上讨论,就可画出函数在$[0,+\infty)$上的图像,利用对称性,便可得到函数在$(-\infty,0]$上的图像(见图 2.14).

该函数的图像称为**高斯(Gauss)曲线**.

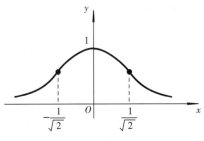

图 2.14

例 2.56 作函数 $f(x)=\dfrac{x^3}{(x+1)^2}$ 的图像.

解 (1) 函数 $f(x)$ 的定义域为 $x\neq-1$.

(2) 求函数的一、二阶导数,得

$$f'(x)=\frac{x^2(x+3)}{(x+1)^3},\qquad f''(x)=\frac{6x}{(x+1)^4}.$$

解方程 $f'(x)=0$ 得 $x=0,x=-3$; 解方程 $f''(x)=0$ 得 $x=0$.

(3) 列表确定函数的单调性、极值,曲线的凹凸性、拐点.

x	$(-\infty,-3)$	-3	$(-3,-1)$	$(-1,0)$	0	$(0,+\infty)$
$f'(x)$	$+$	0	$-$	$+$	0	$+$
$f''(x)$	$-$	$-$	$-$	$-$	0	$+$
$f(x)$	↗ 曲线凸	极大值 $-\dfrac{27}{4}$	↘ 曲线凸	↘ 曲线凸	拐点 $(0,0)$	↗ 曲线凹

(4) 由于 $\lim\limits_{x\to-1}f(x)=-\infty$,所以 $x=-1$ 是一条铅垂渐近线.

设 $y=ax+b$ 为曲线 $y=f(x)$ 的斜渐近线,故

$$a=\lim_{x\to\infty}\frac{f(x)}{x}=\lim_{x\to\infty}\frac{x^2}{(x+1)^2}=1;$$

$$b=\lim_{x\to\infty}[f(x)-ax]$$
$$=\lim_{x\to\infty}\left[\frac{x^3}{(x+1)^2}-x\right]$$
$$=-2.$$

所以,$y=x-2$ 为所求斜渐近线.

根据以上讨论,画出函数图像(见图 2.15).

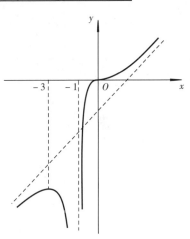

图 2.15

习 题 2.7

1. 证明下列不等式:

(1) $x>\ln(1+x)$ $(x>0)$;

(2) $x\geqslant\ln(1+x)$ $(x>-1)$;

(3) $\sin x+\tan x>2x$ $\left(0<x<\dfrac{\pi}{2}\right)$;

(4) $2^x>x^2$ $(x>4)$;

(5) $1+\dfrac{1}{2}x>\sqrt{1+x}$ $(x>0)$;

(6) $1+x\ln(x+\sqrt{1+x^2})>\sqrt{1+x^2}$ $(x>0)$.

2. 试证方程 $\sin x=x$ 只有一个实根.

3. 求下列函数的单调区间与极值:

(1) $f(x)=x-\ln(1+x^2)$;　　　　　　(2) $f(x)=x^{\frac{2}{3}}-\sqrt[3]{x^2-1}$;

(3) $f(x)=\dfrac{(x+1)^{\frac{2}{3}}}{x-1}$;　　　　　　(4) $f(x)=\begin{cases}x^3 & \text{当 }x\geqslant0\\ \cos x-1 & \text{当 }-\pi\leqslant x<0.\\ -(x+2+\pi) & \text{当 }x<-\pi\end{cases}$

4. 求下列函数在给定区间上的最大值与最小值:

(1) $y=2x^3-3x^2$, $-1\leqslant x\leqslant4$;　　　　(2) $y=x+\sqrt{1-x}$, $-5\leqslant x\leqslant1$;

(3) $y=\sin^3 x+\cos^3 x$, $\dfrac{\pi}{6}\leqslant x\leqslant\dfrac{3\pi}{4}$;　　(4) $y=\max\{x^2,(1-x)^2\}$, $0\leqslant x\leqslant1$.

5. 试证明:如果函数 $y=ax^3+bx^2+cx+d$ 满足条件 $b^2-3ac<0$,则这个函数没有极值.

6. 试问 a 为何值时,函数 $f(x)=a\sin x+\dfrac{1}{3}\sin 3x$ 在 $x=\dfrac{\pi}{3}$ 处取得极值. 它是极大值还是极小值? 并求此极值.

7. 设 $f(x)=(x-x_0)^n g(x)$ $(n\in\mathbf{N})$,$g(x)$ 在 x_0 处连续,且 $g(x_0)\neq0$,问 $f(x)$ 在 x_0 处有无极值?

8. 试问函数 $y=x^2-\dfrac{54}{x}$ $(x<0)$ 在何处取得最小值?

9. 试问函数 $y=\dfrac{x}{x^2+1}$ $(x\geqslant0)$ 在何处取得最大值?

10. 有一铁路隧道的截面为矩形加半圆的形状(见图 2.16),截面面积为 a m². 问底宽 x 为多少时,才能使建造时所用的材料最省.

11. 在甲乙两城市间铺设铁路,如果两城市间为两种地质区,并设分界线为直线(见图2.17),在区域 I 内铁路造价为 c_1 元/km,在区域 II 内造价为 c_2 元/km. 城市甲和城市乙与直线的垂直距离分别为 b_1 km 和 b_2 km. 两城市间的水平距离为 a km,问 P 点应选在何处可使造价最低?

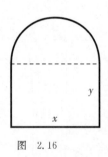

图　2.16

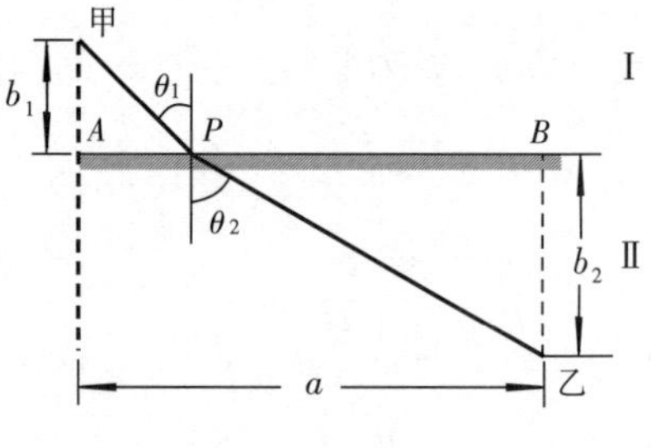

图　2.17

12. 设某银行中的总存款量与银行付给储户利率的二次方成正比,若银行以 20% 的年利率把总存款的 80% 贷出,问银行给储户支付的年利率定为多少时才能获得最大利润?

13. 已知轮船的燃料费与速度的三次方成正比,当速度为 10 km/h,燃料费为 80 元/h,其他费用为 480 元/h,问轮船的速度为多少时,才能使 20 km 航程的总费用最少? 此时每小时的总费用为多少?

14. 曲线 $y=4-x^2$ 与 $y=2x+1$ 相交于 A,B 两点,C 为弧段 AB 上的一点,问 C 点在何处时△ABC 的面积最大? 并求出此最大面积.

15. 求半径为 R 的球的外切正圆锥的最小体积.

16. 判定下列曲线的凹凸性及拐点:

(1) $y=x^3-5x^2+4x-1$;　　　　　(2) $y=xe^{-x}$;

(3) $y=\ln(1+x^2)$;　　　　　　　(4) $y=\dfrac{x}{1+x^2}$.

17. 求下列曲线的拐点:

(1) $x=t^2$, $y=3t+t^3$;　　　　　(2) $x=2a\tan\theta$, $y=2a\sin^2\theta$.

18. 确定曲线 $y=ax^3+bx^2+cx+d$ 中的 a,b,c,d，使点 $(-2,44)$ 为驻点，$(1,-10)$ 为拐点.

19. 证明曲线 $y=x\sin x$ 的拐点都在曲线 $y^2(x^2+4)=4x^2$ 上.

20. 求 k 值，使曲线 $y=k(x^2-3)^2$ 的拐点处的法线通过原点.

21. 设 $y=f(x)$ 在 $x=x_0$ 的某邻域内具有三阶连续导数，如果 $f'(x_0)=0$，$f''(x_0)=0$，而 $f'''(x_0)\neq 0$，试问 $x=x_0$ 是否为极值点？为什么？又 $(x_0,f(x_0))$ 是否为拐点？为什么？

22. 描绘下列函数的图像：

　　(1) $y=\dfrac{1}{5}(x^4-6x^2+8x+7)$；　　　　(2) $y=\dfrac{(x-3)^2}{4(x-1)}$；

　　(3) $y=\sqrt[3]{6x^2-x^3}$；　　　　　　　　　(4) $y=\ln(1+x^2)$.

2.8　弧微分　曲　率

在现代工程技术的许多问题中，不仅需要研究曲线的弯曲方向，同时还需要考虑曲线的弯曲程度，为此引入曲率的概念，给出曲率的计算公式，并介绍曲率圆和曲率半径的概念和计算. 作为预备知识，我们先介绍弧长的微分（简称为弧微分）的概念.

2.8.1　弧微分

首先规定曲线弧的正方向：设有一平面曲线弧，若曲线是以参数方程形式给出的，则规定当参变量增大时，曲线上对应的动点的运动方向就是曲线弧的正方向.

(1) 设光滑曲线弧由 $y=f(x)$ $(x\in[a,b])$ 给出，即 $f(x)$ 的导数连续. 以 x 为参变量，对应 x 增大的方向是曲线弧的正方向. 记 $x=a$ 对应的点为 A，$x=b$ 对应的点为 B（见图 2.18）. 对于此弧段上每一点 $M(x,y)$，记弧段 $\overparen{AM}$ 的长度为 s，则点 M 的横坐标 x 的函数 $s=s(x)$ 单调增加.

设 $x,x+\Delta x\in(a,b)$，对应曲线 $y=f(x)$ 上两点 M 和 N，且对应 x 的增量为 Δx，s 的增量为 Δs（见图 2.18），则 Δs 是弧段 $\overparen{MN}$ 的长度. 因为

$$\left(\frac{\Delta s}{\Delta x}\right)^2=\left(\frac{\overparen{MN}}{\Delta x}\right)^2=\left(\frac{|\overparen{MN}|}{|MN|}\right)^2\cdot\left(\frac{|MN|}{\Delta x}\right)^2=\left(\frac{|\overparen{MN}|}{|MN|}\right)^2\cdot\frac{(\Delta x)^2+(\Delta y)^2}{(\Delta x)^2}$$
$$=\left(\frac{|\overparen{MN}|}{|MN|}\right)^2\left[1+\left(\frac{\Delta y}{\Delta x}\right)^2\right],$$

所以，令 $\Delta x\to 0$，由 $\lim\limits_{\Delta x\to 0}\left|\dfrac{\overparen{MN}}{MN}\right|=1$，得 $\left(\dfrac{\mathrm{d}s}{\mathrm{d}x}\right)^2=1+\left(\dfrac{\mathrm{d}y}{\mathrm{d}x}\right)^2$.

再由 $s=s(x)$ 单增解得

$$\mathrm{d}s=\sqrt{1+\left(\frac{\mathrm{d}y}{\mathrm{d}x}\right)^2}\,\mathrm{d}x\quad(\mathrm{d}x>0)\qquad(2.9)$$

或

$$\mathrm{d}s=\sqrt{(\mathrm{d}x)^2+(\mathrm{d}y)^2}.\qquad(2.10)$$

称 $\mathrm{d}s$ 为**弧长的微分**（简称为弧微分）.

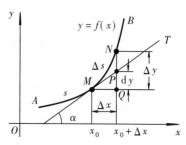

图　2.18

由式(2.10)可知，在几何上，$\mathrm{d}s=|MP|$，即弧微分 $\mathrm{d}s$ 等于 x 的改变量 $\Delta x(>0)$ 相对应的切线段 MP 的长度.

另外，由以上的讨论过程可知，当 $\Delta x\to 0$ 时，弧段长 Δs、弦长 $|MN|$ 及弧微分 $\mathrm{d}s$ 三者是等价无穷小，从而当 $|\Delta x|$ 很小时，可以用 $\mathrm{d}s$ 近似 Δs，即所谓的"以直代曲".

（2）设光滑曲线弧由参数方程 $\begin{cases} x=\varphi(t) \\ y=\psi(t) \end{cases}$ $(\alpha\leqslant t\leqslant\beta)$ 给出，所谓光滑即指 $x(t)$，$y(t)$ 在 $[\alpha,\beta]$ 上具有一阶连续导数，且 $[x'(t)]^2+[y'(t)]^2\neq0$. 则由式（2.10）得

$$\mathrm{d}s=\sqrt{[\varphi'(t)]^2+[\psi'(t)]^2}\,\mathrm{d}t \quad (\mathrm{d}t>0). \tag{2.11}$$

（3）设光滑曲线由极坐标式 $r=r(\theta)$ $(\alpha\leqslant\theta\leqslant\beta)$ 给出，则利用极坐标与直角坐标变换式将其化为参数式 $\begin{cases} x=r(\theta)\cos\theta \\ y=r(\theta)\sin\theta \end{cases}$ $(\alpha\leqslant\theta\leqslant\beta)$，代入式（2.11）并化简得

$$\mathrm{d}s=\sqrt{[r(\theta)]^2+[r'(\theta)]^2}\,\mathrm{d}\theta \quad (\mathrm{d}\theta>0). \tag{2.12}$$

2.8.2　曲率及其计算公式

在现代工程技术中，大量的问题需要研究曲线的弯曲程度. 例如，铁路桥梁，机床的转轴等，它们在荷载作用下要产生弯曲变形，在设计时必须对它们的弯曲有一定的限制，这就要定量地研究它们的弯曲程度. 为此，我们首先要讨论如何用数量来描述曲线的弯曲程度.

在图 2.19(a) 中我们看到，弧段 $\overset{\frown}{M_1M_2}$ 比较平直，当动点沿这段弧从 M_1 移动到 M_2 时，切线转过的角度（简称转角）$\Delta\alpha_1$ 不大，而弧段 $\overset{\frown}{M_2M_3}$ 弯曲得比较厉害，转角 $\Delta\alpha_2$ 就比较大. 因此，曲线弧的弯曲程度与转角的大小有关.

但是，转角的大小还不能完全反映曲线的弯曲程度. 事实上，从图 2.19(b) 中我们看到，两段曲线弧 $\overset{\frown}{M_1M_2}$ 及 $\overset{\frown}{N_1N_2}$ 尽管它们的转角相同，然而弯曲程度确不同，短弧段比长弧段弯曲得厉害. 由此可见，曲线的弯曲程度还与弧段的长度有关.

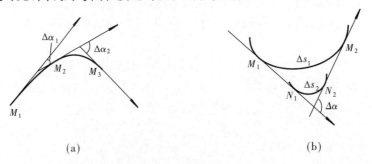

(a)   (b)

图　2.19

另外，对一般的曲线弧段来说，同一曲线弧段上各点的弯曲程度也是不同的，要确切地衡量曲线的弯曲程度，应该对曲线上每一点分别来考虑.

综上所述，我们可以给出描述曲线在一点处弯曲程度的量——曲率的确切定义.

定义 2.6　设曲线 L 上长为 σ 的弧段 $\overset{\frown}{AB}$ 的切线的转角为 ω（见图 2.20），称 $\bar{k}=\dfrac{\omega}{\sigma}$ 为弧段 $\overset{\frown}{AB}$ 的**平均曲率**. 如果当点 B 沿此曲线趋向于点 A 时，即当 $\sigma\to0$ 时平均曲率的极限存在，则称此极限为曲线 L 在点 A 处的**曲率**，记为 k. 即

$$k=\lim_{\sigma\to0}\frac{\omega}{\sigma},$$

则称 k 为曲线 L 在点 A 处的曲率.

例 2.57　一圆的半径为 a，求圆上任何一点处的曲率.

解　设 M 是圆周上任意一点，在圆上任取一段弧段 $\overset{\frown}{MM'}$（见图 2.21），弧段 $\overset{\frown}{MM'}$ 的切线的转角为 $\Delta\alpha$，其长度为 σ，显然 $\sigma=a\cdot\Delta\alpha$，于是弧段 $\overset{\frown}{MM'}$ 的平均曲率为

$$\bar{k}=\frac{\Delta\alpha}{\sigma}=\frac{\Delta\alpha}{\Delta\alpha\cdot a}=\frac{1}{a},$$

是一个常数. 因此，当 M' 沿圆弧趋向于点 M 时，点 M 处的曲率

$$k=\lim_{x\to 0}\bar{k}=\frac{1}{a}.$$

可见，半径为 a 的圆上任何一点处的曲率为 $\frac{1}{a}$，这表明：圆上每一点处的弯曲程度是一样的，并且圆的半径越小，圆的弯曲程度就越大，这与我们的直观认识是一致的.

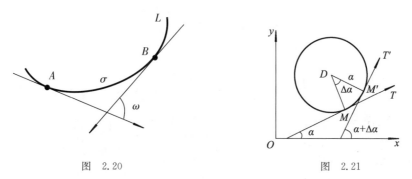

图　2.20　　　　　　　图　2.21

同样，对于直线段来说，切线与直线本身重合，当点沿直线移动时，切线的倾角不变（见图 2.22）. 故 $\Delta\alpha=0$，$\frac{\Delta\alpha}{\sigma}=0$，从而 $k=0$. 这就是说，直线上任意点处的曲率都等于零，这与我们直觉认识到的"直线不弯曲"是一致的.

很明显，利用定义 2.6 来计算曲线在某点处的曲率往往是很困难的. 下面，我们对曲率的概念进行更一般的研究，导出便于实际计算曲率的公式.

设曲线段 $\overset{\frown}{AB}$ 的方程为 $y=f(x)$，$f(x)$ 具有二阶导数. 曲线的正方向是曲线上点的横坐标 x 增大的方向（见图 2.23）. 以点 A 为计算弧长 s 的起点. 对于弧段 $\overset{\frown}{AB}$ 上任意一点 $M(x,y)$，设它与弧长的值 s 相对应，即 $s=\overset{\frown}{AM}$.

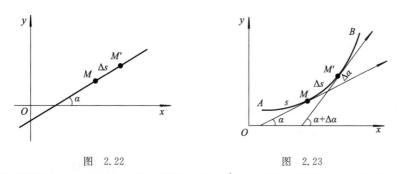

图　2.22　　　　　　　图　2.23

给 s 以任意增量 Δs，在弧段上就得到另一点 M'，它与弧长的值 $s+\Delta s$ 相对应，即：$s+\Delta s=\overset{\frown}{AM'}$. 于是弧段 $\overset{\frown}{MM'}$ 的长度为 $\sigma=|\Delta s|$. 在点 M 作曲线的切线，它的正向与曲线的正向相一致，记 α 为从正 x 轴转到此切线正向的角度，则由弧长 s 的值，就能确定切线的倾角 α 的值，故

α 是 s 的函数. 当 s 取得增量 Δs 时, α 就取得增量 $\Delta\alpha$, 过点 M' 的切线的倾角就是 $\alpha+\Delta\alpha$, 故弧段 $\overset{\frown}{MM'}$ 的切线的转角为

$$\omega=|\Delta\alpha|.$$

根据平均曲率的定义, 弧段 $\overset{\frown}{MM'}$ 的平均曲率为

$$\bar{k}=\frac{\omega}{\sigma}=\left|\frac{\Delta\alpha}{\Delta s}\right|.$$

当点 M' 沿曲线趋向于 M 时, $\Delta s\to0$, 即得曲线在点 M 处的曲率

$$k=\lim_{\sigma\to0}\bar{k}=\lim_{\Delta s\to0}\left|\frac{\Delta\alpha}{\Delta s}\right|=\left|\frac{d\alpha}{ds}\right|=\left|\frac{d\alpha}{dx}\cdot\frac{dx}{ds}\right|.$$

而由 $\dfrac{dy}{dx}=\tan\alpha$ 即 $\alpha=\arctan\dfrac{dy}{dx}$ 得

$$\frac{d\alpha}{dx}=\frac{1}{1+\left(\dfrac{dy}{dx}\right)^2}\cdot\frac{d^2y}{dx^2}=\frac{y''}{1+(y')^2}.$$

又

$$\frac{dx}{ds}=\frac{dx}{\sqrt{1+(y')^2}\,dx}=\frac{1}{\sqrt{1+(y')^2}}.$$

将以上两个结果代入 k 的表示式的右端, 得到曲率的计算公式为

$$k=\frac{|y''|}{[1+(y')^2]^{\frac{3}{2}}}. \tag{2.13}$$

例 2.58　求曲线 $y=ax^3(a>0)$ 在点 $(0,0)$ 处及点 $(1,a)$ 处的曲率.

解　由于 $y'=3ax^2$, $y''=6ax$, 所以, 代入曲率公式得

$$k=\frac{6a|x|}{(1+9a^2x^4)^{\frac{3}{2}}}.$$

故在点 $(0,0)$ 处, $k|_{x=0}=0$; 在点 $(1,a)$ 处, $k|_{x=1}=\dfrac{6a}{(1+9a^2)^{\frac{3}{2}}}$.

例 2.59　计算抛物线 $y=ax^2+bx+c$ 上任意点 (x,y) 处的曲率. 曲线上何处曲率最大?

解　将 $y'=2ax+b$, $y''=2a$ 代入曲率公式, 得

$$k=\frac{|2a|}{[1+(2ax+b)^2]^{\frac{3}{2}}}.$$

因为 k 的表达式的分子为常数, 所以只要分母最小, k 就最大. 容易看出, 当 $2ax+b=0$, 即 $x=-\dfrac{b}{2a}$ 时, k 的分母最小, 且最小值为 1, 此时 k 有最大值 $|2a|$. 而 $x=-\dfrac{b}{2a}$ 所对应的点恰为抛物线的顶点. 因此, 抛物线在顶点处的曲率最大.

2.8.3　曲率圆与曲率半径

设曲线 $y=f(x)$ 在点 $M(x,y)$ 处的曲率为 $k(k\neq0)$. 在点 M 处的曲线的法线上, 在凹的一侧取一点 D, 使 $|DM|=\dfrac{1}{k}=\rho$. 以 D 为圆心, ρ 为半径作圆(见图 2.24), 则称这个圆为曲线在点 M 处的**曲率圆**, 把曲率圆的圆心 O 称为曲线在点 M 处的**曲率中心**, 把曲率圆的半径 ρ 称为

曲线在 M 处的**曲率半径**.

按上述定义可知,曲率圆与曲线在点 M 处有相同的切线和曲率,且在点 M 邻近有相同的凹向. 因此,在实际工作中,常常用曲率圆上点 M 邻近的一段圆弧来近似代替曲线弧. 于是,就可以利用圆周运动的知识来分析这点处的曲线运动.

例如,质点 m 在曲线上一点的切线速度为 v,记曲线在此点的曲率半径为 R 时,则质点运动在此点处的向心加速度就是 $\dfrac{v^2}{R}$,向心力为 $\dfrac{v^2 m}{R}$.

火车在曲线轨道上运动时,为了避免轨道所受的离心力突然改变,应该要求轨道曲线具有连续变化的曲率. 如图 2.25 所示,上面的一个图,AB 是一条直线段,$\overset{\frown}{BC}$ 是圆弧段,此圆弧的半径为 r,在点 B 与直线 AB 相切. 这样 $\overset{\frown}{ABC}$ 是光滑的曲线,但是在 B 点处,曲率突然由 0 变到 $\dfrac{1}{r}$,因此在 B 点处离心力突然增大,就容易发生脱轨. 故这段曲线弧就不能作为轨道曲线. 在实际工作中,为了避免发生脱轨现象,可以如图 2.25 中下面的一个图,在直线的 B 点处接上一段缓和曲线,一般选用曲线 $y=ax^3 (a>0)$,由于这条曲线在 $(0,0)$ 处的曲率为 0,然后曲率逐渐增大,选择适当的常数 a,就能使这曲线的曲率逐渐增大到 $\dfrac{1}{r}$. 记曲线 $y=ax^3$ 上曲率为 $\dfrac{1}{r}$ 的点为 C,我们就可以在点 C 接上以 r 为半径的圆弧 $\overset{\frown}{CD}$,使这曲线 $y=ax^3$ 与圆弧在 C 点处相切,这样得到的曲线 $\overset{\frown}{ABCD}$ 不仅光滑,而且具有曲率的连续变化,就可以作为轨道曲线了.

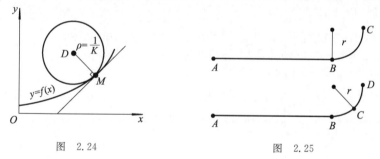

图　2.24　　　　　　　　　　　　　图　2.25

下面我们来推导曲率中心的计算公式:

设曲线方程为 $y=f(x)$,曲线上对应点 $M(x,y)$ 的曲率中心的坐标记为 $D(\alpha,\beta)$,则曲率圆的方程为

$$(\xi-\alpha)^2+(\eta-\beta)^2=\rho^2,$$

其中 ξ,η 是曲率圆上的动点坐标,且

$$\rho^2=\frac{1}{k^2}=\frac{[1+(y')^2]^3}{(y'')^2}.$$

因为点 $M(x,y)$ 在曲率圆上,所以

$$(x-\alpha)^2+(y-\beta)^2=\rho^2; \tag{2.14}$$

又因为曲线在点 M 处的切线与曲率圆的半径相垂直,所以

$$y'=-\frac{x-\alpha}{y-\beta}. \tag{2.15}$$

由式(2.14)、式(2.15)消去 $x-\alpha$,解出

$$(y-\beta)^2=\frac{\rho^2}{1+(y')^2}=\frac{[1+(y')^2]^2}{(y'')^2}.$$

由于 y'' 与 $y-\beta$ 异号(请读者推导),于是

$$y-\beta = -\frac{1+(y')^2}{y''}, \tag{2.16}$$

将式(2.16)代入式(2.15),又可得

$$x-\alpha = -y'(y-\beta) = \frac{y'[1+(y')^2]}{y''}.$$

所以曲率中心的坐标为

$$\begin{cases} \alpha = x - \dfrac{y'[1+(y')^2]}{y''} \\ \beta = y + \dfrac{1+(y')^2}{y''} \end{cases}. \tag{2.17}$$

习 题 2.8

1. 计算下列各曲线的弧微分:

    (1) $y = x\sin x$;

    (2) $y^2 = 2px$;

    (3) $\begin{cases} x = a(t-\sin t) \\ y = a(1-\cos t) \end{cases}$ $(a>0)$;

    (4) $\begin{cases} x = \dfrac{1+t}{t} \\ y = \dfrac{1-t}{t} \end{cases}$.

2. 求下列各曲线在指定处的曲率:

    (1) $y = 4x - x^2$ $(2,4)$;

    (2) $\begin{cases} x = a\cos^3 t \\ y = a\sin^3 t \end{cases}$ $(a>0)$ $t = t_0$.

3. 曲线 $y = \sin x$ $(0<x<\pi)$ 上哪一点处的曲率最小? 并求出该点处的曲率半径.

4. 对数曲线 $y = \ln x$ 上哪一点处的曲率最大? 求出该点处的曲率半径.

5. 求曲线 $y = \ln x$ 在点 $(1,0)$ 处的曲率圆方程.

6. 一飞机沿抛物线路径 $y = \dfrac{x^2}{1\,000}$(y 轴铅直向上,单位为 m)作俯冲飞行,在坐标原点 O 处飞机的速度为 $v = 200 \text{ m/s}$,飞行员体重 $G = 70 \text{ kg}$. 求飞机俯冲至最低点即原点 O 处时座椅对飞行员的反作用力.

综合习题 2

1. 在"充分"、"必要"和"充分必要"三者中选择一个正确的填入下列空格内:

    (1) $f(x)$ 在点 x_0 可导是 $f(x)$ 在点 x_0 连续的_____条件;

    (2) $f(x)$ 在点 x_0 的左导数 $f_-'(x_0)$ 及右导数 $f_+'(x_0)$ 都存在且相等是 $f(x)$ 在点 x_0 可导的_____条件;

    (3) $f(x)$ 在点 x_0 可微是 $f(x)$ 在点 x_0 可导的_____条件;

    (4) 设 $f(x)$ 可导,$F(x) = f(x)(1+\sin|x|)$,则 $f(0) = 0$ 是 $F'(0)$ 存在的_____条件.

2. 判断下列命题,若正确请给出证明,若不正确请举出反例:

    (1) 若函数 $f(x)$ 在 x_0 处可导,则 $f(x)$ 在 x_0 的某个小邻域内连续.

    (2) 若 $y = f(u)$ 在 u_0 处可导,$u = \varphi(x)$ 在 x_0 处不可导,$u_0 = \varphi(x_0)$. 则 $y = f(\varphi(x))$ 在 x_0 处一定不可导.

    (3) 设 $f(x)$ 在 $x = 0$ 处连续,且 $\lim\limits_{x \to 0} \dfrac{f(x)}{x}$ 存在,那么 $f(x)$ 在 $x = 0$ 处一定可导.

    (4) 若 $f(x)$ 在 x_0 处不可导,则曲线 $y = f(x)$ 在点 $(x_0, f(x_0))$ 处必无切线.

    (5) 初等函数在其定义域内必连续,在其定义区间内必可导.

    (6) 设 $f(x)$ 在 x_0 二阶可导,则点 $(x_0, f(x_0))$ 为曲线 $y = f(x)$ 的拐点的充分必要条件是 $f''(x_0) = 0$.

(7) 若 $f(x)$ 在 (a,b) 内可导且只有一个驻点,则该点必是最值点.

3. 选择题:

(1) 设 $\lim\limits_{x \to a} \dfrac{f(x) - f(a)}{(x-a)^2} = -1$,则在点 $x = a$ 处( ).

    (A) $f(x)$ 的导数存在;且 $f'(a) \neq 0$ (B) $f(x)$ 的导数不存在

    (C) $f(x)$ 取得极大值   (D) $f(x)$ 取得极小值

(2) 若 $f(x)$ 在 x_0 处可导,则 $|f(x)|$ 在 x_0 处( ).

    (A) 必可导   (B) 连续,但不一定可导

    (C) 一定不可导   (D) 不连续

(3) 设函数 $f(x)$ 在 $x = 0$ 处连续,下列命题错误的是( ).

    (A) 若 $\lim\limits_{x \to 0} \dfrac{f(x)}{x}$ 存在,则 $f(0) = 0$ (B) 若 $\lim\limits_{x \to 0} \dfrac{f(x) + f(-x)}{x}$ 存在,则 $f(0) = 0$

    (C) 若 $\lim\limits_{x \to 0} \dfrac{f(x)}{x}$ 存在,则 $f'(0)$ 存在   (D) 若 $\lim\limits_{x \to 0} \dfrac{f(x) - f(-x)}{x}$ 存在,则 $f'(0)$ 存在

(4) 设 $f(x)$ 与 $g(x)$ 都在 $x = a$ 处取得极大值,则 $f(x) \cdot g(x)$ 在 $x = a$ 处( ).

    (A) 必取得极大值   (B) 必取得极小值

    (C) 不可能取得极值   (D) 是否取得极值不能确定

(5) 当 $x \to 0^+$ 时,与 $\sqrt{x}$ 等价的无穷小量是( ).

    (A) $1 - e^{\sqrt{x}}$ (B) $\ln \dfrac{1+x}{1-\sqrt{x}}$

    (C) $\sqrt{1 + \sqrt{x}} - 1$ (D) $1 - \cos\sqrt{x}$

(6) 设 $f(x)$ 在 $x = a$ 处可导,则 $|f(x)|$ 在 $x = a$ 处不可导的充分条件是( ).

    (A) $f(a) = 0, f'(a) = 0$ (B) $f(a) = 0, f'(a) \neq 0$

    (C) $f(a) > 0, f'(a) > 0$ (D) $f(a) < 0, f'(a) < 0$

(7) 设 $f(0) = 0, f'(0)$ 存在的充要条件为( ).

    (A) $\lim\limits_{h \to 0} \dfrac{1}{h^2} f(1 - \cos h)$ 存在   (B) $\lim\limits_{h \to 0} \dfrac{1}{h} f(1 - e^h)$ 存在

    (C) $\lim\limits_{h \to 0} \dfrac{1}{h^2} f(h - \sin h)$ 存在   (D) $\lim\limits_{h \to 0} \dfrac{1}{h} [f(2h) - f(h)]$ 存在

(8) 已知 $f(x)$ 在 $x = 0$ 的某邻域内连续,$f(0) = 0$,$\lim\limits_{x \to 0} \dfrac{f(x)}{1 - \cos x} = 2$,则在 $x = 0$ 处,$f(x)$ 必( ).

    (A) 不可导   (B) 可导,$f'(0) \neq 0$

    (C) 取得极大值   (D) 取得极小值

(9) 设 $f(x)$ 的导数在 $x = a$ 处连续,又 $\lim\limits_{x \to a} \dfrac{f'(x)}{x - a} = -1$,则( ).

    (A) $f(x_0)$ 为极大值   (B) $f(x_0)$ 为极小值

    (C) $(x_0, f(x_0))$ 为曲线 $y = f(x)$ 的拐点   (D) 以上都不对

(10) 设 $f(x)$ 有二阶连续导数,且 $f'(0) = 0$,$\lim\limits_{x \to 0} \dfrac{f''(x)}{|x|} = 1$,则( ).

    (A) $f(0)$ 为极大值   (B) $f(0)$ 为极小值

    (C) $(0, f(0))$ 为曲线 $y = f(x)$ 的拐点   (D) 以上都不对

4. 填空题:

(1) $f(x) = (x^2 - x - 2)|x^3 - x|$ 有____个不可导点.

(2) $y = (2x - 1)e^{\frac{1}{x}}$ 的斜渐近线____.

(3) 曲线 $\begin{cases} x = e^t \sin 2t \\ y = e^t \cos t \end{cases}$ 在点 $(0,1)$ 处的法线____.

(4) $\rho = e^\theta$ 在 $(\rho,\theta) = \left(e^{\frac{\pi}{2}}, \dfrac{\pi}{2}\right)$ 处的切线____（直角坐标）.

5. 计算下列各题：

(1) $f(x) = x(x-1)(x-2)\cdots(x-1\,000)$，求 $f'(0)$；

(2) 设 $\varphi(x) = \begin{cases} x^2 \arctan \dfrac{1}{x} & 当 x \neq 0 \\ 0 & 当 x = 0 \end{cases}$，又函数 $f(x)$ 在点 $x = 0$ 处可导，求 $F(x) = f(\varphi(x))$ 在 $x = 0$

处的导数；

6. 设 $y = y(x)$ 由方程组 $\begin{cases} x = 3t^2 + 2t + 3 \\ e^y \sin t - y + 1 = 0 \end{cases}$ 所确定，求 $\left.\dfrac{d^2 y}{dx^2}\right|_{t=0}$.

7. 设 $\lim\limits_{x \to 0} \dfrac{\sin 6x + xf(x)}{x^3} = 0$，求 $\lim\limits_{x \to 0} \dfrac{6 + f(x)}{x^2}$.

8. 设 $f(x)$ 在 $(-\infty, +\infty)$ 内可导，且 $\lim\limits_{x \to \infty} f'(x) = e$，$\lim\limits_{x \to \infty} \left(\dfrac{x+c}{x-c}\right)^x = \lim\limits_{x \to \infty} [f(x) - f(x-1)]$，求 c.

9. 证明：若函数 $f(x)$ 在 $(-\infty, +\infty)$ 内满足关系式 $f'(x) = f(x)$，且 $f(0) = 1$，则 $f(x) = e^x$.

* 实际应用

案例 1　抛物镜面的聚光问题

　　探照灯、反射式天文望远镜以及日常生活中使用的手电筒，反光镜都采用所谓旋转抛物面，即抛物线绕对称轴旋转一周而成的曲面。这种反光镜有一个很好的光学特性，就是若把光源放在抛物线的焦点处，则光线经过镜面反射后能变成一束与对称轴平行的平行光，下面我们来证明这个性质.

　　考察抛物线所在平面并建立坐标系如图 2.26 所示。根据光学原理，光线的入射角应等于反射角，设入射角为 β_1，过点 P 作平行 x 轴的直线 PM，只要证明 $\beta_1 = \beta_2$，就说明 PM 是反射光线。为此，过 P 点作抛物线的切线 PT，这就只要证明 $\alpha_1 = \alpha_2$.

　　为简单起见，设抛物线的方程为 $y^2 = x$，它的焦点坐标为 $F\left(\dfrac{1}{4}, 0\right)$，仅考虑它的一支 $y = \sqrt{x}$. 设 $P(x,y)$ 是这支抛物线上任意一点。根据导数的几何意义，有

$$\tan \alpha_2 = \frac{dy}{dx} = (\sqrt{x})' = \frac{1}{2\sqrt{x}},$$

从而得

$$\alpha_2 = \arctan \frac{1}{2\sqrt{x}}.$$

又因为直线 FP 的斜率为

$$k = \frac{y-0}{x-\dfrac{1}{4}} = \frac{4y}{4x-1} = \tan \alpha,$$

于是

$$\tan \alpha_1 = \tan(\alpha - \alpha_2) = \frac{\tan \alpha - \tan \alpha_2}{1 - \tan \alpha \cdot \tan \alpha_2}$$

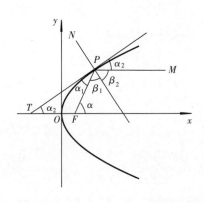

图　2.26

$$= \frac{\frac{4y}{4x-1} - \frac{1}{2\sqrt{x}}}{1 - \frac{4y}{4x-1} \cdot \frac{1}{2\sqrt{x}}} = \frac{1}{2\sqrt{x}}.$$

故

$$\alpha_1 = \arctan \frac{1}{2\sqrt{x}},$$

所以

$$\alpha_1 = \alpha_2.$$

案例 2　相关变化率问题

设有一深为 18 cm,顶部直径为 12 cm 的圆锥形漏斗装满水,下面接一直径为 10 cm 的圆柱形水桶(见图 2.6),水由漏斗流入桶内,当漏斗中水深为 12 cm,水面下降速度为 1 cm/s 时,求桶中水面上升的速度.

解　设在时刻 t 漏斗中水面的高度为 $h = h(t)$,此时截面圆的半径为 $r(t)$,桶中水面的高度为 $H = H(t)$.

(1)建立变量 $h(t)$ 与 $H(t)$ 之间的关系.

由于在任何时刻 t,漏斗中的水量与水桶中的水量之和应等于开始时装满漏斗的总水量,若设水的密度为 1,则有

$$\frac{\pi}{3} r^2(t) \cdot h(t) + \pi \cdot 5^2 \cdot H(t) = \frac{\pi}{3} \cdot 6^2 \cdot 18,$$

且由漏斗的形状得到关系式 $\frac{r(t)}{6} = \frac{h(t)}{18}$,解出 $r(t)$ 并代入上式,化简得到

$$\frac{1}{27} h^3(t) + 25H(t) = 6^3.$$

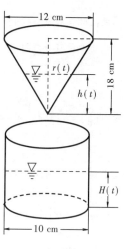

图　2.27

(2) 求 $\dfrac{\mathrm{d}h}{\mathrm{d}t}$ 与 $\dfrac{\mathrm{d}H}{\mathrm{d}t}$ 之间的关系.将上式两端对 t 求导得

$$\frac{h^2(t)}{9} \cdot h'(t) + 25H'(t) = 0,$$

于是

$$H'(t) = -\frac{h^2(t)}{9 \times 25} h'(t).$$

由已知条件:当 $h(t) = 12$ cm 时,$h'(t) = -1$ cm/s,代入上式得

$$H'(t) = -\frac{12^2}{9 \times 25} \times (-1) \text{ cm/s} = \frac{16}{25} \text{ cm/s}.$$

因此,当漏斗中水深为 12 cm,水面下降速度为 1 cm/s 时,桶中水面上升的速度为 $\dfrac{16}{25}$ cm/s.

案例 3　最值问题

设海岛 A_1 与陆上城市 A_2 到海岸线(假设为直线)的垂直距离分别为 b_1 km 与 b_2 km,它们之间的水平距离为 a km(见图 2.28),需要建立它们之间的运输线,如果轮船的航速为 v_1 km/h,陆上汽车的速度为 v_2 km/h $(v_1 > v_2)$.问转运站 P 设在海岸的何处才能使运输时间最短?

解　设 $MP = x$,则海上运输时间和陆上运输时间分别为

$$T_1 = \frac{1}{v_1} \sqrt{b_1^2 + x^2};$$

$$T_2 = \frac{1}{v_2} \sqrt{b_2^2 + (a-x)^2}.$$

因此,问题的目标函数为

$$T(x) = \frac{1}{v_1} \sqrt{b_1^2 + x^2} + \frac{1}{v_2} \sqrt{b_2^2 + (a-x)^2}$$

$$(0 \leqslant x \leqslant a).$$

下面求 $T(x)$ 的最小值，由于

$$\frac{\mathrm{d}T}{\mathrm{d}x} = \frac{1}{v_1}\frac{x}{\sqrt{b_1^2+x^2}} - \frac{1}{v_2}\frac{a-x}{\sqrt{b_2^2+(a-x)^2}},$$

$$\frac{\mathrm{d}^2 T}{\mathrm{d}x^2} = \frac{1}{v_1}\frac{b_1^2}{(b_1^2+x^2)^{3/2}} + \frac{1}{v_2}\frac{b_2^2}{[b_2^2+(a-x)^2]^{3/2}},$$

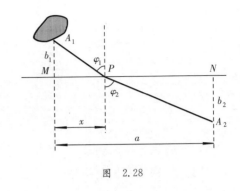

图 2.28

所以，在 $[0,a]$ 上，$\dfrac{\mathrm{d}^2 T}{\mathrm{d}x^2}>0$. 故 $\dfrac{\mathrm{d}T}{\mathrm{d}x}$ 严格单调增加，并且

$$\left.\frac{\mathrm{d}T}{\mathrm{d}x}\right|_{x=0} = -\frac{a}{v_2\sqrt{b_2^2+a^2}}<0,$$

$$\left.\frac{\mathrm{d}T}{\mathrm{d}x}\right|_{x=a} = \frac{a}{v_1\sqrt{b_1^2+a^2}}>0.$$

根据零点存在定理，必有唯一的 $\xi\in(0,a)$，使

$$\left.\frac{\mathrm{d}T}{\mathrm{d}x}\right|_{x=\xi} = 0.$$

根据驻点的唯一性和问题的实际情况，$T(x)$ 在 $[0,a]$ 内的最小值一定存在，从而 $x=\xi$ 即为最小值点.

此处由于直接求驻点 $x=\xi$(即解方程 $\dfrac{\mathrm{d}T}{\mathrm{d}x}=0$)比较麻烦，为此我们引入辅助角 φ_1 与 φ_2 易知

$$\sin\varphi_1 = \frac{x}{\sqrt{b_1^2+x^2}}; \qquad \sin\varphi_2 = \frac{a-x}{\sqrt{b_2^2+(a-x)^2}}.$$

于是，由 $\dfrac{\mathrm{d}T}{\mathrm{d}x}=0$ 可得 $\dfrac{1}{v_1}\sin\varphi_1 - \dfrac{1}{v_2}\sin\varphi_2 = 0$，即

$$\frac{\sin\varphi_1}{\sin\varphi_2} = \frac{v_1}{v_2}. \tag{2.18}$$

这就是说，P 点应设置在使式(2.18)成立之处，可使从 A_1 到 A_2 的运输时间最短.

式(2.18)就是光学中的折射定理，根据光学中的费马定理，光线在两点之间的传播必取时间最短的路线. 若光线在两种不同媒质中的速度分别为 v_1 和 v_2，则光由一种媒质传播到另一种媒质所经过的路线由式(2.18)确定. 本例中，在海上与陆地上的两种不同的运输速度相当于光线在两种不同传播媒质中的速度. 所得的结论与光的折射定理相同. 许多类似的问题的解决都可转化为光在两种不同媒质中的传播问题. 虽然它们的具体意义不同，但在数量关系上都可用同一个数学模型来解决.

✳拓展阅读

数学家简介——拉格朗日

　　拉格朗日(Joseph Louis Lagrange, 1735—1813)，法国数学家、力学家及天文学家. 拉格朗日少年时读了哈雷介绍的牛顿关于微积分的短文，因而对分析学产生了兴趣. 他亦常与欧拉有书信往来，在探讨数学难题(等周问题)的过程中，当时只有 18 岁的他就以纯分析的方法发展了欧拉所开创的变分法，奠定变分法的理论基础. 1755 年，19 岁的他就已当上都灵皇家炮兵学校的数学教授. 不久又进入柏林科学院接替欧拉，担任物理数学部主任，并成为通讯院士. 他被拿破仑任命为参议员，并封为伯爵. 他发表了大量论文，成为当时欧洲公认的第一流数学家.

　　到了 1764 年，他凭借万有引力解释月球天平动问题而获得法国巴黎科学院奖金. 1766 年，他用微分方程理论和近似解法研究了科学院所提出的一个复杂的六体问题(木星的四个卫星的运动问题)，因此而再度获奖.

　　拉格朗日是分析力学的奠基人. 他在所著《分析力学》(1788)中，吸收并发展了欧拉、达朗贝尔等人的研究成果，应用数学分析解决质点和质点系(包括刚体、流体)的力学问题.

他撰写了继牛顿后又一重要经典力学著作《分析力学》(1788). 书内以变分原理及分析的方法,把完整和谐的力学体系建立起来,使力学分析化.

拉格朗日不但于方程论方面贡献重大,而且还推动了代数学的发展. 他在生前提交给柏林科学院的两篇著名论文:《关于解数值方程》(1767)及《关于方程的代数解法的研究》(1771)中,考察了二、三及四次方程的一种普遍性解法,即把方程转化为低一次的方程求解. 但这并不适用于五次方程. 由于他在有关方程求解条件的研究中早已蕴含了群论思想的萌芽,这使他成为伽罗瓦建立群论之先导.

另外,他在数论方面亦是表现超卓. 费马所提出的许多问题都被他一一解答,如一个正整数是不多于四个平方数之和的问题等. 他还证明了 π 的无理性.

他还撰写了两部分析巨著《解析函数论》(1797)及《函数计算讲义》(1801),总结了那一时期自己一系列的研究工作. 他在《解析函数论》及他收入此书的一篇论文(1772)中,企图把微分运算归结为代数运算,从而摒弃自牛顿以来一直令人困惑的无穷小量,这为微积分奠定理论基础方面作出独特之尝试. 他又把函数 $f(x)$ 的导数定义成 $f(x+h)$ 的泰勒展开式中的 h 项的系数,并由此为出发点建立全部分析学. 可是他并未考虑到无穷级数的收敛性问题,他自以为摆脱了极限概念,实则回避了极限概念,因此并未达到使微积分代数化、严密化的想法. 不过,他采用新的微分符号,以幂级数表示函数的处理手法对分析学的发展产生了影响,成为实变函数论的起点. 而且,他还在微分方程理论中作出奇解为积分曲线族的包络的几何解释,提出线性变换的特征值概念等.

数学界近百年来的许多成就都可直接或间接地追溯于拉格朗日的工作. 为此他于数学史上被认为是对分析数学的发展产生全面影响的数学家之一.

第 3 章　一元函数积分学

一元函数积分学也是《高等数学》的一个重要组成部分,它和一元函数微分学是对立统一的. 其研究对象也是函数,研究工具是另一种类型的极限,研究任务是积分的性质、法则和应用. 主要内容包括定积分与不定积分. 不定积分是作为函数导数的反问题提出的,而定积分是作为微分的无限求和引进的,两者概念不同,但在计算上却有着紧密的内在联系.

历史上,积分学的出现比微分学早得多,积分思想的萌芽可追溯到古希腊、中国和印度对面积、体积及曲线长度的计算. 公元前 3 世纪,古希腊的阿基米德在他的著作《圆的度量》中利用穷竭法计算出圆的周长和面积,在《论球和圆柱》中利用穷竭法论证了球的面积和体积的有关公式;魏晋时期,我国的刘徽发明了著名的"割圆术",通过用圆内接或外切正 n 边形无限逼近圆周,较为精确地计算出了圆的周长和面积. 这些工作都隐含着近代积分学的思想.

到了 17 世纪,自然科学空前发展,积分学思想逐渐孕育发展. 1615 年,德国天文学家、数学家开普勒发表《酒桶的新立体几何学》,其化曲为直和元素法求和的思想对积分学很富启发性. 1635 年,意大利数学家卡瓦列利发表《不可分连续量的几何学》,其不可分量法是积分学的一个重要进展. 1636 年,费马和帕斯卡已触及积分法的关键,但未抽象出积分概念和运算方法. 1646 年,托里拆利的工作不但取得了曲线求积问题的许多成果,而且在理论上向近代积分学靠近了一步. 1656 年,沃利斯发表《无穷的算术》,给出近代意义下弧微分的概念和计算公式. 可以说,这些数学家都沿不同方向逼近了微积分的大门,但由于他们的工作缺乏一般性,不足以标志着一个学科的诞生.

17 世纪下半叶,在前人工作的基础上,英国大科学家牛顿和德国数学家莱布尼茨分别从运动学和分析学角度研究了微分和积分,提出现在所谓的牛顿-莱布尼茨公式,揭示了二者的互逆联系,独自完成了创建微积分这场接力赛的最后一棒.

本章从积分学的产生背景出发,首先建立定积分的概念,进而提出原函数与不定积分. 将不定积分当成完成定积分计算的主体内容与定积分平行研究.

3.1　定积分的概念及性质

我们先通过两个引例建立数学模型,引出定积分的概念,然后给出定积分的性质.

3.1.1　引例

引例 1　曲边梯形的面积

设函数 $y=f(x)$ 在闭区间 $[a,b]$ 上连续,且 $f(x)\geqslant 0$. 我们称由曲线 $y=f(x)$,直线 $x=a$,$x=b$ 及 x 轴所围成的平面图形为**曲边梯形**(见图 3.1). 求该曲边梯形的面积.

解　由于这个图形的面积不能直接用"高×底"的办法来计算,因此,需要对它采用如下符合客观实际的方法进行处理:

（i）分割　在 a 到 b 之间依次插入任意 $n-1$ 个分点 x_1，x_2，$\cdots$，x_{n-1}，并记 $x_0=a$，$x_n=b$，得

$$a=x_0<x_1<x_2<\cdots<x_{n-1}<x_n=b.$$

上述分点把区间 $[a,b]$ 分成 n 个小区间

$$[x_0,x_1],[x_1,x_2],\cdots,[x_{n-1},x_n].$$

记 $\Delta x_i=x_i-x_{i-1}$，则它表示小区间 $[x_{i-1},x_i]$ 的长度（$i=1,2,\cdots,n$）. 上述 n 个小区间上对应着 n 个窄曲边梯形.

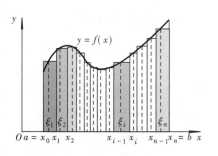

图　3.1

（ii）近似　由 $f(x)$ 在 $[a,b]$ 上连续知，当每个小区间 $[x_{i-1},x_i]$（$i=1,2,\cdots,n$）的长度很小时，$f(x)$ 的变化也很小，于是，在每个小区间 $[x_{i-1},x_i]$ 上任意取一点 ξ_i，以对应的函数值 $f(\xi_i)$ 为高，x_i-x_{i-1} 为底的窄矩形面积 $f(\xi_i)\Delta x_i$，可作为对应的窄曲边梯形面积 ΔA_i 的近似值，即

$$\Delta A_i\approx f(\xi_i)\Delta x_i\quad(i=1,2,\cdots,n),$$

从而可求出曲边梯形面积的近似值

$$A=\sum_{i=1}^{n}\Delta A_i\approx\sum_{i=1}^{n}f(\xi_i)\Delta x_i.$$

（iii）取极限　记 $\lambda=\max\{\Delta x_1,\Delta x_2,\cdots,\Delta x_n\}$，则当 λ 无限小时，所有小区间长都变得无限短，上述近似值就无限接近曲边梯形的面积，因此，所求曲边梯形的面积为

$$A=\lim_{\lambda\to 0}\sum_{i=1}^{n}f(\xi_i)\Delta x_i.\tag{3.1}$$

引例 2　变速直线运动的路程

已知速度函数 $v=v(t)$ 是时间 $[T_1,T_2]$ 上的一个连续函数，且 $v(t)\geqslant 0$，计算物体在这段时间内所经过的路程 s.

解　由于变速直线运动的路程不能直接用匀速路程公式 $s=vt$ 计算，因此，需要对它采用如下符合客观实际的方法来处理：

（i）分割　在 T_1 到 T_2 间依次插入任意 $n-1$ 个分点 $t_1,t_2,\cdots,t_{n-1}$，并记 $t_0=T_1$，$t_n=T_2$，得

$$T_1=t_0<t_1<t_2<\cdots<t_{n-1}<t_n=T_2,$$

上述分点把区间 $[T_1,T_2]$ 分成 n 个小区间

$$[t_0,t_1],[t_1,t_2],\cdots,[t_{n-1},t_n],$$

记 $\Delta t_i=t_i-t_{i-1}$，它表示小时间段 $[t_{i-1},t_i]$ 的长度（$i=1,2,\cdots,n$）. 相应的把路程分成了 n 个小路段.

（ii）近似　由于速度函数 $v(t)$ 是连续的，它在很短的时间段 $[t_{i-1},t_i]$ 上的变化很小，所以可以用此小时间段上任意时刻 τ_i 处的速度 $v(\tau_i)$ 代替这个小时间段上每一时刻的速度，得到该小时间段上的路程 Δs_i 的近似值 $v(\tau_i)\Delta t_i$. 即

$$\Delta s_i\approx v(\tau_i)\Delta t_i\quad(i=1,2,\cdots,n).$$

从而

$$s=\sum_{i=1}^{n}\Delta s_i\approx\sum_{i=1}^{n}v(\tau_i)\Delta t_i.$$

（iii）取极限　记 $\lambda=\max_{1\leqslant i\leqslant n}\{\Delta t_i\}$，则所求路程为

$$s=\lim_{\lambda\to 0}\sum_{i=1}^{n}v(\tau_i)\Delta t_i.\tag{3.2}$$

3.1.2 定积分的概念

从上面两个引例可以看到，尽管所要计算的量 A 与 s 的含义不同，但它们都归结为函数在一个区间上的求和求极限问题，即计算完全类似的式(3.1)、(3.2)的问题. 实际上，大量的几何、物理等问题都需要采用引例的方法得到类似(3.1)、(3.2)的式子. 因此，我们可以抽象出如下的定积分的定义.

1. 定积分定义

> **定义 3.1** 设函数 $f(x)$ 在 $[a,b]$ 上有界，
>
> （ⅰ）在 a 到 b 之间依次插入任意 $n-1$ 个分点 $x_1,x_2,\cdots,x_{n-1}$，并记 $x_0=a,x_n=b$，得
> $$a=x_0<x_1<x_2<\cdots<x_{n-1}<x_n=b.$$
> 上述分点把区间 $[a,b]$ 分成 n 个小区间
> $$[x_0,x_1],[x_1,x_2],\cdots,[x_{n-1},x_n],$$
> 记 $\Delta x_i=x_i-x_{i-1}(i=1,2,\cdots,n)$.
> （ⅱ）在 $[x_{i-1},x_i]$ 上任取一点 ξ_i，作乘积 $f(\xi_i)\Delta x_i(i=1,2,\cdots,n)$ 及和式
> $$I_n=\sum_{i=1}^{n}f(\xi_i)\Delta x_i.$$
>
> （ⅲ）记 $\lambda=\max\{\Delta x_1,\Delta x_2,\cdots,\Delta x_n\}$. 如果当 $\lambda\to0$ 时，和式 I_n 的极限 I 与区间 $[a,b]$ 的分法以及 ξ_i 在小区间 $[x_{i-1},x_i]$ 上的取法无关[①]，则称这个极限 I 为函数 $f(x)$ 在区间 $[a,b]$ 上的**定积分**（简称积分），记作 $\int_a^b f(x)\mathrm{d}x$，即
> $$\int_a^b f(x)\mathrm{d}x=\lim_{\lambda\to0}\sum_{i=1}^{n}f(\xi_i)\Delta x_i, \tag{3.3}$$
> 其中，称 $f(x)$ 为**被积函数**，$f(x)\mathrm{d}x$ 为**被积表达式**，$\int$ 为**积分号**，x 为**积分变量**，a 为**积分下限**，b 为**积分上限**，$[a,b]$ 为**积分区间**.
> 如果 $f(x)$ 在 $[a,b]$ 上的定积分存在，则称 $f(x)$ 在区间 $[a,b]$ 上是**可积**的.

由定积分定义，前面两个引例中所求的面积及路程用定积分分别表示为
$$A=\int_a^b f(x)\mathrm{d}x, \quad s=\int_{T_1}^{T_2}v(t)\mathrm{d}t.$$

注：定积分表示的是和式的极限，而和式的极限结果与式中用什么字母表示函数法则及自变量无关，因此，定积分只与被积函数法则及积分区间有关，而与函数及自变量所用字母无关. 例如，经常见到的形式有
$$\int_a^b f(x)\mathrm{d}x=\int_a^b f(t)\mathrm{d}t=\int_a^b f(u)\mathrm{d}u.$$

2. 定积分存在性

我们将不加证明地给出定积分存在的两个充分条件：

---

① 即对任意给定的 $\varepsilon>0$，存在 $\delta>0$，使得对任意分割得到的 λ，只要 $|\lambda|<\delta$，对在 $[x_{i-1},x_i]$ 上任意取的 ξ_i 恒有 $|I_n-I|<\varepsilon$.

定理 3.1　设函数 $f(x)$ 在区间 $[a,b]$ 上连续,则函数 $f(x)$ 在区间 $[a,b]$ 上可积.

定理 3.2　设函数 $f(x)$ 在区间 $[a,b]$ 上有界,且只有有限个间断点,则函数 $f(x)$ 在区间 $[a,b]$ 上可积.

3. 定积分的几何意义

由引例 1 及其求面积的方法可知:

(1) 当 $f(x) \geqslant 0 (a \leqslant x \leqslant b)$ 时,定积分 $\int_a^b f(x)\mathrm{d}x$ 在几何上表示由曲线 $y = f(x)$,两条直线 $x = a, x = b$ 与 x 轴所围成的曲边梯形的面积 A,即

$$\int_a^b f(x)\mathrm{d}x = A;$$

(2) 当 $f(x) \leqslant 0 (a \leqslant x \leqslant b)$ 时,定积分 $\int_a^b f(x)\mathrm{d}x$ 在几何上表示曲线 $y = f(x)$,两条直线 $x = a, x = b$ 与 x 轴所围成的位于 x 轴下方的曲边梯形面积 A 的负值,即

$$\int_a^b f(x)\mathrm{d}x = -A;$$

(3) 当在 $[a,b]$ 上 $f(x)$ 不定号时,定积分 $\int_a^b f(x)\mathrm{d}x$ 的值等于曲线 $y = f(x)$,直线 $x = a, x = b$ 与 x 轴所围图形中位于 x 轴上方的图形的面积减去下方图形的面积. 如图 3.2 所示,有

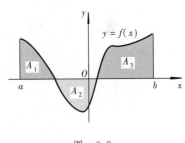

$$\int_a^b f(x)\mathrm{d}x = A_1 - A_2 + A_3.$$

如果将 x 轴下方的曲边梯形的面积说成是"负面积",则又称定积分 $\int_a^b f(x)\mathrm{d}x$ 等于区间 $[a,b]$ 上曲边梯形面积的代数和.

图　3.2

例 3.1　用定积分定义计算 $\int_0^1 x^2 \mathrm{d}x$.

解　由被积函数 $f(x) = x^2$ 在 $[0,1]$ 上连续知,定积分存在. 所以,定积分与对区间 $[0,1]$ 的分法和点 ξ_i 的取法无关. 为了便于计算,将区间 $[0,1]$ 进行 n 等分,得小区间的长均为 $\Delta x_i = \dfrac{1-0}{n} = \dfrac{1}{n}$,并取 $\xi_i = \dfrac{i}{n} (i = 1,2,\cdots,n)$,则得

$$\sum_{i=1}^n f(\xi_i)\Delta x_i = \sum_{i=1}^n \left(\frac{i}{n}\right)^2 \frac{1}{n} = \frac{1}{n^3}\sum_{i=1}^n i^2 = \frac{1}{n^3}\frac{n(n+1)(2n+1)}{6}$$
$$= \frac{1}{6}\left(1+\frac{1}{n}\right)\left(2+\frac{1}{n}\right).$$

故当 $n \to \infty$,即 $\lambda \to 0$ 时,有

$$\int_0^1 x^2\mathrm{d}x = \lim_{n\to\infty}\sum_{i=1}^n f(\xi_i)\Delta x_i = \lim_{n\to\infty}\sum_{i=1}^n \frac{1}{6}\left(1+\frac{1}{n}\right)\left(2+\frac{1}{n}\right) = \frac{1}{3}.$$

可见,使用定义计算定积分通常是比较困难的. 因此,需要通过定积分性质的研究找到简捷的计算方法.

3.1.3 定积分的性质

为方便起见,对定积分定义作如下两点补充规定:

(1) $\int_a^a f(x)\mathrm{d}x = 0$;

(2) $\int_a^b f(x)\mathrm{d}x = -\int_b^a f(x)\mathrm{d}x$.

显然,规定(1)是合理的.

在规定(2)中,假设 $a < b$,则按定积分定义有

$$\int_a^b f(x)\mathrm{d}x = \lim_{\lambda \to 0} \sum_{i=1}^n f(\xi_i)\Delta x_i \quad (\Delta x_i = x_i - x_{i-1} > 0). \tag{3.4}$$

又按定积分定义过程理解记号 $\int_b^a f(x)\mathrm{d}x$,应是从下限 b 向上限 a 依次插入 $n-1$ 个分点,即

$$b = x_0 > x_1 > x_2 > \cdots > x_{n-1} > x_n = a,$$

而有

$$\int_b^a f(x)\mathrm{d}x = \lim_{\lambda \to 0} \sum_{i=1}^n f(\xi_i)\Delta x_i \quad (\Delta x_i = x_i - x_{i-1} < 0) \tag{3.5}$$

由于式(3.4)的每一种分法都对应着式(3.5)的一种分法,反之也一样,而且两式对应分法总使右端和式中对应因子 Δx_i 相差一个符号,所以 $\int_a^b f(x)\mathrm{d}x$ 与 $\int_b^a f(x)\mathrm{d}x$ 相差一个符号.

性质 1(线性性质)

(1) 若 $f(x)$ 和 $g(x)$ 在 $[a,b]$ 上可积,则 $f(x) \pm g(x)$ 在 $[a,b]$ 上可积,且

$$\int_a^b [f(x) \pm g(x)]\mathrm{d}x = \int_a^b f(x)\mathrm{d}x \pm \int_a^b g(x)\mathrm{d}x.$$

(2) 若 $f(x)$ 在 $[a,b]$ 上可积,则 $kf(x)$(k 是常数)在 $[a,b]$ 上可积,且

$$\int_a^b kf(x)\mathrm{d}x = k\int_a^b f(x)\mathrm{d}x.$$

证 仅证(1). 由定积分定义及 $f(x)$、$g(x)$ 可积得

$$\int_a^b [f(x) \pm g(x)]\mathrm{d}x = \lim_{\lambda \to 0} \sum_{i=1}^n [f(\xi_i) \pm g(\xi_i)]\Delta x_i$$

$$= \lim_{\lambda \to 0} \sum_{i=1}^n f(\xi_i)\Delta x_i \pm \lim_{\lambda \to 0} \sum_{i=1}^n g(\xi_i)\Delta x_i$$

$$= \int_a^b f(x)\mathrm{d}x \pm \int_a^b g(x)\mathrm{d}x.$$

性质 2(对积分区间的可加性) 若 $f(x)$ 在 $[a,b]$ 上可积,则它在 $[a,b]$ 的任意两个子区间 $[a,c]$ 与 $[c,b]$($a < c < b$)上也可积,且

$$\int_a^b f(x)\mathrm{d}x = \int_a^c f(x)\mathrm{d}x + \int_c^b f(x)\mathrm{d}x.$$

推论 不论 a,b,c 的相对位置如何,当 $f(x)$ 在三者构成的区间上可积时,有

$$\int_a^b f(x)\mathrm{d}x = \int_a^c f(x)\mathrm{d}x + \int_c^b f(x)\mathrm{d}x.$$

例如,当 $a < b < c$ 时,按定积分的补充规定,我们有

$$\int_a^c f(x)\mathrm{d}x = \int_a^b f(x)\mathrm{d}x + \int_b^c f(x)\mathrm{d}x$$
$$= \int_a^b f(x)\mathrm{d}x - \int_c^b f(x)\mathrm{d}x,$$

即

$$\int_a^b f(x)\mathrm{d}x = \int_a^c f(x)\mathrm{d}x + \int_c^b f(x)\mathrm{d}x.$$

性质 3　如果在区间 $[a,b]$ 上 $f(x) \equiv 1$,则

$$\int_a^b f(x)\mathrm{d}x = \int_a^b \mathrm{d}x = b - a.$$

性质 4　如果在区间 $[a,b]$ 上 $f(x)$ 可积,且 $f(x) \geqslant 0$,则

$$\int_a^b f(x)\mathrm{d}x \geqslant 0.$$

推论(比较性)　如果在区间 $[a,b]$ 上 $f(x)$, $g(x)$ 可积,且 $f(x) \leqslant g(x)$,则

$$\int_a^b f(x)\mathrm{d}x \leqslant \int_a^b g(x)\mathrm{d}x.$$

证　因为 $g(x) - f(x) \geqslant 0$,由性质 4 得

$$\int_a^b [g(x) - f(x)]\mathrm{d}x \geqslant 0,$$

再利用性质 1,便得要证的不等式.

性质 5　如果在区间 $[a,b]$ 上 $f(x)$ 可积,则在区间 $[a,b]$ 上 $|f(x)|$ 可积,且

$$\left| \int_a^b f(x)\mathrm{d}x \right| \leqslant \int_a^b |f(x)|\,\mathrm{d}x.$$

证　关于在区间 $[a,b]$ 上 $|f(x)|$ 可积的证明比较复杂. 这里只对不等式给出证明. 因为

$$-|f(x)| \leqslant f(x) \leqslant |f(x)|,$$

所以,由性质 4 的推论和性质 1 得

$$-\int_a^b |f(x)|\,\mathrm{d}x \leqslant \int_a^b f(x)\mathrm{d}x \leqslant \int_a^b |f(x)|\,\mathrm{d}x,$$

即

$$\left| \int_a^b f(x)\mathrm{d}x \right| \leqslant \int_a^b |f(x)|\,\mathrm{d}x.$$

性质 6　设在区间 $[a,b]$ 上 $f(x)$ 可积,且最大值及最小值分别为 M 及 m,则

$$m(b-a) \leqslant \int_a^b f(x)\mathrm{d}x \leqslant M(b-a).$$

证　因为 $m \leqslant f(x) \leqslant M$,所以由性质 4 的推论,得

$$\int_a^b m\,\mathrm{d}x \leqslant \int_a^b f(x)\mathrm{d}x \leqslant \int_a^b M\,\mathrm{d}x.$$

再由性质 1 及性质 3,即得所要证的不等式.

性质 7(定积分中值定理)　如果 $f(x)$ 在闭区间 $[a,b]$ 上连续, 则在区间 $[a,b]$ 上至少存在一点 ξ, 使

$$\int_a^b f(x)\mathrm{d}x = f(\xi)(b-a) \quad (a \leqslant \xi \leqslant b). \tag{3.6}$$

证　因为 $f(x) \in C[a,b]$, 所以 $f(x)$ 在 $[a,b]$ 上可积, 且必取得最小值 m 和最大值 M. 把性质 6 中的不等式各除以 $b-a$, 得

$$m \leqslant \frac{1}{b-a}\int_a^b f(x)\mathrm{d}x \leqslant M.$$

由介值定理的推论知, 在 $[a,b]$ 上至少存在一点 ξ, 使得

$$f(\xi) = \frac{1}{b-a}\int_a^b f(x)\mathrm{d}x \quad (a \leqslant \xi \leqslant b). \tag{3.7}$$

两端各乘以 $b-a$, 即得所要证明的等式.

通常称式 (3.6) 为**积分中值公式**, 称式 (3.7) 为**平均值公式**, 称 $f(\xi)$ 为函数 $f(x)$ 在区间 $[a,b]$ 上的**平均值**.

平均值公式的几何意义: 函数 $f(x)(\geqslant 0)$ 在 $[a,b]$ 上的曲边梯形面积 $\int_a^b f(x)\mathrm{d}x$ 等于同一底边上宽为 $b-a$, 高为 $f(\xi)$ 的矩形的面积, 如图 3.3 所示.

例 3.2　比较 $\int_0^1 x^2\mathrm{d}x$ 与 $\int_0^1 x^3\mathrm{d}x$ 的大小.

解　由 $[0,1]$ 上 $x^2 \geqslant x^3$, 得 $\int_0^1 x^2\mathrm{d}x \geqslant \int_0^1 x^3\mathrm{d}x$.

例 3.3　估计 $\int_1^2 x^4\mathrm{d}x$ 的值.

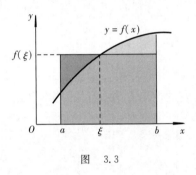

图　3.3

解　因为在 $[1,2]$ 上, $m=1$, $M=16$, $b-a=1$. 所以 $1 \leqslant \int_1^2 x^4\mathrm{d}x \leqslant 16$.

习　题　3.1

1. 用定积分定义计算:

(1) $\int_0^2 x\mathrm{d}x$;

(2) $\int_0^1 \mathrm{e}^x\mathrm{d}x$.

2. 利用定积分的几何意义, 说明下列各等式成立:

(1) $\int_0^1 \sqrt{1-x^2}\,\mathrm{d}x = \dfrac{\pi}{4}$;

(2) $\int_{-\frac{\pi}{2}}^{\frac{\pi}{2}} \cos x\mathrm{d}x = 2\int_0^{\frac{\pi}{2}} \cos x\mathrm{d}x$.

3. 比较定积分的大小:

(1) $\int_1^2 x^2\mathrm{d}x$, $\int_1^2 x^3\mathrm{d}x$;

(2) $\int_2^1 x^2\mathrm{d}x$, $\int_2^1 x^3\mathrm{d}x$;

(3) $\int_0^1 x\mathrm{d}x$, $\int_0^1 \ln(1+x)\mathrm{d}x$;

(4) $\int_1^{\mathrm{e}} \ln x\mathrm{d}x$, $\int_1^{\mathrm{e}} \ln^2 x\mathrm{d}x$.

4. 估计下列各定积分的值:

(1) $\int_1^4 (x^2+1)\mathrm{d}x$;

(2) $\int_2^0 \mathrm{e}^{x^2-x}\mathrm{d}x$.

5. 设 $f(x), g(x) \in C[a,b]$, 证明:

(1) 若在 $[a,b]$ 上，$f(x) \geqslant 0$，且 $\int_a^b f(x)\mathrm{d}x = 0$，则在 $[a,b]$ 上 $f(x) \equiv 0$；

(2) 若在 $[a,b]$ 上，$f(x) \geqslant 0$，且 $f(x) \not\equiv 0$，则 $\int_a^b f(x)\mathrm{d}x > 0$；

(3) 若在 $[a,b]$ 上，$f(x) \leqslant g(x)$，且 $\int_a^b f(x)\mathrm{d}x = \int_a^b g(x)\mathrm{d}x$，则在 $[a,b]$ 上 $f(x) \equiv g(x)$.

(4) 若在区间 I 的任意子区间 $[c,d]$ 上，总有 $\int_c^d f(x)\mathrm{d}x = 0$，则在区间 I 上 $f(x) \equiv 0$.

3.2　微积分基本定理　不定积分

一元函数微分学和一元函数积分学是对立的，但是，它们又是统一的. 微积分基本定理所描述的正是微分与积分的对立统一，它让微分与积分这两个对立的概念和谐地统一在一个公式中.

由微积分基本定理可知，计算定积分的关键是要找到被积函数的原函数，由对原函数的讨论引出不定积分的概念，并进一步讨论其性质和计算.

3.2.1　微积分基本定理

由 3.1 的引例 2 可知，在时间段 $[T_1, T_2]$ 上物体经过的路程可用定积分表示为

$$s = \int_{T_1}^{T_2} v(t)\mathrm{d}t;$$

另外，在时间段 $[T_1, T_2]$ 上物体经过的路程又可用路程函数 $s(t)$ 表示为

$$s = s(T_2) - s(T_1).$$

结合以上两式可得：在时间段 $[T_1, T_2]$ 上物体经过的路程为

$$\int_{T_1}^{T_2} v(t)\mathrm{d}t = s(T_2) - s(T_1),$$

其中 $v(t) = s'(t)$.

显然，在上式中抽去 $v(t)$，$s(t)$ 的物理含义后，式子具有普遍意义. 这就是下面将要给出的定积分计算公式.

> **定义 3.2**　如果在区间 I 上 $F'(x) = f(x)$ 成立，那么称 $F(x)$ 是 $f(x)$ 在区间 I 上的一个原函数.

> **定理 3.3(微积分基本定理)**　设 $f(x) \in \mathrm{C}[a,b]$，且 $F(x)$ 是 $f(x)$ 在 $[a,b]$ 上的一个原函数，则
>
> $$\int_a^b f(x)\mathrm{d}x = F(b) - F(a) \triangleq F(x)\big|_a^b \quad (\text{或}[F(x)]_a^b). \tag{3.8}$$

证　在区间 $[a,b]$ 上依次插入任意 $n-1$ 个分点

$$a = x_0 < x_1 < x_2 < \cdots < x_{n-1} < x_n = b,$$

因为在 $[a,b]$ 上 $F'(x) = f(x)$，所以在区间 $[x_{i-1}, x_i]$ 上对 $F(x)$ 应用拉格朗日中值定理得

$$F(x_i) - F(x_{i-1}) = F'(\xi_i)\Delta x_i = f(\xi_i)\Delta x_i \quad \xi_i \in (x_{i-1}, x_i).$$

于是，有

$$F(b) - F(a) = \sum_{i=1}^{n} \left[F(x_i) - F(x_{i-1}) \right] = \sum_{i=1}^{n} f(\xi_i) \Delta x_i.$$

记 $\lambda = \max\limits_{1 \leqslant i \leqslant n} \{\Delta x_i\}$，在上式两端令 $\lambda \to 0$，并注意到 $f(x)$ 在 $[a,b]$ 上可积，得

$$F(b) - F(a) = \int_a^b f(x) \mathrm{d}x.$$

称式(3.8)为**牛顿-莱布尼茨公式**，简称 N - L 公式. 通常也称它为**微积分基本公式**.

N - L 公式的重要价值在于它揭示了定积分与导数或微分的内在联系，使得我们可以通过导数或微分的逆运算来计算定积分.

例 3.4 计算下列定积分：(1) $\int_0^1 x^2 \mathrm{d}x$；　　(2) $\int_{-e}^{-1} \frac{1}{x} \mathrm{d}x$.

解 (1) 因为 $\left(\dfrac{x^3}{3} \right)' = x^2$，所以 $\dfrac{x^3}{3}$ 是 x^2 的一个原函数，由 N - L 公式得

$$\int_0^1 x^2 \mathrm{d}x = \frac{x^3}{3} \Big|_0^1 = \frac{1^3}{3} - \frac{0^3}{3} = \frac{1}{3}.$$

(2) $\int_{-e}^{-1} \frac{1}{x} \mathrm{d}x = \left[\ln |x| \right]_{-e}^{-1} = \ln 1 - \ln e = -1.$

3.2.2　原函数存在定理

由牛顿-莱布尼茨公式可知，计算定积分的关键是要找到被积函数的原函数. 因此，我们首先要研究原函数问题.

设函数 $f(x)$ 在区间 $[a,b]$ 上可积，则对其上任意一点 x，由 $\int_a^x f(t) \mathrm{d}t$ 确定了一个值与之对应. 因此，它在区间 $[a,b]$ 上确定了 x 的一个函数，记为 $\Phi(x)$，即

$$\Phi(x) = \int_a^x f(t) \mathrm{d}t \quad (a \leqslant x \leqslant b),$$

称为**积分上限函数**.

对于这个积分上限函数，我们有如下的原函数存在定理：

定理 3.4　如果函数 $f(x) \in C[a,b]$，则函数 $\Phi(x)$ 在 $[a,b]$ 可导，且

$$\Phi'(x) = \frac{\mathrm{d}}{\mathrm{d}x} \int_a^x f(t) \mathrm{d}t = f(x) \quad (a \leqslant x \leqslant b).$$

证　任意选取两点 $x, x + \Delta x \in [a,b]$，则在 x 与 $x + \Delta x$ 构成的闭区间上利用定积分性质 2 及积分中值定理得

$$\Delta \Phi = \Phi(x + \Delta x) - \Phi(x) = \int_a^{x+\Delta x} f(t) \mathrm{d}t - \int_a^x f(t) \mathrm{d}t$$

$$= \int_x^{x+\Delta x} f(t) \mathrm{d}t = f(\xi) \Delta x \quad (\xi \text{ 位于 } x \text{ 与 } x + \Delta x \text{ 之间}).$$

由于当 $\Delta x \to 0$ 时，有 $\xi \to x$，从而利用上式及 $f(x)$ 在 x 处连续的条件得

$$\Phi'(x) = \lim_{\Delta x \to 0} \frac{\Delta \Phi}{\Delta x} = \lim_{\xi \to x} f(\xi) = f(x).$$

从几何上看，对于 $[a,b]$ 上连续的函数 $f(x)(\geqslant 0)$，积分上限函数 $\Phi(x)$ 表示的是区间 $[a,x]$ 上曲边梯形的面积(见图3.4)，$\Delta \Phi$ 表示的是图中区间 $[x, x + \Delta x]$ 上窄曲边梯形的面积.

由 $\Phi(x)$ 可导知，其微分是 $\mathrm{d}\Phi = f(x)\Delta x$，表示的是以区间$[x, x+\Delta x]$左端点的函数值 $f(x)$ 为高，与 $\Delta\Phi$ 同底的窄矩形面积. 由 $\Phi(x)$ 可微，从而当 $\Delta x \to 0$ 时 $\Delta\Phi \sim \mathrm{d}\Phi$，窄矩形面积 $\Delta\Phi$ 与矩形面积 $f(x)\Delta x$ 当 $\Delta x \to 0$ 时是等价无穷小. 这个结果将是以后定积分的应用中元素法（也称微元法）的理论依据.

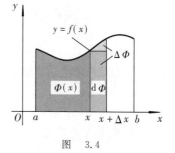

图　3.4

注：若 $f(x)$ 连续，$\varphi(x)$ 可导，则由复合函数求导法得

$$\frac{\mathrm{d}}{\mathrm{d}x}\int_a^{\varphi(x)} f(t)\mathrm{d}t = f(\varphi(x))\varphi'(x).$$

例 3.5　设 $f(x)$ 连续，且 $F(x) = \displaystyle\int_{-x}^x f(t)\mathrm{d}t$，求 $F'(x)$.

解　因为

$$F(x) = \int_{-x}^0 f(t)\mathrm{d}t + \int_0^x f(t)\mathrm{d}t = -\int_0^{-x} f(t)\mathrm{d}t + \int_0^x f(t)\mathrm{d}t,$$

所以，由 $f(x)$ 连续得

$$\begin{aligned}
F'(x) &= -\frac{\mathrm{d}}{\mathrm{d}x}\int_0^{-x} f(t)\mathrm{d}t + \frac{\mathrm{d}}{\mathrm{d}x}\int_0^x f(t)\mathrm{d}t = -f(-x)\cdot(-x)' + f(x)\\
&= f(-x) + f(x).
\end{aligned}$$

例 3.6　计算极限 $\displaystyle\lim_{x\to 0}\frac{\displaystyle\int_0^{x^2}\sin t^2\,\mathrm{d}t}{x^3\sin^3 x}$.

解　所求极限是一个 $\dfrac{0}{0}$ 型的未定式，由等价无穷小替换及洛必达法则得

$$\begin{aligned}
\lim_{x\to 0}\frac{\displaystyle\int_0^{x^2}\sin t^2\,\mathrm{d}t}{x^3\sin^3 x} &= \lim_{x\to 0}\frac{\displaystyle\int_0^{x^2}\sin t^2\,\mathrm{d}t}{x^3\cdot x^3} = \lim_{x\to 0}\frac{\sin(x^2)^2\cdot 2x}{6x^5}\\
&= \lim_{x\to 0}\frac{\sin x^4}{3x^4} = \frac{1}{3}.
\end{aligned}$$

例 3.7　证明：$\displaystyle\int_1^x \frac{1}{1+x^2}\,\mathrm{d}x = \int_{\frac{1}{x}}^1 \frac{1}{1+x^2}\,\mathrm{d}x \quad (x>0)$.

证　因为

$$\left[\int_1^x \frac{1}{1+x^2}\,\mathrm{d}x\right]' = \frac{1}{1+x^2},$$

又

$$\left[\int_{\frac{1}{x}}^1 \frac{1}{1+x^2}\,\mathrm{d}x\right]' = \left[-\int_1^{\frac{1}{x}} \frac{1}{1+x^2}\,\mathrm{d}x\right]' = -\frac{1}{1+\left(\frac{1}{x}\right)^2}\left(\frac{1}{x}\right)' = \frac{1}{1+x^2}.$$

所以由上面两式右端相同可知，原式左、右两端均是函数 $\dfrac{1}{1+x^2}$ 当 $x>0$ 时的原函数，因此

$$\int_1^x \frac{1}{1+x^2}\,\mathrm{d}x = \int_{\frac{1}{x}}^1 \frac{1}{1+x^2}\,\mathrm{d}x + C \quad (x>0).$$

在上式中令 $x=1$ 得 $0=0+C$，即 $C=0$. 原式得证.

例 3.8　利用积分上限函数证明微积分基本定理.

证　因为 $f(x) \in \mathrm{C}[a,b]$，所以 $\Phi(x) = \displaystyle\int_a^x f(t)\mathrm{d}t$ 也是 $f(x)$ 的一个原函数. 故

$$\Phi(x) = F(x) + C \quad (a \leqslant x \leqslant b).$$

令 $x = a$,则有 $\Phi(a) = F(a) + C$, 由于 $\Phi(a) = \int_a^a f(t)dt = 0$,故 $C = -F(a)$. 于是

$$\int_a^x f(t)dt = F(x) - F(a).$$

再令上式中 $x = b$,就得到

$$\int_a^b f(t)dt = F(b) - F(a).$$

由此更加清楚地看到 N-L 公式揭示了原函数与定积分的内在联系.

3.2.3 不定积分

下面我们对原函数作进一步的讨论,以便进行定积分的计算及理论研究.

1. 不定积分定义

定理 3.5 一个函数的任意两个原函数之间至多相差一个常数.

证 设 $F(x)$,$G(x)$ 是 $f(x)$ 的任意两个原函数,则
$$[F(x) - G(x)]' = F'(x) - G'(x) = f(x) - f(x) = 0,$$
故 $F(x) - G(x) \equiv C$, 即
$$F(x) = G(x) + C.$$

定理 3.6 设 $F(x)$ 是 $f(x)$ 在区间 I 上的一个原函数,则 $f(x)$ 在区间 I 上的所有原函数是 $F(x) + C$ (C 是任意常数).

证 设 $G(x)$ 是 $f(x)$ 在区间 I 上的任意一个原函数,则由定理 3.5 可知,存在常数 C 使 $G(x) - F(x) = C$, 即
$$G(x) = F(x) + C.$$
由 $G(x)$ 的任意性知 C 是任意常数.

定义 3.3 若在区间 I 上 $F(x)$ 是 $f(x)$ 的一个原函数,则将
$$F(x) + C \quad (C \text{ 为任意常数})$$
称为 $f(x)$ 在区间 I 上的**不定积分**,记作 $\int f(x)dx$. 即
$$\int f(x)dx = F(x) + C.$$

由不定积分定义可以推得以下两个结果:

(1) $\dfrac{d}{dx}\left[\int f(x)dx\right] = f(x)$ 或 $d\int f(x)dx = f(x)dx$;

(2) $\int F'(x)dx = F(x) + C$ 或 $\int dF(x) = F(x) + C$.

由此可见,若不计任意常数 C,积分号与导数(微分)号可以抵消. 也就是说,求导运算与求不定积分运算是互逆的.

2. 不定积分的性质

(1) $\int [f(x) \pm g(x)]dx = \int f(x)dx \pm \int g(x)dx$;

$$(2) \int kf(x)dx = k \int f(x)dx \quad (k \neq 0).$$

3. 不定积分的几何意义

设 $\int f(x)dx = F(x) + C$，则曲线 $F(x), F(x)+C_1, F(x)+$ $C_2, \cdots$ 上对应同一横坐标 x 的各点 $M, M_1, M_2, \cdots$ 处的切线的斜率相等，都是 $f(x)$. 即各曲线上同一 x 处的切线平行（见图 3.5）.

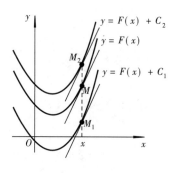

我们把 $f(x)$ 的每一个原函数的图像称为 $f(x)$ 的一条**积分曲线**，把不定积分 $\int f(x)dx$ 所对应的图像称为 $f(x)$ 的**积分曲线族**.

图 3.5

例 3.9 求 $f(x) = \dfrac{1}{x}$ 过点 $(e, 2)$ 的积分曲线.

解 函数 $f(x)$ 的积分曲线族为

$$y = \int f(x)dx = \ln |x| + C.$$

由所求积分曲线过点 $(e, 2)$，得 $2 = 1 + C$，解出 $C = 1$. 故所求积分曲线为

$$y = \ln |x| + 1.$$

为了便于计算不定积分，我们给出一些由导数公式可以直接得到的不定积分基本公式，如表 3.1 所示.

表 3.1　不定积分公式(一)

$(1) \int x^\mu dx = \dfrac{1}{1+\mu} x^{\mu+1} + C \ (\mu \neq -1)$	$(2) \int \dfrac{1}{x} dx = \ln \|x\| + C$
$(3) \int a^x dx = \dfrac{1}{\ln a} a^x + C$	$(4) \int e^x dx = e^x + C$
$(5) \int \sin x dx = -\cos x + C$	$(6) \int \cos x dx = \sin x + C$
$(7) \int \sec^2 x dx = \tan x + C$	$(8) \int \csc^2 x dx = -\cot x + C$
$(9) \int \sec x \tan x dx = \sec x + C$	$(10) \int \csc x \cot x dx = -\csc x + C$
$(11) \int \dfrac{1}{\sqrt{1-x^2}} dx = \arcsin x + C$	$(12) \int \dfrac{-1}{\sqrt{1-x^2}} dx = \arccos x + C$
$(13) \int \dfrac{1}{1+x^2} dx = \arctan x + C$	$(14) \int \dfrac{-1}{1+x^2} dx = \text{arccot} \, x + C$
$(15) \int \dfrac{x}{\sqrt{a^2+x^2}} dx = \sqrt{a^2+x^2} + C$	$(16) \int \dfrac{-x}{\sqrt{a^2-x^2}} dx = \sqrt{a^2-x^2} + C$
$(17) \int \sinh x dx = \cosh x + C$	$(18) \int \cosh x dx = \sinh x + C$

利用以上公式可以解决某些简单的不定积分.

例 3.10 求下列不定积分：

$(1) \int \dfrac{\sin x}{\cos^2 x} dx$；

$(2) \int \dfrac{\sqrt{x}}{x^2} dx$；

$(3) \int \dfrac{(x-1)^2}{x^2} dx$；

$(4) \int 2^x e^x dx$；

(5) $\int \tan^2 x \mathrm{d}x$； (6) $\int \sin^2 \dfrac{x}{2} \mathrm{d}x$；

(7) $\int \dfrac{1}{\sin^2 \dfrac{x}{2} \cos^2 \dfrac{x}{2}} \mathrm{d}x$； (8) $\int \dfrac{x^4}{1+x^2} \mathrm{d}x$．

解 (1) $\int \dfrac{\sin x}{\cos^2 x} \mathrm{d}x = \int \sec x \tan x \mathrm{d}x = \sec x + C$.

(2) $\int \dfrac{\sqrt{x}}{x^2} \mathrm{d}x = \int x^{-\frac{3}{2}} \mathrm{d}x = \dfrac{1}{-\dfrac{3}{2}+1} x^{-\frac{3}{2}+1} + C = \dfrac{-2}{\sqrt{x}} + C$.

(3) $\int \dfrac{(x-1)^2}{x^2} \mathrm{d}x = \int \dfrac{x^2 - 2x + 1}{x^2} \mathrm{d}x = \int \left(1 - \dfrac{2}{x} + \dfrac{1}{x^2}\right) \mathrm{d}x$

$\qquad = x - 2\ln |x| - \dfrac{1}{x} + C$.

(4) $\int 2^x \mathrm{e}^x \mathrm{d}x = \int (2\mathrm{e})^x \mathrm{d}x = \dfrac{(2\mathrm{e})^x}{\ln 2\mathrm{e}} + C = \dfrac{2^x \mathrm{e}^x}{\ln 2 + \ln \mathrm{e}} + C = \dfrac{2^x \mathrm{e}^x}{1 + \ln 2} + C$.

(5) $\int \tan^2 x \mathrm{d}x = \int (\sec^2 x - 1) \mathrm{d}x = \int \sec^2 x \mathrm{d}x - \int \mathrm{d}x = \tan x - x + C$.

(6) $\int \sin^2 \dfrac{x}{2} \mathrm{d}x = \int \dfrac{1 - \cos x}{2} \mathrm{d}x = \dfrac{1}{2} \int (1 - \cos x) \mathrm{d}x = \dfrac{1}{2}(x - \sin x) + C$.

(7) $\int \dfrac{1}{\sin^2 \dfrac{x}{2} \cos^2 \dfrac{x}{2}} \mathrm{d}x = \int \dfrac{4}{\left(2\sin \dfrac{x}{2} \cos \dfrac{x}{2}\right)^2} \mathrm{d}x = \int \dfrac{4}{\sin^2 x} \mathrm{d}x = 4 \int \csc^2 x \mathrm{d}x = -4\cot x + C$.

(8) $\int \dfrac{x^4}{1+x^2} \mathrm{d}x = \int \dfrac{x^4 - 1 + 1}{1+x^2} \mathrm{d}x = \int \dfrac{(x^2+1)(x^2-1)+1}{1+x^2} \mathrm{d}x = \int \left(x^2 - 1 + \dfrac{1}{1+x^2}\right) \mathrm{d}x$

$\qquad = \dfrac{x^3}{3} - x + \arctan x + C$.

习 题 3.2

1. 用定积分定义计算：

(1) $\lim\limits_{n \to \infty} \dfrac{1^p + 2^p + \cdots + n^p}{n^{p+1}}$ $(p > 0)$； (2) $\lim\limits_{n \to \infty} \sum\limits_{k=1}^{n} \dfrac{n}{n^2 + k^2}$；

(3) $\lim\limits_{n \to \infty} \sum\limits_{k=1}^{n} \dfrac{n}{n+k} \sin \dfrac{\pi}{n}$. (4) $\lim\limits_{n \to \infty} \dfrac{\sqrt[n]{n!}}{n}$.

2. 计算下列各定积分：

(1) $\int_{1}^{2} \left(x^2 + \dfrac{1}{x^2}\right) \mathrm{d}x$； (2) $\int_{0}^{\frac{\pi}{4}} \tan^2 x \mathrm{d}x$；

(3) $\int_{\frac{1}{\sqrt{3}}}^{\sqrt{3}} \dfrac{x^2}{1+x^2} \mathrm{d}x$； (4) $\int_{0}^{3} \sqrt{4 - 4x + x^2} \mathrm{d}x$；

(5) $\int_{0}^{2\pi} \sqrt{1 - \cos 2x} \mathrm{d}x$； (6) $\int_{0}^{\frac{3}{2}} \dfrac{\mathrm{d}x}{\sqrt{9 - x^2}}$；

(7) $\int_{-2}^{5} f(x) \mathrm{d}x$，其中 $f(x) = \begin{cases} 13 - x^2 & \text{当 } x < 2 \\ 1 + x^2 & \text{当 } x \geqslant 2 \end{cases}$.

3. 求解下列各题(设 $f(x)$ 连续)：

(1) $\dfrac{\mathrm{d}\displaystyle\int_a^t f(t)\,\mathrm{d}t}{\mathrm{d}x}$；

(2) $\dfrac{\mathrm{d}\displaystyle\int_a^x f(x)\,\mathrm{d}x}{\mathrm{d}x}$；

(3) $\dfrac{\mathrm{d}\displaystyle\int_a^t f(x)\,\mathrm{d}x}{\mathrm{d}t}$；

(4) $\dfrac{\mathrm{d}\displaystyle\int_a^x f(x)\,\mathrm{d}t}{\mathrm{d}x}$．

4. 计算下列函数 $y = y(x)$ 的导数 $\dfrac{\mathrm{d}y}{\mathrm{d}x}$：

(1) $y = \displaystyle\int_0^{x^2} \ln(1+t)\,\mathrm{d}t$；

(2) $y = \displaystyle\int_{\sin x}^{\cos x} \mathrm{e}^{t^2}\,\mathrm{d}t$；

(3) $\begin{cases} x = \displaystyle\int_0^t \sin u^2\,\mathrm{d}u \\ y = \displaystyle\int_0^t \cos u^2\,\mathrm{d}u \end{cases}$；

(4) $\begin{cases} x = \displaystyle\int_0^{t^2} \sin u^2\,\mathrm{d}u \\ y = \cos t^4 \end{cases}$；

(5) $\displaystyle\int_0^y \mathrm{e}^t\,\mathrm{d}t + \int_0^{xy} \cos t\,\mathrm{d}t = 0$；

(6) $y = \displaystyle\int_a^x \mathrm{e}^{x^2+t^2}\,\mathrm{d}t$．

5. 求下列各极限：

(1) $\displaystyle\lim_{x\to 1} \dfrac{\displaystyle\int_1^x \mathrm{e}^{t^2}\,\mathrm{d}t}{\ln x}$；

(2) $\displaystyle\lim_{x\to 0^+} \dfrac{\displaystyle\int_0^{x^2} t^{\frac{3}{2}}\,\mathrm{d}t}{\displaystyle\int_0^x t(t-\sin t)\,\mathrm{d}t}$；

(3) $\displaystyle\lim_{x\to 0} \dfrac{\displaystyle\int_0^{x^2} \cos t^2\,\mathrm{d}t}{x^2}$；

(4) $\displaystyle\lim_{x\to +\infty} \dfrac{\displaystyle\int_0^x (\arctan t)^2\,\mathrm{d}t}{x^3}$．

(5) 设 $f(x)$ 可导，且 $f(0) = 0$，$f'(0) = 2$，求 $\displaystyle\lim_{x\to 0} \dfrac{\displaystyle\int_0^x f(t)\,\mathrm{d}t}{x^2}$．

6. 设 $f(x)$ 在 $(-\infty, +\infty)$ 上连续，且 $F(x) = \dfrac{1}{2a}\displaystyle\int_{x-a}^{x+a} f(t)\,\mathrm{d}t\ (a>0)$，求：(1) $F'(x)$；　(2) $\displaystyle\lim_{a\to 0} \dfrac{1}{2a}\int_{x-a}^{x+a} f(t)\,\mathrm{d}t$．

7. 设 $f(x) = \begin{cases} \dfrac{1}{2}\sin x & \text{当 } 0 \leqslant x \leqslant \pi \\ 0 & \text{当 } x < 0 \text{ 或 } x > \pi \end{cases}$，求 $\Phi(x) = \displaystyle\int_0^x f(t)\,\mathrm{d}t$ 在 $(-\infty, +\infty)$ 内的表达式，并讨论其连续性.

8. 计算下列各题：

(1) 设 $f(x) = \displaystyle\int_0^{g(x)} \dfrac{1}{\sqrt{1+t^2}}\,\mathrm{d}t$，$g(x) = \displaystyle\int_0^{\cos x} (1+\sin t^2)\,\mathrm{d}t$，求 $f'\left(\dfrac{\pi}{2}\right)$；

(2) 设 $f(x) = \displaystyle\int_0^x \left(\int_0^{\sin t} \sqrt{1+u^4}\,\mathrm{d}u\right)\mathrm{d}t$，求 $f''(x)$；

(3) 求满足方程 $\displaystyle\int_0^x f(t)\,\mathrm{d}t = x + \int_0^x t f(x-t)\,\mathrm{d}t$ 的可微函数 $f(x)$.

9. 设 $f(x)$ 为连续函数，证明：$\displaystyle\int_0^x f(t)(x-t)\,\mathrm{d}t = \int_0^x \left(\int_0^t f(u)\,\mathrm{d}u\right)\mathrm{d}t$.

10. 设 $f(x)$ 在 $[a,b]$ 上连续且 $f(x) > 0$，$F(x) = \displaystyle\int_a^x f(t)\,\mathrm{d}t + \int_b^x \dfrac{\mathrm{d}t}{f(t)}$. 证明：

(1) $F'(x) \geqslant 2$；　(2) 方程 $F(x) = 0$ 在 (a,b) 内有且仅有一个根.

3.3　积　分　法

本节我们将针对不同类型的函数，采用凑微分、换元或分部积分等不同的方法求出它们的原函数,并进而解决相应的定积分问题.

3.3.1 凑微分法

凑微分法实质上就是复合函数求导法则的逆运算.

设 $f(x)$ 的原函数为 $F(x)$,函数 $u=\varphi(x)$ 可导,则由微分形式不变性得

$$\mathrm{d}F(\varphi(x)) = F'(\varphi(x))\mathrm{d}\varphi(x) = f(\varphi(x))\varphi'(x)\mathrm{d}x,$$

将这个结果逆过来求不定积分,得

$$\int f(\varphi(x))\varphi'(x)\mathrm{d}x = \int f(\varphi(x))\mathrm{d}\varphi(x) = \int F'(\varphi(x))\mathrm{d}\varphi(x)$$

$$= \int \mathrm{d}F(\varphi(x)) = F(\varphi(x)) + C.$$

这种求不定积分的方法常称为**凑微分法**(也称为**第一类换元法**).

> **定理 3.7** 设函数 $f(u)$ 在区间 I 上连续,具有原函数 $F(u)$,又函数 $u=\varphi(x)$ 有连续的导数且 $\varphi(x)$ 的值域包含在 I 中,则有换元公式
> $$\int f(\varphi(x))\varphi'(x)\mathrm{d}x = \int f(u)\mathrm{d}u\Big|_{u=\varphi(x)} = F(\varphi(x)) + C.$$

凑微分法通常没有一般的规律可循. 读者应当在熟记基本积分公式的基础上,通过不断练习逐步掌握.

例 3.11 求不定积分:

(1) $\displaystyle\int 2\cos 2x\mathrm{d}x$;

(2) $\displaystyle\int \frac{1}{x\ln x}\mathrm{d}x$;

(3) $\displaystyle\int x\sqrt{1-x^2}\mathrm{d}x$;

(4) $\displaystyle\int \frac{\mathrm{d}x}{x(1+2\ln x)}$;

(5) $\displaystyle\int \frac{\mathrm{d}x}{1+\mathrm{e}^x}$;

(6) $\displaystyle\int \frac{\mathrm{e}^{\sqrt{x}}}{\sqrt{x}}\mathrm{d}x$.

解 (1) $\displaystyle\int 2\cos 2x\mathrm{d}x = \int \cos 2x \cdot 2\mathrm{d}x = \int \cos 2x \cdot (2x)'\mathrm{d}x = \int \cos 2x\mathrm{d}(2x)$

$$= \sin 2x + C.$$

(2) $\displaystyle\int \frac{1}{x\ln x}\mathrm{d}x = \int \frac{1}{\ln x}\frac{1}{x}\mathrm{d}x = \int \frac{1}{\ln x}(\ln x)'\mathrm{d}x = \int \frac{1}{\ln x}\mathrm{d}\ln x = \ln|\ln x| + C.$

(3) $\displaystyle\int x\sqrt{1-x^2}\mathrm{d}x = \int\left(-\frac{1}{2}\right)\sqrt{1-x^2}(-2x)\mathrm{d}x = -\frac{1}{2}\int \sqrt{1-x^2}(1-x^2)'\mathrm{d}x$

$$= -\frac{1}{2}\int (1-x^2)^{\frac{1}{2}}\mathrm{d}(1-x^2) = -\frac{1}{2}\cdot\frac{1}{1+\frac{1}{2}}(1-x^2)^{\frac{1}{2}+1} + C$$

$$= -\frac{1}{3}(1-x^2)^{\frac{3}{2}} + C.$$

(4) $\displaystyle\int \frac{\mathrm{d}x}{x(1+2\ln x)} = \int \frac{\mathrm{d}\ln x}{1+2\ln x} = \frac{1}{2}\int \frac{\mathrm{d}(1+2\ln x)}{1+2\ln x} = \frac{1}{2}\ln|1+2\ln x| + C.$

(5) $\displaystyle\int \frac{\mathrm{d}x}{1+\mathrm{e}^x} = \int \frac{(1+\mathrm{e}^x)-\mathrm{e}^x}{1+\mathrm{e}^x}\mathrm{d}x = \int \mathrm{d}x - \int \frac{\mathrm{e}^x\mathrm{d}x}{1+\mathrm{e}^x} = x - \int \frac{\mathrm{d}(1+\mathrm{e}^x)}{1+\mathrm{e}^x}$

$$= x - \ln(1+\mathrm{e}^x) + C.$$

(6) $\displaystyle\int \frac{e^{\sqrt{x}}}{\sqrt{x}}dx = \int e^{\sqrt{x}} \cdot 2(\sqrt{x})'dx = 2\int e^{\sqrt{x}}d\sqrt{x} = 2e^{\sqrt{x}} + C.$

例 3.12　求 $\displaystyle\int \cot x dx.$

解　$\displaystyle\int \cot x dx = \int \frac{\cos x}{\sin x}dx = \int \frac{1}{\sin x}\cos x dx = \int \frac{1}{\sin x}(\sin x)'dx$

$\displaystyle\qquad = \int \frac{1}{\sin x}d\sin x = \ln|\sin x| + C.$

类似地，有

$$\int \tan x dx = -\ln|\cos x| + C.$$

例 3.13　求 $\displaystyle\int \frac{1}{a^2 + x^2}dx.$

解　原式 $\displaystyle= \int \frac{1}{a^2\left(1 + \frac{x^2}{a^2}\right)}dx = \frac{1}{a}\int \frac{1}{1 + \left(\frac{x}{a}\right)^2}d\left(\frac{x}{a}\right) = \frac{1}{a}\arctan \frac{x}{a} + C.$

例 3.14　求 $\displaystyle\int \frac{1}{\sqrt{a^2 - x^2}}dx.$ ①

解　原式 $\displaystyle= \int \frac{1}{a\sqrt{1 - \frac{x^2}{a^2}}}dx = \int \frac{1}{\sqrt{1 - \left(\frac{x}{a}\right)^2}}d\left(\frac{x}{a}\right) = \arcsin \frac{x}{a} + C.$

例 3.15　求 $\displaystyle\int \frac{1}{x^2 - a^2}dx.$

解　原式 $\displaystyle= \int \frac{1}{2a}\left(\frac{1}{x-a} - \frac{1}{x+a}\right)dx = \frac{1}{2a}\left(\int \frac{1}{x-a}dx - \int \frac{1}{x+a}dx\right)$

$\displaystyle\qquad = \frac{1}{2a}\left[\int \frac{1}{x-a}d(x-a) - \int \frac{1}{x+a}d(x+a)\right]$

$\displaystyle\qquad = \frac{1}{2a}\left[\ln|x-a| - \ln|x+a|\right] + C$

$\displaystyle\qquad = \frac{1}{2a}\ln\left|\frac{x-a}{x+a}\right| + C.$

例 3.16　求 $\displaystyle\int \csc x dx.$

解　原式 $\displaystyle= \int \frac{dx}{\sin x} = \int \frac{dx}{2\sin \frac{x}{2}\cos \frac{x}{2}} = \int \frac{d\left(\frac{x}{2}\right)}{\tan \frac{x}{2}\cos^2 \frac{x}{2}}$

$\displaystyle\qquad = \int \frac{\sec^2 \frac{x}{2}d\left(\frac{x}{2}\right)}{\tan \frac{x}{2}} = \int \frac{d\tan \frac{x}{2}}{\tan \frac{x}{2}} = \ln\left|\tan \frac{x}{2}\right| + C.$

---

① 若无特别说明,本书在积分题目中视 $\sqrt{a^2 \pm x^2}$ 或 $\sqrt{x^2 \pm a^2}$ 中的 $a > 0$.

因为
$$\tan\frac{x}{2}=\frac{\sin\dfrac{x}{2}}{\cos\dfrac{x}{2}}=\frac{2\sin^2\dfrac{x}{2}}{\sin x}=\frac{1-\cos x}{\sin x}=\csc x-\cot x,$$

所以
$$\int\csc x\mathrm{d}x=\ln|\csc x-\cot x|+C.$$

例 3.17 求 $\int\sec x\mathrm{d}x$.

解 原式 $=\displaystyle\int\frac{\mathrm{d}x}{\cos x}=\int\frac{\mathrm{d}\left(x+\dfrac{\pi}{2}\right)}{\sin\left(x+\dfrac{\pi}{2}\right)}=\ln\left|\csc\left(x+\frac{\pi}{2}\right)-\cot\left(x+\frac{\pi}{2}\right)\right|+C$

$$=\ln|\sec x+\tan x|+C.$$

结合以上例题可以给出另外几个经常使用的不定积分公式,如表 3.2 所示.

表 3.2　不定积分公式(二)

$(19)\displaystyle\int\frac{1}{a^2+x^2}\mathrm{d}x=\frac{1}{a}\arctan\frac{x}{a}+C$	$(20)\displaystyle\int\frac{1}{\sqrt{a^2-x^2}}\mathrm{d}x=\arcsin\frac{x}{a}+C$
$(21)\displaystyle\int\frac{1}{x^2-a^2}\mathrm{d}x=\frac{1}{2a}\ln\left|\frac{x-a}{x+a}\right|+C$	$(22)\displaystyle\int\frac{\mathrm{d}x}{\sqrt{x^2\pm a^2}}=\ln\left|x+\sqrt{x^2\pm a^2}\right|+C$
$(23)\displaystyle\int\tan x\mathrm{d}x=-\ln|\cos x|+C$	$(24)\displaystyle\int\cot x\mathrm{d}x=\ln|\sin x|+C$
$(25)\displaystyle\int\csc x\mathrm{d}x=\ln|\csc x-\cot x|+C$	$(26)\displaystyle\int\sec x\mathrm{d}x=\ln|\sec x+\tan x|+C$

从以上的例子中可以看出,凑微分法的关键在于凑出 $\int f(\varphi(x))\varphi'(x)\mathrm{d}x$ 中的函数 $\varphi(x)$. 下面我们归纳出几种常见的凑微分的类型.

$(1)\displaystyle\int f(ax+b)\mathrm{d}x=\frac{1}{a}\int f(ax+b)\mathrm{d}(ax+b)\quad(a\neq0);$

$(2)\displaystyle\int f(x^\mu)x^{\mu-1}\mathrm{d}x=\frac{1}{\mu}\int f(x^\mu)\mathrm{d}x^\mu\quad(\mu\neq-1);$

$(3)\displaystyle\int f(\sqrt{x})\frac{1}{\sqrt{x}}\mathrm{d}x=2\int f(\sqrt{x})\mathrm{d}\sqrt{x};$

$(4)\displaystyle\int f(\ln x)\frac{1}{x}\mathrm{d}x=\int f(\ln x)\mathrm{d}\ln x;$

$(5)\displaystyle\int f(\sin x)\cos x\mathrm{d}x=\int f(\sin x)\mathrm{d}\sin x;$

$(6)\displaystyle\int f(\tan x)\sec^2 x\mathrm{d}x=\int f(\tan x)\mathrm{d}\tan x;$

$(7)\displaystyle\int f(\mathrm{e}^x)\mathrm{e}^x\mathrm{d}x=\int f(\mathrm{e}^x)\mathrm{d}\mathrm{e}^x;$

$(8)\displaystyle\int f(\arctan x)\frac{1}{1+x^2}\mathrm{d}x=\int f(\arctan x)\mathrm{d}\arctan x;$

$(9)\displaystyle\int f(\arcsin x)\frac{1}{\sqrt{1-x^2}}\mathrm{d}x=\int f(\arcsin x)\mathrm{d}\arcsin x.$

应用牛顿-莱布尼茨公式、凑微分法可直接计算某些定积分.

例 3.18 求 $\displaystyle\int_0^1 \cos(3x+1)\mathrm{d}x$.

解 原式 $=\displaystyle\int_0^1 \cos(3x+1)\,\frac{1}{3}\mathrm{d}(3x+1)=\frac{1}{3}\sin(3x+1)\Big|_0^1$

$\qquad\quad =\dfrac{1}{3}(\sin 4 - \sin 1)$.

例 3.19 求 $\displaystyle\int_0^1 (ax+1)^n \mathrm{d}x \quad (a\neq 0, n\neq -1)$.

解 原式 $=\displaystyle\int_0^1 (ax+1)^n\,\frac{1}{a}\mathrm{d}(ax+1)=\frac{1}{a}\,\frac{1}{n+1}(ax+1)^{n+1}\Big|_0^1$

$\qquad\quad =\dfrac{1}{a(n+1)}\big[(a+1)^{n+1}-1\big]$.

3.3.2 换元积分法(第二类换元法)

1. 不定积分的换元法

有些不定积分 $\displaystyle\int f(x)\mathrm{d}x$ 不容易计算,但是,经变量替换 $x=\varphi(t)$ 将其化为 $\displaystyle\int f(\varphi(t))\varphi'(t)\mathrm{d}t$ 后却容易计算. 下面,我们给出这种替换成立的条件和结论:

> **定理 3.8** 设函数 $f(x)$ 在区间 I 上连续,$x=\varphi(t)$ 在 I 的对应区间 I_t 内有连续导数,且 $\varphi'(t)\neq 0$,则有换元公式
> $$\int f(x)\mathrm{d}x = \left[\int f(\varphi(t))\varphi'(t)\mathrm{d}t\right]_{t=\varphi^{-1}(x)},$$
> 其中 $t=\varphi^{-1}(x)$ 是 $x=\varphi(t)$ 的反函数.

证 由 $\varphi'(t)\neq 0$ 知 $\varphi(t)$ 的反函数存在,且 $\dfrac{\mathrm{d}t}{\mathrm{d}x}=\dfrac{1}{\varphi'(t)}$. 因为

$\quad$ 右端的导数 $=\dfrac{\mathrm{d}}{\mathrm{d}t}\left[\displaystyle\int f(\varphi(t))\varphi'(t)\mathrm{d}t\right]\cdot\dfrac{\mathrm{d}t}{\mathrm{d}x}=f(\varphi(t))\varphi'(t)\cdot\dfrac{1}{\varphi'(t)}$

$\qquad\qquad\quad =f(\varphi(t))=f(x)$.

所以右端是 $f(x)$ 的原函数. 从而公式成立.

例 3.20 求 $\displaystyle\int \sqrt{a^2-x^2}\,\mathrm{d}x$.

解 利用 $\sin^2 t + \cos^2 t = 1$ 化去被积函数中的根式.

令 $x=a\sin t\left(-\dfrac{\pi}{2}<t<\dfrac{\pi}{2}\right)$,则 $\mathrm{d}x=a\cos t\mathrm{d}t$. 于是

$\quad$ 原式 $=\displaystyle\int a|\cos t|\cdot a\cos t\mathrm{d}t = a^2\int \cos^2 t\mathrm{d}t = a^2\int\frac{1+\cos 2t}{2}\mathrm{d}t$

$\qquad\quad =a^2\displaystyle\int\left(\frac{1}{2}+\frac{\cos 2t}{2}\right)\mathrm{d}t = a^2\left(\frac{t}{2}+\frac{\sin 2t}{4}\right)+C$

$\qquad\quad =a^2\left(\dfrac{t}{2}+\dfrac{\sin t\cos t}{2}\right)+C$.

回代原变量 x：在 $-\frac{\pi}{2}<t<\frac{\pi}{2}$ 内，由于 $\sin t=\dfrac{x}{a}$，$t=\arcsin\dfrac{x}{a}$，以及

$$\cos t = \sqrt{1-\sin^2 t}=\sqrt{1-\left(\frac{x}{a}\right)^2}=\frac{\sqrt{a^2-x^2}}{a},$$

故　　　原式 $=\dfrac{a^2}{2}\arcsin\dfrac{x}{a}+\dfrac{x}{2}\sqrt{a^2-x^2}+C.$

例 3.21　求 $\displaystyle\int\dfrac{\mathrm{d}x}{\sqrt{x^2+a^2}}.$

解　利用 $1+\tan^2 t=\sec^2 t$ 化去被积函数中的根式.

令 $x=a\tan t\left(-\dfrac{\pi}{2}<t<\dfrac{\pi}{2}\right)$，则 $\mathrm{d}x=a\sec^2 t\mathrm{d}t$，于是

$$原式=\int\frac{a\sec^2 t\mathrm{d}t}{a\,|\sec t|}=\int\sec t\mathrm{d}t=\ln|\sec t+\tan t|+C_1.$$

回代原变量 x：在 $-\dfrac{\pi}{2}<t<\dfrac{\pi}{2}$ 内，$\tan t=\dfrac{x}{a}$，$\sec t=\sqrt{1+\tan^2 t}=\dfrac{\sqrt{x^2+a^2}}{a}$. 故

$$原式=\ln\left(\frac{\sqrt{x^2+a^2}}{a}+\frac{x}{a}\right)+C_1+\ln a=\ln(x+\sqrt{x^2+a^2})+C.$$

例 3.22　求 $\displaystyle\int\dfrac{\mathrm{d}x}{(x^2-a^2)^{\frac{3}{2}}}.$

解　利用 $1+\tan^2 t=\sec^2 t$ 化去被积函数中的根式.

令 $x=a\sec t\left(0<t<\dfrac{\pi}{2}^{①}\right)$，则 $\mathrm{d}x=a\sec t\tan t\mathrm{d}t$，于是

$$原式=\int\frac{a\sec t\,\tan t\mathrm{d}t}{(a\,|\tan t|)^3}=\frac{1}{a^2}\int\csc t\,\cot t\mathrm{d}t=-\frac{1}{a^2}\csc t+C.$$

本题返回原变量时比较困难，可以借助所谓的**辅助三角形**进行回代，作法是：作一直角三角形，以 t 作为一个锐角，根据变换式标出边角关系，再利用三角形的边角关系对积分结果中的表达式作原变量的返回.

在本例中，由变换关系式作出图 3.6，得到 $\sin t=\dfrac{\sqrt{x^2-a^2}}{x}$，从而

$$\csc t=\frac{1}{\sin x}=\frac{x}{\sqrt{x^2-a^2}}.$$

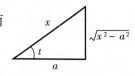

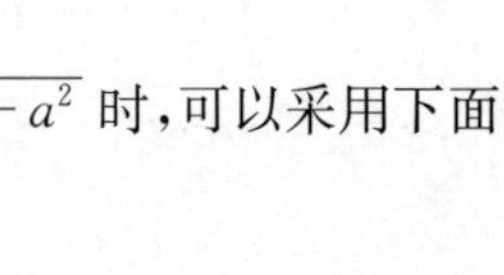

代回上面的积分结果得

图 3.6

$$\int\frac{\mathrm{d}x}{(x^2-a^2)^{\frac{3}{2}}}=-\frac{1}{a^2}\frac{x}{\sqrt{x^2-a^2}}+C.$$

一般地，当被积函数 R 只含 x 的多项式和根式 $\sqrt{a^2\pm x^2}$ 或 $\sqrt{x^2-a^2}$ 时，可以采用下面的换元法之一去掉所含的根号：

(1) $R(x,\sqrt{a^2-x^2})$ 令 $x=a\sin t$　$\left(-\dfrac{\pi}{2}<t<\dfrac{\pi}{2}\right)$；

---

① 这是针对 $x>a$ 而设的；当 $x<-a$ 时，可设 $\pi/2<t<\pi$ 与之对应.

(2) $R(x,\sqrt{x^2+a^2}\,)$ 令 $x=a\tan t$　$\left(-\dfrac{\pi}{2}<t<\dfrac{\pi}{2}\right)$；

(3) $R(x,\sqrt{x^2-a^2}\,)$ 令 $x=a\sec t$　$\left(0<t<\dfrac{\pi}{2}\right)$或$\left(\dfrac{\pi}{2}<t<\pi\right)$．

对于情形(2)、(3)，还可以利用平方关系式

$$\cosh^2 x-\sinh^2 x=1,$$

分别作双曲代换 $x=a\sinh x$ 或者 $x=a\cosh x$ 化掉根号，请读者以例 3.21 和例 3.22 为例进行练习．

另外，"倒代换" $x=\dfrac{1}{t}$ 在这类积分中也经常被采用．

例 3.23　求$\displaystyle\int\dfrac{\sqrt{a^2-x^2}}{x^4}\mathrm{d}x$．

解　令 $x=\dfrac{1}{t}$，不妨设 $x>0$，则 $\mathrm{d}x=-\dfrac{1}{t^2}\mathrm{d}t$，于是

$$原式=-\int(a^2t^2-1)^{\frac{1}{2}}\,|\,t\,|\,\mathrm{d}t=-\int(a^2t^2-1)^{\frac{1}{2}}\dfrac{1}{2a^2}\mathrm{d}(a^2t^2-1)$$

$$=\dfrac{-1}{3a^2}(a^2t^2-1)^{\frac{3}{2}}+C=-\dfrac{(a^2-x^2)^{\frac{3}{2}}}{3a^2x^3}+C.$$

2. 定积分的换元法

与求不定积分的方法类似，定积分计算也有换元法．

> **定理 3.9**　设函数 $f(x)\in \mathrm{C}[a,b]$，且函数 $x=\varphi(t)$ 满足下列条件：
> (i) $\varphi(\alpha)=a,\varphi(\beta)=b$，且当 t 从 α 变到 β 时，对应的 x 单调地从 a 变到 b；
> (ii) $\varphi(t)\in \mathrm{C}^1[\alpha,\beta]$(或 $\varphi(t)\in \mathrm{C}^1[\beta,\alpha]$)．
>
> 则
> $$\int_a^b f(x)\mathrm{d}x=\int_\alpha^\beta f(\varphi(t))\varphi'(t)\mathrm{d}t$$

证　由 $f(x)$，$f(\varphi(t))\varphi'(t)$ 的连续性可知，它们存在原函数．设 $F(x)$ 是 $f(x)$ 的一个原函数，则

$$左端=F(x)\Big|_a^b=F(b)-F(a);$$

$$右端=\int_\alpha^\beta f(\varphi(t))\mathrm{d}\varphi(t)=\int_\alpha^\beta F'(\varphi(t))\mathrm{d}\varphi(t)=F(\varphi(t))\Big|_\alpha^\beta$$

$$=F(\varphi(\beta))-F(\varphi(\alpha))$$

$$=F(b)-F(a).$$

定理得证．

例 3.24　求$\displaystyle\int_1^6\dfrac{x+1}{\sqrt{x+3}}\mathrm{d}x$．

解　令 $\sqrt{x+3}=u$，则 $x=u^2-3$，$\mathrm{d}x=2u\mathrm{d}u$ 及 $\begin{array}{c|cc}x & 1 & 6\\ \hline u & 2 & 3\end{array}$．于是

$$原式=\int_2^3\dfrac{(u^2-3)+1}{u}2u\mathrm{d}u=2\int_2^3(u^2-2)\mathrm{d}u$$

$$= 2\left[\frac{u^3}{3} - 2u\right]_2^3 = \frac{26}{3}.$$

例 3.25 设 $f(x) = \begin{cases} \dfrac{1}{1+x} & \text{当 } x \geqslant 0 \\ \dfrac{1}{1+e^x} & \text{当 } x < 0 \end{cases}$，求 $\displaystyle\int_0^2 f(x-1)\mathrm{d}x$.

解 令 $x-1=u$，则 $\mathrm{d}x = \mathrm{d}u$，$\begin{array}{c|cc} x & 0 & 2 \\ \hline u & -1 & 1 \end{array}$. 于是

$$原式 = \int_0^2 f(x-1)\mathrm{d}x = \int_{-1}^1 f(u)\mathrm{d}u = \int_{-1}^0 f(u)\mathrm{d}u + \int_0^1 f(u)\mathrm{d}u$$

$$= \int_{-1}^0 \frac{1}{1+e^x}\mathrm{d}x + \int_0^1 \frac{1}{1+x}\mathrm{d}x$$

$$= \ln(1+e).$$

例 3.26 求 $\displaystyle\int_0^a \sqrt{a^2-x^2}\,\mathrm{d}x$.

解 令 $x = a\sin t$，则 $\mathrm{d}x = a\cos t\,\mathrm{d}t$，$\begin{array}{c|cc} x & 0 & a \\ \hline t & 0 & \pi/2 \end{array}$. 于是

$$原式 = \int_0^{\frac{\pi}{2}} |a\cos t| \cdot a\cos t\,\mathrm{d}t = a^2 \int_0^{\frac{\pi}{2}} \cos^2 t\,\mathrm{d}t = a^2 \int_0^{\frac{\pi}{2}} \frac{1+\cos 2t}{2}\mathrm{d}t$$

$$= a^2\left[\frac{1}{2}t + \frac{\sin 2t}{4}\right]_0^{\frac{\pi}{2}} = \frac{1}{4}\pi a^2.$$

例 3.27 求 $\displaystyle\int_{-2a}^{-\sqrt{2}a} \frac{1}{x\sqrt{x^2-a^2}}\mathrm{d}x$.

解 令 $x = a\sec t$，则 $\mathrm{d}x = a\sec t\tan t\,\mathrm{d}t$，$\begin{array}{c|cc} x & -2a & -\sqrt{2}a \\ \hline t & 2\pi/3 & 3\pi/4 \end{array}$. 于是

$$原式 = \int_{\frac{2\pi}{3}}^{\frac{3\pi}{4}} \frac{a\sec t\,\tan t\,\mathrm{d}t}{a\sec t \cdot a|\tan t|} = \int_{\frac{2\pi}{3}}^{\frac{3\pi}{4}} \frac{a\sec t\,\tan t\,\mathrm{d}t}{a\sec t \cdot a(-\tan t)}$$

$$= \int_{\frac{2\pi}{3}}^{\frac{3\pi}{4}} \left(-\frac{1}{a}\right)\mathrm{d}t = -\frac{\pi}{12a}.$$

注：因为积分区间为 $[-2a, -\sqrt{2}a]$，因此，在作换元 $x = a\sec t$ 时，应取函数对应的单调区间 $\dfrac{\pi}{2} < t < \pi$，且 $\sqrt{\sec^2 t - 1} = |\tan t| = -\tan t$.

例 3.28 证明：(1) 若 $f(x)$ 在 $[-a,a]$ 上连续且为偶函数，则

$$\int_{-a}^a f(x)\mathrm{d}x = 2\int_0^a f(x)\mathrm{d}x;$$

(2) 若 $f(x)$ 在 $[-a,a]$ 上连续且为奇函数，则

$$\int_{-a}^a f(x)\mathrm{d}x = 0.$$

证 $$\int_{-a}^a f(x)\mathrm{d}x = \int_{-a}^0 f(x)\mathrm{d}x + \int_0^a f(x)\mathrm{d}x.$$

对第一项作代换 $x = -t$，得

$$\int_{-a}^0 f(x)\mathrm{d}x = \int_a^0 f(-t)\mathrm{d}(-t) = \int_0^a f(-t)\mathrm{d}t = \int_0^a f(-x)\mathrm{d}x.$$

于是

$$\int_{-a}^{a} f(x)\mathrm{d}x = \int_0^a f(-x)\mathrm{d}x + \int_0^a f(x)\mathrm{d}x = \int_0^a [f(-x)+f(x)]\mathrm{d}x.$$

(1) 若 $f(x)$ 在 $[-a,a]$ 上连续且为偶函数，则有

$$\int_{-a}^{a} f(x)\mathrm{d}x = \int_0^a [f(x)+f(x)]\mathrm{d}x = 2\int_0^a f(x)\mathrm{d}x;$$

(2) 若 $f(x)$ 在 $[-a,a]$ 上连续且为奇函数，则有

$$\int_{-a}^{a} f(x)\mathrm{d}x = \int_0^a [f(x)-f(x)]\mathrm{d}x = 0.$$

例 3.29　设 $f(x) \in C[0,1]$，证明：

(1) $\int_0^{\frac{\pi}{2}} f(\sin x)\mathrm{d}x = \int_0^{\frac{\pi}{2}} f(\cos x)\mathrm{d}x.$

(2) $\int_0^{\pi} xf(\sin x)\mathrm{d}x = \dfrac{\pi}{2}\int_0^{\pi} f(\sin x)\mathrm{d}x$，并由此计算 $\int_0^{\pi} \dfrac{x\sin x}{1+\cos^2 x}\mathrm{d}x.$

证明　(1) 令 $x = \dfrac{\pi}{2}-t$，则 $\mathrm{d}x = -\mathrm{d}t$，$\dfrac{x}{t}\begin{array}{|cc} 0 & \pi/2 \\ \pi/2 & 0 \end{array}$. 于是

$$\int_0^{\frac{\pi}{2}} f(\sin x)\mathrm{d}x = \int_{\frac{\pi}{2}}^0 f\left(\sin\left(\frac{\pi}{2}-t\right)\right)(-\mathrm{d}t) = \int_0^{\frac{\pi}{2}} f(\cos x)\mathrm{d}x.$$

(2) 令 $x = \pi-t$，则 $\mathrm{d}x = -\mathrm{d}t$，$\dfrac{x}{t}\begin{array}{|cc} 0 & \pi \\ \pi & 0 \end{array}$. 于是

$$\int_0^{\pi} xf(\sin x)\mathrm{d}x = \int_{\pi}^0 (\pi-t)f(\sin(\pi-t))(-\mathrm{d}t) = \int_0^{\pi} (\pi-t)f(\sin t)\mathrm{d}t$$

$$= \pi\int_0^{\pi} f(\sin t)\mathrm{d}t - \int_0^{\pi} tf(\sin t)\mathrm{d}t$$

$$= \pi\int_0^{\pi} f(\sin x)\mathrm{d}x - \int_0^{\pi} xf(\sin x)\mathrm{d}x,$$

解得

$$\int_0^{\pi} xf(\sin x)\mathrm{d}x = \frac{\pi}{2}\int_0^{\pi} f(\sin x)\mathrm{d}x.$$

由此算得

$$\int_0^{\pi} \frac{x\sin x}{1+\cos^2 x}\mathrm{d}x = \int_0^{\pi} x\cdot\frac{\sin x}{1+\cos^2 x}\mathrm{d}x = \frac{\pi}{2}\int_0^{\pi}\frac{\sin x}{1+\cos^2 x}\mathrm{d}x = \frac{\pi}{2}\int_0^{\pi}\frac{-\mathrm{d}\cos x}{1+\cos^2 x}$$

$$= -\frac{\pi}{2}\arctan(\cos x)\Big|_0^{\pi} = \frac{\pi^2}{4}.$$

例 3.30　证明：$\int_{\frac{1}{x}}^1 \dfrac{\mathrm{d}t}{1+t^2} = \int_1^x \dfrac{\mathrm{d}x}{1+x^2}$ $(x>0).$

证　令 $t = \dfrac{1}{u}$，则 $\mathrm{d}t = -\dfrac{1}{u^2}\mathrm{d}u$，$\dfrac{t}{u}\begin{array}{|cc} 1/x & 1 \\ x & 1 \end{array}$. 于是

$$\int_{\frac{1}{x}}^1 \frac{\mathrm{d}t}{1+t^2} = \int_x^1 \frac{-\frac{1}{u^2}\mathrm{d}u}{1+\left(\frac{1}{u}\right)^2} = \int_x^1 \frac{-\mathrm{d}u}{u^2+1} = \int_1^x \frac{\mathrm{d}u}{1+u^2} = \int_1^x \frac{\mathrm{d}x}{1+x^2}.$$

3.3.3　分部积分法

对于两类函数之积的被积函数，凑微分法或换元法有时是解决不了的. 因此，现在利用两

个函数乘积的求导法则,来引入另一个求积分的基本方法 —— 分部积分法.

1. 不定积分的分部积分法

设函数 $u = u(x)$ 与 $v = v(x)$ 都具有连续导数,则由

$$(uv)' = u'v + uv',$$

得

$$uv' = (uv)' - u'v.$$

于是,两边的原函数集合相等,即不定积分相等:

$$\int uv'\mathrm{d}x = uv - \int u'v\mathrm{d}x$$

或

$$\int u\mathrm{d}v = uv - \int v\mathrm{d}u. \tag{3.9}$$

式(3.9) 称为不定积分的**分部积分公式**. 当容易求 $\int v\mathrm{d}u$,但不容易或不能求出 $\int u\mathrm{d}v$ 时,就可以考虑选用分部积分公式进行求解. 常见的几个典型形式为:

(1) $\int \underset{u}{P_n(x)} \underset{v'\mathrm{d}x}{\left\{\begin{matrix} \mathrm{e}^x \\ \sin x \\ \cos x \end{matrix}\right\}\mathrm{d}x} = \int \underset{u}{P_n(x)}\ \underset{\mathrm{d}v}{\mathrm{d}\left\{\begin{matrix} \mathrm{e}^x \\ -\cos x \\ \sin x \end{matrix}\right\}};$

(2) $\int \underset{v'}{P_n(x)} \underset{u}{\left\{\begin{matrix} \ln x \\ \arcsin x \\ \arctan x \end{matrix}\right\}}\underset{\mathrm{d}x}{\mathrm{d}x} = \int \underset{u}{\left\{\begin{matrix} \ln x \\ \arcsin x \\ \arctan x \end{matrix}\right\}}\underset{\mathrm{d}v}{\mathrm{d}P_{n+1}(x)} \quad (P_{n+1}{}'(x) = P_n(x));$

(3) $\int \underset{v'}{\mathrm{e}^x} \underset{u}{\left\{\begin{matrix} \sin x \\ \cos x \end{matrix}\right\}}\underset{\mathrm{d}x}{\mathrm{d}x} = \int \underset{u}{\left\{\begin{matrix} \sin x \\ \cos x \end{matrix}\right\}}\underset{\mathrm{d}v}{\mathrm{d}\mathrm{e}^x}\left(\overset{或}{=}\int \mathrm{e}^x\mathrm{d}\left\{\begin{matrix} -\cos x \\ \sin x \end{matrix}\right\}\right)$ (回头积分).

即当积分类型属于左端花括号中函数之一与前面的函数之积时,将其转换成右端对应的形式套用分部积分公式. 即按照反三角函数、对数函数、幂函数、三角函数、指数函数的顺序,把排在前面的那类函数选作 u,而相对排在后面的那类函数选作 $v'(x)$.

例 3.31 求 $\int x\cos x\mathrm{d}x$.

解 本题属于形式(1). $u = x, \mathrm{d}v = \cos x\mathrm{d}x$,则

$$\int x\cos x\mathrm{d}x = \int x\mathrm{d}\sin x = x\sin x - \int \sin x\mathrm{d}x = x\sin x + \cos x + C.$$

例 3.32 求 $\int x^2\mathrm{e}^x\mathrm{d}x$.

解 本题属于形式(1),取 $u = x^2$, $\mathrm{d}v = \mathrm{e}^x\mathrm{d}x$,则

$$\int x^2\mathrm{e}^x\mathrm{d}x = \int x^2\mathrm{d}\mathrm{e}^x = x^2\mathrm{e}^x - \int \mathrm{e}^x\mathrm{d}(x^2) = x^2\mathrm{e}^x - 2\int x\mathrm{e}^x\mathrm{d}x = x^2\mathrm{e}^x - 2\int x\mathrm{d}\mathrm{e}^x$$

$$= x^2\mathrm{e}^x - 2\left(x\mathrm{e}^x - \int \mathrm{e}^x\mathrm{d}x\right) = x^2\mathrm{e}^x - 2x\mathrm{e}^x + 2\mathrm{e}^x + C$$

$$= (x^2 - 2x + 2)\mathrm{e}^x + C.$$

例 3.33 求 $\displaystyle\int x\ln x\mathrm{d}x$.

解 本题属于形式(2)，取 $u = \ln x$, $\mathrm{d}v = x\mathrm{d}x$，则

$$\int x\ln x\mathrm{d}x = \frac{1}{2}\int \ln x\mathrm{d}x^2 = \frac{1}{2}\left(\ln x \cdot x^2 - \int x^2\mathrm{d}\ln x\right)$$

$$= \frac{x^2}{2}\ln x - \frac{1}{2}\int x^2 \cdot \frac{1}{x}\mathrm{d}x = \frac{x^2}{2}\ln x - \frac{x^2}{4} + C.$$

例 3.34 求 $\displaystyle\int \mathrm{e}^x\sin x\mathrm{d}x$.

解 本题属于形式(3)，取 $u = \sin x$, $\mathrm{d}v = \mathrm{e}^x\mathrm{d}x$，则

$$\int \mathrm{e}^x\sin x\mathrm{d}x = \int \sin x\mathrm{d}\mathrm{e}^x = \sin x \cdot \mathrm{e}^x - \int \mathrm{e}^x\mathrm{d}\sin x$$

$$= \mathrm{e}^x\sin x - \int \mathrm{e}^x\cos x\mathrm{d}x = \mathrm{e}^x\sin x - \int \cos x\mathrm{d}\mathrm{e}^x$$

$$= \mathrm{e}^x\sin x - \left(\cos x \cdot \mathrm{e}^x - \int \mathrm{e}^x\mathrm{d}\cos x\right)$$

$$= \mathrm{e}^x\sin x - \mathrm{e}^x\cos x - \int \mathrm{e}^x\sin x\mathrm{d}x.$$

由于两端是集合相等，所以，对于左端原函数集合 $\displaystyle\int \mathrm{e}^x\sin x\mathrm{d}x$ 中任何一个元素 $F(x)$，在右端第三项即集合 $\displaystyle\int \mathrm{e}^x\sin x\mathrm{d}x$ 中有对应元素 $F(x) + 2C_0$(C_0 为常数)，使

$$F(x) = \mathrm{e}^x\sin x - \mathrm{e}^x\cos x - \left[F(x) + 2C_0\right],$$

解得

$$F(x) = \frac{1}{2}(\mathrm{e}^x\sin x - \mathrm{e}^x\cos x) + C_0.$$

从而上式右端的第一项是被积函数 $\mathrm{e}^x\sin x$ 的一个原函数，由不定积分定义即得

$$\int \mathrm{e}^x\sin x\mathrm{d}x = \frac{1}{2}\mathrm{e}^x(\sin x - \cos x) + C.$$

由于上面的结果相当于将所求不定积分从一端移到另一端解出的(当然还要加一个任意常数)，所以通常将这一过程称为"回头积分".

例 3.35 求 $\displaystyle\int \sec^3 x\mathrm{d}x$.

解 $\displaystyle\int \sec^3 x\mathrm{d}x = \int \sec x \cdot \sec^2 x\mathrm{d}x = \int \sec x\mathrm{d}\tan x = \sec x\tan x - \int \tan x\mathrm{d}\sec x$

$$= \sec x\tan x - \int \sec x\tan^2 x\mathrm{d}x = \sec x\tan x - \int \sec x(\sec^2 x - 1)\mathrm{d}x$$

$$= \sec x\tan x - \int \sec^3 x\mathrm{d}x + \int \sec x\mathrm{d}x$$

$$= \sec x\tan x - \int \sec^3 x\mathrm{d}x + \ln|\sec x + \tan x|.$$

"回头积分"得

$$\int \sec^3 x\mathrm{d}x = \frac{1}{2}(\sec x\tan x + \ln|\sec x + \tan x|) + C.$$

例 3. 36 求 $\int \sqrt{1+x^2}\,dx$.

解 $\displaystyle \int \sqrt{1+x^2}\,dx = x\sqrt{1+x^2} - \int x\,\frac{x}{\sqrt{1+x^2}}\,dx$

$$= x\sqrt{1+x^2} - \int \left(\sqrt{1+x^2} - \frac{1}{\sqrt{1+x^2}} \right)dx$$

$$= x\sqrt{1+x^2} - \int \sqrt{1+x^2}\,dx + \ln(x+\sqrt{1+x^2}).$$

"回头积分" 得

$$\int \sqrt{1+x^2}\,dx = \frac{1}{2}\left[x\sqrt{1+x^2} + \ln(x+\sqrt{1+x^2}) \right] + C.$$

以上两个例子说明,不定积分的分部积分法不仅可以用来处理两类函数乘积的积分,而且还是求不定积分较为普遍使用的方法.

2. 定积分的分部积分法

设 $u = u(x)$,$v = v(x)$ 具有连续导数,则由

$$(uv)' = u'v + uv'$$

两端取定积分,得

$$[uv]_a^b = \int_a^b u'v\,dx + \int_a^b uv'\,dx,$$

即

$$\int_a^b uv'\,dx = [uv]_a^b - \int_a^b u'v\,dx.$$

或

$$\int_a^b u\,dv = [uv]_a^b - \int_a^b v\,du. \tag{3.10}$$

式(3.10) 称为定积分的**分部积分公式**.

例 3. 37 求 $\int_0^1 x\arctan x\,dx$.

解 原式 $\displaystyle = \int_0^1 \arctan x\,d\left(\frac{x^2}{2}\right) = \left[\arctan x \cdot \frac{x^2}{2}\right]_0^1 - \int_0^1 \frac{x^2}{2}\,d(\arctan x)$

$$= \frac{\pi}{4} \cdot \frac{1}{2} - \int_0^1 \frac{x^2}{2} \cdot \frac{1}{1+x^2}\,dx = \frac{\pi}{8} - \frac{1}{2}\int_0^1 \frac{(1+x^2)-1}{1+x^2}\,dx$$

$$= \frac{\pi}{8} - \frac{1}{2}(x - \arctan x)\Big|_0^1 = \frac{\pi}{4} - \frac{1}{2}.$$

例 3. 38 求 $\int_0^1 e^{\sqrt{x}}\,dx$.

解 令 $\sqrt{x} = u$,则 $x = u^2$,$dx = 2u\,du$,$\begin{array}{c|cc} x & 0 & 1 \\ \hline u & 0 & 1 \end{array}$,于是

原式 $\displaystyle = \int_0^1 e^u \cdot 2u\,du = 2\int_0^1 u\,de^u = 2\left(ue^u\Big|_0^1 - \int_0^1 e^u\,du\right) = 2\left(e - e^u\Big|_0^1\right) = 2.$

例 3. 39 证明: $\displaystyle I_n = \int_0^{\frac{\pi}{2}} \sin^n x\,dx = \int_0^{\frac{\pi}{2}} \cos^n x\,dx$

$$= \begin{cases} \dfrac{(2m-1)!!}{(2m)!!} \cdot \dfrac{\pi}{2} & \text{当 } n = 2m \\[3mm] \dfrac{(2m-2)!!}{(2m-1)!!} & \text{当 } n = 2m-1 \end{cases} \quad (m = 1, 2, \cdots).$$

证　公式的第一部分由例 3.29(1)直接给出. 下面证明公式的后半部分.

$$I_n = \int_0^{\frac{\pi}{2}} \sin^n x \, \mathrm{d}x = \int_0^{\frac{\pi}{2}} \sin^{n-1} x \, \mathrm{d}(-\cos x)$$

$$= (-\sin^{n-1} x \cos x) \Big|_0^{\frac{\pi}{2}} + (n-1) \int_0^{\frac{\pi}{2}} \sin^{n-2} x \cos^2 x \, \mathrm{d}x$$

$$= (n-1) \int_0^{\frac{\pi}{2}} \sin^{n-2} x \cdot (1 - \sin^2 x) \, \mathrm{d}x$$

$$= (n-1) I_{n-2} - (n-1) I_n.$$

解得递推公式

$$I_n = \frac{n-1}{n} I_{n-2}.$$

因为 $I_0 = \int_0^{\frac{\pi}{2}} \mathrm{d}x = \dfrac{\pi}{2}$,所以当 n 为偶数时,由递推公式可得

$$I_n = \frac{n-1}{n} \cdot \frac{n-3}{n-2} \cdot \cdots \cdot \frac{3}{4} \cdot \frac{1}{2} \cdot \frac{\pi}{2}.$$

又因为 $I_1 = \int_0^{\frac{\pi}{2}} \sin x \, \mathrm{d}x = 1$,所以当 n 为奇数时,由递推公式可得

$$I_n = \frac{n-1}{n} \cdot \frac{n-3}{n-2} \cdot \cdots \cdot \frac{4}{5} \cdot \frac{2}{3}.$$

引入记号:$1 \cdot 3 \cdot 5 \cdot \cdots \cdot (2m-1) = (2m-1)!!$;　$2 \cdot 4 \cdot 6 \cdot \cdots \cdot (2m) = (2m)!!$. 则有

$$I_n = \begin{cases} \dfrac{(2m-1)!!}{(2m)!!} \cdot \dfrac{\pi}{2} & \text{当 } n = 2m \\[3mm] \dfrac{(2m-2)!!}{(2m-1)!!} & \text{当 } n = 2m-1 \end{cases} \quad (m = 1, 2, \cdots).$$

3.3.4　几种特殊类型函数的积分

1. 有理函数的积分

有理函数是指由两个多项式的商所表示的函数

$$\frac{P_n(x)}{Q_m(x)} = \frac{a_0 x^n + a_1 x^{n-1} + \cdots + a_{n-1} x + a_n}{b_0 x^m + b_1 x^{m-1} + \cdots + b_{m-1} x + b_m}.$$

若 $n < m$,则称上面的有理函数为**真分式**;若 $n \geqslant m$,则称上面的有理函数为**假分式**. 我们总假定分子分母没有公因式.

首先,利用多项式除法,我们总可以将一个假分式化为一个整式和一个真分式的和,而整式的积分是很容易求得的,于是我们只需研究真分式的不定积分.

设 $R(x) = \dfrac{P_n(x)}{Q_m(x)}$ 为真分式,其中多项式 $Q_m(x)$ 经因式分解后得

$$Q_m(x) = b_0 (x-a)^\alpha \cdots (x-b)^\beta (x^2 + px + q)^\lambda \cdots (x^2 + rx + s)^\mu,$$

那么可以证明它可写成如下形式的待定式

$$\frac{P_n(x)}{Q_m(x)} = \left[\frac{A_1}{x-a} + \frac{A_2}{(x-a)^2} + \cdots + \frac{A_a}{(x-a)^a}\right] + \cdots +$$

$$\left[\frac{B_1}{x-b} + \frac{B_2}{(x-b)^2} + \cdots + \frac{B_\beta}{(x-b)^\beta}\right] +$$

$$\left[\frac{M_1 x + N_1}{x^2 + px + q} + \frac{M_2 x + N_2}{(x^2 + px + q)^2} + \cdots + \frac{M_\lambda x + N_\lambda}{(x^2 + px + q)^\lambda}\right] + \cdots +$$

$$\left[\frac{R_1 x + S_1}{x^2 + rx + s} + \frac{R_2 x + S_2}{(x^2 + rx + s)^2} + \cdots + \frac{R_\mu x + S_\mu}{(x^2 + rx + s)^\mu}\right],$$

将右端通分后求和,再比较等号两端分子的同次幂系数,可以求得上式中各待定系数 $A_i, \cdots,$ $B_i, M_i, N_i, \cdots, R_i$ 及 S_i.

例 3.40 求 $\int \dfrac{x+3}{x^2-5x+6}dx$.

解 因为 $x^2-5x+6=(x-2)(x-3)$,所以设

$$\frac{x+3}{x^2-5x+6} = \frac{A}{x-2} + \frac{B}{x-3}.$$

右端通分后比较两端分子得

$$x+3 = A(x-3) + B(x-2).$$

比较两端同次幂系数得 $\begin{cases} 1=A+B \\ 3=-(3A+2B) \end{cases}$,解得 $A=-5$, $B=6$. 于是

$$原式 = \int\left(\frac{-5}{x-2} + \frac{6}{x-3}\right)dx = \int\frac{-5}{x-2}dx + \int\frac{6}{x-3}dx$$

$$= -5\ln|x-2| + 6\ln|x-3| + C.$$

例 3.41 求 $\int \dfrac{1}{x(x-1)^2}dx$.

解 设 $\dfrac{1}{x(x-1)^2} = \dfrac{A}{x} + \dfrac{B}{x-1} + \dfrac{C}{(x-1)^2}$,右端通分后比较两端分子得

$$1 = A(x-1)^2 + Bx(x-1) + Cx.$$

令 $x=0$,解得 $A=1$;

令 $x=1$,解得 $C=1$;

令 $x=2$,并代入 A, C 的值解得 $B=-1$.

故 $\int \dfrac{1}{x(x-1)^2}dx = \int\left(\dfrac{1}{x} + \dfrac{-1}{x-1} + \dfrac{1}{(x-1)^2}\right)dx$

$$= \ln|x| - \ln|x-1| - \frac{1}{x-1} + C.$$

例 3.42 求 $\int \dfrac{x^4 + 2x^2 - 1}{x^3 + 1}dx$.

解 由于被积函数为假分式,故先利用配方的方法将它写成真分式与整式之和,得

$$\frac{x^4 + 2x^2 - 1}{x^3 + 1} = \frac{x(x^3 + 1) + (2x^2 - x - 1)}{x^3 + 1}$$

$$= x + \frac{2x^2 - x - 1}{x^3 + 1}.$$

对于上式的分式可写成部分分式之和,得

$$\frac{2x^2-x-1}{x^3+1} = \frac{2x^2-x-1}{(x+1)(x^2-x+1)} = \frac{A}{x+1} + \frac{Bx+C}{x^2-x+1}.$$

右端通分后比较两端分子得

$$2x^2-x-1 = A(x^2-x+1) + (Bx+C)(x+1)$$
$$= (A+B)x^2 + (B+C-A)x + (A+C).$$

比较两端同次幂的系数可得

$$\begin{cases} A+B=2 \\ B+C-A=-1, \\ A+C=-1 \end{cases} \quad \text{解得 } A=\frac{2}{3},\ B=\frac{4}{3},\ C=-\frac{5}{3}.$$

于是

$$\begin{aligned}
\text{原式} &= \int \left[x + \frac{2}{3(x+1)} + \frac{4x-5}{3(x^2-x+1)} \right] \mathrm{d}x \\
&= \int x\,\mathrm{d}x + \frac{2}{3} \int \frac{1}{x+1}\,\mathrm{d}x + \frac{1}{3} \int \frac{4x-5}{x^2-x+1}\,\mathrm{d}x \\
&= \frac{x^2}{2} + \frac{2}{3}\ln|x+1| + \frac{1}{3} \int \frac{2(2x-1)-3}{x^2-x+1}\,\mathrm{d}x \\
&= \frac{x^2}{2} + \frac{2}{3}\ln|x+1| + \frac{2}{3}\ln(x^2-x+1) - \int \frac{\mathrm{d}x}{x^2-x+1} \\
&= \frac{x^2}{2} + \frac{2}{3}\ln|x+1| + \frac{2}{3}\ln(x^2-x+1) - \int \frac{\mathrm{d}x}{\left(x-\frac{1}{2}\right)^2 + \frac{3}{4}} \\
&= \frac{x^2}{2} + \frac{2}{3}\ln|x+1| + \frac{2}{3}\ln(x^2-x+1) - \frac{2}{\sqrt{3}}\arctan\frac{2x-1}{\sqrt{3}} + C.
\end{aligned}$$

值得指出的是：一般说来，对有理分式的不定积分问题，原则上用上述方法是可以求解的，所以有理函数的积分问题得到了彻底的解决.但在具体积分时，不应拘泥于上述方法，而应根据被积函数的特点，灵活地使用其他各种方法求出积分，以达到便捷求解的目的.

例 3.43 求 $\int \frac{x^2+1}{(x-1)^{100}}\mathrm{d}x$.

解　法 1　利用换元法求不定积分.令 $x-1=t$,则

$$\begin{aligned}
\text{原式} &= \int \frac{(t+1)^2+1}{t^{100}}\mathrm{d}t = \int \left(\frac{1}{t^{98}} + \frac{2}{t^{99}} + \frac{2}{t^{100}} \right)\mathrm{d}t \\
&= -\frac{1}{97}\frac{1}{t^{97}} - \frac{1}{49}\frac{1}{t^{98}} - \frac{2}{99}\frac{1}{t^{99}} + C \\
&= -\frac{1}{97(x-1)^{97}} - \frac{1}{49(x-1)^{98}} - \frac{2}{99(x-1)^{99}} + C.
\end{aligned}$$

法 2　利用分部积分法求不定积分.

$$\begin{aligned}
\text{原式} &= \int (x^2+1)\,\mathrm{d}\left(\frac{-1}{99(x-1)^{99}} \right) = -\frac{x^2+1}{99(x-1)^{99}} + \int \frac{2x}{99(x-1)^{99}}\mathrm{d}x \\
&= -\frac{x^2+1}{99(x-1)^{99}} - \frac{2}{99\times98} \int x\,\mathrm{d}\frac{1}{(x-1)^{98}} \\
&= -\frac{x^2+1}{99(x-1)^{99}} - \frac{2}{99\times98} \left[\frac{x}{(x-1)^{98}} - \int \frac{1}{(x-1)^{98}}\mathrm{d}x \right]
\end{aligned}$$

$$=-\frac{x^2+1}{99(x-1)^{99}}-\frac{2}{99\times98}\frac{x}{(x-1)^{98}}-\frac{2}{99\times98\times97}\frac{1}{(x-1)^{97}}+C.$$

2. 三角函数的有理式的积分

由于 $\tan x$，$\cot x$，$\sec x$，$\csc x$ 等三角函数可以表示为 $\sin x$ 及 $\cos x$ 的有理式，故三角函数的有理式指的是由 $\sin x$ 及 $\cos x$ 经过有限次四则运算所构成的函数，一般形式为

$$\int\frac{P(\sin x,\cos x)}{Q(\sin x,\cos x)}\mathrm{d}x,$$

其中，P，Q 是 $\sin x$ 及 $\cos x$ 的多项式函数.

理论上，可由"万能置换"公式 $\tan\dfrac{x}{2}=u$，得出

$$x=2\arctan u,\quad \mathrm{d}x=\frac{2\mathrm{d}u}{1+u^2},$$

$$\sin x=\frac{2u}{1+u^2},\quad \cos x=\frac{1-u^2}{1+u^2},$$

将它们代入被积表达式，可将积分化为关于 u 的有理函数的积分.

例 3.44　求 $\displaystyle\int\frac{1-r^2}{1-2r\cos x+r^2}\mathrm{d}x$ $(0<r<1,-\pi<x<\pi)$.

解　令 $\tan\dfrac{x}{2}=u$，则

$$\begin{aligned}
原式&=\int\frac{1-r^2}{1+r^2-2r\frac{1-u^2}{1+u^2}}\frac{2\mathrm{d}u}{1+u^2}=(1-r^2)\int\frac{2\mathrm{d}u}{(1-r)^2+(1+r)^2u^2}\\
&=2(1-r)\int\frac{\mathrm{d}(1+r)u}{(1-r)^2+[(1+r)u]^2}=2\arctan\Big(\frac{1+r}{1-r}u\Big)+C\\
&=2\arctan\Big(\frac{1+r}{1-r}\tan\frac{x}{2}\Big)+C.
\end{aligned}$$

例 3.45　求 $\displaystyle\int\frac{1+\sin x}{\sin x(1+\cos x)}\mathrm{d}x$.

解　令 $\tan\dfrac{x}{2}=u$，则有

$$\begin{aligned}
原式&=\frac{1}{2}\int\Big(u+2+\frac{1}{u}\Big)\mathrm{d}u=\frac{1}{2}\Big(\frac{u^2}{2}+2u+\ln|u|\Big)+C\\
&=\frac{1}{2}\Big(\frac{1}{2}\tan^2\frac{x}{2}+2\tan\frac{x}{2}+\ln\Big|\tan\frac{x}{2}\Big|\Big)+C.
\end{aligned}$$

一般说来应用"万能置换"公式处理积分比较复杂，因此，应尽量采用三角恒等变形化简被积函数，达到直接积分的目的.

例 3.46　求 $\displaystyle\int\frac{\mathrm{d}x}{2\sec x+\sin x\tan x}$.

解　原式 $=\displaystyle\int\frac{\cos x}{2+\sin^2 x}\mathrm{d}x=\int\frac{\mathrm{d}\sin x}{2+\sin^2 x}$

$\qquad=\dfrac{1}{\sqrt{2}}\arctan\dfrac{\sin x}{\sqrt{2}}+C.$

3. 形如 $\int \sin^m x \cos^n x \mathrm{d}x$（$m, n$ 为非负整数）的积分

（1）当 m, n 中至少有一个是奇数时，将指数高的奇数次幂拆出一次方凑微分，化为三角函数的多项式的积分.

（2）当 m, n 均为偶数时，常用平方关系、积化和差、和差化积等三角关系进行"降次增角"处理.

例 3.47 求 $\int \sin^2 x \cos^3 x \mathrm{d}x$.

解 原式 $= \int \sin^2 x \cos^2 x \mathrm{d}\sin x = \int \sin^2 x (1 - \sin^2 x) \mathrm{d}\sin x$

$$= \frac{\sin^3 x}{3} - \frac{\sin^5 x}{5} + C.$$

例 3.48 求 $\int \sin^2 x \cos^4 x \mathrm{d}x$.

解 原式 $= \int (\sin x \cos x)^2 \cos^2 x \mathrm{d}x = \int \frac{\sin^2 2x}{4} \frac{1 + \cos 2x}{2} \mathrm{d}x$

$$= \frac{1}{8} \left(\int \sin^2 2x \mathrm{d}x + \int \sin^2 2x \cos 2x \mathrm{d}x \right)$$

$$= \frac{1}{8} \left(\int \frac{1 - \cos 4x}{2} \mathrm{d}x + \int \sin^2 2x \cdot \frac{1}{2} \mathrm{d}\sin 2x \right)$$

$$= \frac{1}{16} \left(x - \frac{\sin 4x}{4} + \frac{\sin^3 2x}{3} \right) + C.$$

4. 简单无理函数的积分

这里，我们只讨论下列两种无理函数的积分：

（1）$\int R(x, \sqrt[n]{ax + b}) \mathrm{d}x$，此时，令 $\sqrt[n]{ax + b} = u$；

（2）$\int R\left(x, \sqrt[n]{\dfrac{ax + b}{cx + d}}\right) \mathrm{d}x$，此时，令 $\sqrt[n]{\dfrac{ax + b}{cx + d}} = u$.

例 3.49 求 $\int \dfrac{1}{x} \sqrt{\dfrac{1 + x}{x}} \mathrm{d}x$.

解 令 $\sqrt{\dfrac{1 + x}{x}} = u$，则 $x = \dfrac{1}{u^2 - 1}$，$\mathrm{d}x = \dfrac{-2u\mathrm{d}u}{(u^2 - 1)^2}$，于是

$$原式 = \int (u^2 - 1) u \cdot \frac{-2u\mathrm{d}u}{(u^2 - 1)^2} = -2 \int \frac{u^2}{u^2 - 1} \mathrm{d}u$$

$$= -2 \int \left(1 + \frac{1}{u^2 - 1}\right) \mathrm{d}u = -2u - \ln \left| \frac{u - 1}{u + 1} \right| + C$$

$$= -2 \sqrt{\frac{1 + x}{x}} - \ln \left| x \left(\sqrt{\frac{1 + x}{x}} - 1 \right)^2 \right| + C.$$

以上，我们讨论了求定积分和不定积分的几种基本方法. 我们知道，根据牛顿-莱布尼茨公式计算定积分，实质上是求被积函数的一个原函数在积分区间上的增量. 这依赖于被积函数的不定积分，即用初等函数来表示该不定积分. 根据连续函数的原函数存在定理，初等函数在其定义区间内一定有原函数. 但是，很多函数的原函数不一定是初等函数，习惯上我们把这种

情况称为不定积分"积不出". 例如:

$$\int e^{-x^2} dx, \int \frac{\sin x}{x} dx, \int \sin x^2 dx, \int \frac{1}{\ln x} dx, \int \sqrt{1 - k^2 \sin^2 x} dx \ (0 < | k | < 1)$$

等这些在概率论、数论、光学、傅立叶分析等领域里有着重要应用的积分,都是"积不出"的.

其实,不定积分"积不出"是一种正常现象. 我们知道,在算术中正数的和仍是正数,但对其逆运算减法来说,正数的差就不一定是正数,从而产生了负数. 有理数的平方仍是有理数,但对其逆运算开方来说,正有理数的平方根就不一定是有理数,从而产生了一些无理数. 在不定积分中出现了类似的情况,初等函数的导数一般来说都是初等函数,但对其逆运算不定积分来说,初等函数的不定积分常常不能用初等函数来表达,于是,由"积不出"的不定积分又定义了一些非初等函数,从而扩大了函数的研究范围.

* 3.3.5 定积分的近似计算

如上所述,当函数 $f(x)$ 在区间 $[a,b]$ 上的原函数不能用初等函数表示出来,或者只能得到需要求定积分的函数的一些实验或测量给出的一张数据表时,牛顿-莱布尼茨公式也不能直接运用了. 这时,可以采用定积分的数值计算方法.

如图3.7(a)所示,将区间 $[a,b]$ 上的函数 $f(x)(\geqslant 0)$ 的定积分用区间 $[a,b]$ 上弦 AB 下的梯形面积近似,得到

$$\int_a^b f(x) dx \approx \frac{h}{2} [f(a) + f(b)].$$

其中 $h = b - a$. 称这种方法为计算定积分的**梯形法**,称上式为**梯形公式**.

如果采用如图 3.7(b) 所示的方法,即用过三点 $(a, f(a))$, $\left(\frac{a+b}{2}, f\left(\frac{a+b}{2}\right)\right)$, $(b, f(b))$ 的抛物线下方的曲边梯形面积近似曲线 $f(x)$ 下方的曲边梯形面积,得到

$$\int_a^b f(x) dx \approx \frac{h}{3} \left[f(a) + 4f\left(\frac{a+b}{2}\right) + f(b) \right].$$

其中 $h = b - a$. 称这种方法为计算定积分的**抛物线法**,称上式为**辛普森(Simpson) 公式**.

梯形公式由几何直接得到,辛普森公式的推导则不在我们的讨论范围之内,它可以由拉格朗日插值多项式较为方便地推导出来. 当然以上公式不限于非负函数,也就是公式对于一般连续函数都成立.

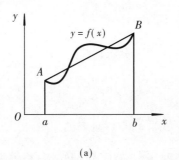
(a)

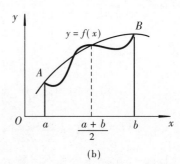
(b)

图 3.7

为了改善求积公式的精度,一种行之有效的方法是复化求积法. 下面将给出以上两种方法经复化以后的计算公式.

将区间 $[a,b]$ n 等分,则步长 $h=\dfrac{b-a}{n}$,分点为 $x_k=a+kh\ (k=0,1,\cdots,n)$. 所谓复化求积法就是先在每个子区间 $[x_k,x_{k+1}]$ 上用梯形公式、辛普森公式等计算积分值 I_k,然后将它们累加求和,用 $\sum\limits_{k=0}^{n-1}I_k$ 作为定积分 $\int_a^b f(x)\mathrm{d}x$ 的近似值. 化简出来的复化梯形公式与辛普森公式分别如下.

复化梯形公式

$$
\begin{aligned}
T_n &= \sum_{k=0}^{n-1}\frac{h}{2}\big[f(x_k)+f(x_{k+1})\big]\\
&= \frac{h}{2}\Big[f(a)+2\sum_{k=1}^{n-1}f(x_k)+f(b)\Big],
\end{aligned}
$$

其中 $h=\dfrac{b-a}{n}$,$x_k=a+kh\ (k=0,1,\cdots,n)$.

复化辛普森公式

$$
\begin{aligned}
S_n &= \sum_{k=0}^{n-1}\frac{h}{6}\big[f(x_k)+4f(x_{k+\frac{1}{2}})+f(x_{k+1})\big]\\
&= \frac{h}{6}\Big[f(a)+4\sum_{k=0}^{n-1}f(x_{k+\frac{1}{2}})+2\sum_{k=1}^{n-1}f(x_k)+f(b)\Big],
\end{aligned}
$$

其中 $h=\dfrac{b-a}{n}$, $x_k=a+kh\ (k=0,1,\cdots,n)$;$x_{k+\frac{1}{2}}$ 为 $[x_k,x_{k+1}]$ 的中点.

例 3.50　用函数 $f(x)=\dfrac{\sin x}{x}$ 的数据表计算积分

$$\int_0^1 \frac{\sin x}{x}\mathrm{d}x\ (\text{准确值为}0.946\,083\,1).$$

解　函数 $f(x)$ 在各分点的值如下:

x	$f(x)$
0	1.000 000 0
1/8	0.997 397 8
1/4	0.989 615 8
3/8	0.976 726 7
1/2	0.958 851 0
5/8	0.936 155 6
3/4	0.908 851 6
7/8	0.877 192 5
1	0.841 470 9

用复化求积法. 取 $n=8$,用梯形公式得 $T_8=0.945\,690\,9$;取 $n=4$,用复化辛普森公式得 $S_4=0.946\,083\,2$. 将两个结果同积分准确值 $0.946\,083\,1$ 比较,T_8 只有两位有效数字,而 S_4 却有 6 位有效数字. 可见,梯形法不如抛物线法精确,这一点也可以从公式的推导过程(见图 3.7)看出.

习 题 3.3

1. 用凑微分法或换元积分法计算下列不定积分：

(1) $\int (3-2x)^3 \mathrm{d}x$;

(2) $\int (\sin ax - \mathrm{e}^{\frac{x}{b}}) \mathrm{d}x$;

(3) $\int \cos^2 3x \mathrm{d}x$;

(4) $\int \dfrac{\sin \sqrt{t}}{\sqrt{t}} \mathrm{d}t$;

(5) $\int \tan^{10} x \cdot \sec^2 x \mathrm{d}x$;

(6) $\int \dfrac{\mathrm{d}x}{x \ln x \, \ln\ln x}$;

(7) $\int \tan \sqrt{1+x^2} \cdot \dfrac{x\mathrm{d}x}{\sqrt{1+x^2}}$;

(8) $\int \dfrac{\mathrm{d}x}{\sin x \cos x}$;

(9) $\int \dfrac{\mathrm{d}x}{\mathrm{e}^x + \mathrm{e}^{-x}}$;

(10) $\int x\mathrm{e}^{-x^2} \mathrm{d}x$;

(11) $\int x\cos x^2 \mathrm{d}x$;

(12) $\int \dfrac{x}{\sqrt{2-3x^2}} \mathrm{d}x$;

(13) $\int \dfrac{x\mathrm{d}x}{x^2+2}$;

(14) $\int x^2 \sqrt{1+x^3} \mathrm{d}x$;

(15) $\int \dfrac{3x^3}{1-x^4} \mathrm{d}x$;

(16) $\int \dfrac{2t\mathrm{d}t}{2-5t^2}$;

(17) $\int \dfrac{\sin x \cos x}{1+\sin^4 x} \mathrm{d}x$;

(18) $\int \cos^2 \omega t \sin \omega t \mathrm{d}t$;

(19) $\int \dfrac{\sin x}{\cos^3 x} \mathrm{d}x$;

(20) $\int \dfrac{\sin x + \cos x}{\sqrt[3]{\sin x - \cos x}} \mathrm{d}x$;

(21) $\int \dfrac{2x-1}{\sqrt{1-x^2}} \mathrm{d}x$;

(22) $\int \dfrac{1-x}{\sqrt{9-4x^2}} \mathrm{d}x$;

(23) $\int \dfrac{x^3}{9+x^2} \mathrm{d}x$;

(24) $\int \dfrac{\mathrm{d}x}{4-x^2}$;

(25) $\int \dfrac{\mathrm{d}x}{2x^2-1}$;

(26) $\int \dfrac{\mathrm{d}x}{(x+1)(x-2)}$;

(27) $\int \dfrac{\mathrm{d}x}{x(x^6+4)}$;

(28) $\int \cos^3 x \mathrm{d}x$;

(29) $\int \cos x \cos \dfrac{x}{2} \mathrm{d}x$;

(30) $\int \sin 5x \sin 7x \mathrm{d}x$;

(31) $\int \tan^3 x \sec x \mathrm{d}x$;

(32) $\int \dfrac{10^{2\arccos x}}{\sqrt{1-x^2}} \mathrm{d}x$;

(33) $\int \dfrac{\arctan \sqrt{x}}{\sqrt{x}(1+x)} \mathrm{d}x$;

(34) $\int \dfrac{\mathrm{d}x}{(\arcsin x)^2 \sqrt{1-x^2}}$;

(35) $\int \dfrac{1+\ln x}{(x\ln x)^2} \mathrm{d}x$;

(36) $\int \dfrac{\ln(\tan x)}{\cos x \sin x} \mathrm{d}x$;

(37) $\int \dfrac{x^2 \mathrm{d}x}{\sqrt{a^2-x^2}}$;

(38) $\int \dfrac{\mathrm{d}x}{x \sqrt{x^2-1}}$;

(39) $\int \dfrac{\mathrm{d}x}{\sqrt{(x^2+1)^3}}$;

(40) $\int \dfrac{\sqrt{x^2-9}}{x} \mathrm{d}x$;

(41) $\int \dfrac{\mathrm{d}x}{1+\sqrt{2x}}$;

(42) $\int \dfrac{\mathrm{d}x}{1+\sqrt{1-x^2}}$;

(43) $\int \dfrac{\mathrm{d}x}{\sqrt{1+\mathrm{e}^x}}$;

(44) $\int \dfrac{\mathrm{d}x}{x+\sqrt{1-x^2}}$.

2. 用凑微分法或换元积分法计算下列定积分：

(1) $\displaystyle\int_{\frac{\pi}{3}}^{\pi} \sin\left(x+\frac{\pi}{3}\right)\mathrm{d}x$；

(2) $\displaystyle\int_{-2}^{1} \frac{\mathrm{d}x}{(11+5x)^3}$；

(3) $\displaystyle\int_{0}^{\frac{\pi}{2}} \sin\varphi\cos^3\varphi\mathrm{d}\varphi$；

(4) $\displaystyle\int_{0}^{\pi} (1-\sin^3\theta)\mathrm{d}\theta$；

(5) $\displaystyle\int_{\frac{\pi}{6}}^{\frac{\pi}{2}} \cos^2 u\mathrm{d}u$；

(6) $\displaystyle\int_{0}^{\sqrt{2}} \sqrt{2-x^2}\,\mathrm{d}x$；

(7) $\displaystyle\int_{-\sqrt{2}}^{\sqrt{2}} \sqrt{8-2y^2}\,\mathrm{d}y$；

(8) $\displaystyle\int_{\frac{1}{\sqrt{2}}}^{1} \frac{\sqrt{1-x^2}}{x^2}\mathrm{d}x$；

(9) $\displaystyle\int_{0}^{a} x^2\sqrt{a^2-x^2}\,\mathrm{d}x$；

(10) $\displaystyle\int_{1}^{\sqrt{3}} \frac{\mathrm{d}x}{x^2\sqrt{1+x^2}}$；

(11) $\displaystyle\int_{-1}^{1} \frac{x\mathrm{d}x}{\sqrt{5-4x}}$；

(12) $\displaystyle\int_{1}^{4} \frac{\mathrm{d}x}{1+\sqrt{x}}$；

(13) $\displaystyle\int_{\frac{3}{4}}^{1} \frac{\mathrm{d}x}{\sqrt{1-x}-1}$；

(14) $\displaystyle\int_{0}^{\sqrt{2}a} \frac{x\mathrm{d}x}{\sqrt{3a^2-x^2}}$；

(15) $\displaystyle\int_{0}^{1} t\mathrm{e}^{-\frac{t^2}{2}}\mathrm{d}t$；

(16) $\displaystyle\int_{1}^{\mathrm{e}^2} \frac{\mathrm{d}x}{x\sqrt{1+\ln x}}$；

(17) $\displaystyle\int_{-2}^{0} \frac{\mathrm{d}x}{x^2+2x+2}$；

(18) $\displaystyle\int_{-\frac{\pi}{2}}^{\frac{\pi}{2}} \cos x\cos 2x\mathrm{d}x$；

(19) $\displaystyle\int_{-\frac{\pi}{2}}^{\frac{\pi}{2}} \sqrt{\cos x-\cos^3 x}\,\mathrm{d}x$；

(20) $\displaystyle\int_{0}^{\pi} \sqrt{1+\cos 2x}\,\mathrm{d}x$．

3. 已知 $f'(\sin^2 x)=\cos^2 x+\tan^2 x$，当 $0<x<1$ 时，求 $f(x)$．

4. 证明：$\displaystyle\int_{-a}^{a}\varphi(x^2)\mathrm{d}x=2\int_{0}^{a}\varphi(x^2)\mathrm{d}x$，其中 $\varphi(u)$ 为连续函数．

5. 设 $f(x)$ 在 $[a,b]$ 上连续，证明：$\displaystyle\int_{a}^{b}f(x)\mathrm{d}x=\int_{a}^{b}f(a+b-x)\mathrm{d}x$．

6. 证明：$\displaystyle\int_{0}^{1}x^m(1-x)^n\mathrm{d}x=\int_{0}^{1}x^n(1-x)^m\mathrm{d}x$．

7. 证明：$\displaystyle\int_{0}^{\pi}\sin^n x\mathrm{d}x=2\int_{0}^{\frac{\pi}{2}}\sin^n x\mathrm{d}x$．

8. 设 $f(x)$ 是连续函数，且 $F(x)=\displaystyle\int_{0}^{x}f(t)\mathrm{d}t$，证明：

(1) 当 $f(x)$ 为奇函数时，$F(x)$ 为偶函数；

(2) 当 $f(x)$ 为偶函数时，$F(x)$ 为奇函数．

9. 设 $f(x)$ 是以 l 为周期的连续函数，证明 $\displaystyle\int_{a}^{a+l}f(x)\mathrm{d}x$ 的值与 a 无关，即对任意实数 a，有

$$\int_{a}^{a+l}f(x)\mathrm{d}x=\int_{0}^{l}f(x)\mathrm{d}x,$$

并计算 $\displaystyle\int_{0}^{100\pi}\sqrt{1-\cos^2 x}\,\mathrm{d}x$．

10. 用分部积分法求解下列不定积分：

(1) $\displaystyle\int x\sin x\mathrm{d}x$；

(2) $\displaystyle\int\arctan x\mathrm{d}x$；

(3) $\displaystyle\int\arcsin x\mathrm{d}x$；

(4) $\displaystyle\int x\mathrm{e}^{-x}\mathrm{d}x$；

(5) $\displaystyle\int x^2\ln x\mathrm{d}x$；

(6) $\displaystyle\int \mathrm{e}^{-x}\cos x\mathrm{d}x$；

(7) $\displaystyle\int x\tan^2 x\mathrm{d}x$；

(8) $\displaystyle\int(\ln x)^2\mathrm{d}x$．

(9) $\int x\sin x\cos x\,\mathrm{d}x$; (10) $\int \dfrac{(\ln x)^3}{x^2}\,\mathrm{d}x$;

(11) $\int \mathrm{e}^{3\sqrt{x}}\,\mathrm{d}x$; (12) $\int \cos(\ln x)\,\mathrm{d}x$.

11. 用分部积分法求解下列定积分：

(1) $\int_0^1 x\mathrm{e}^{-x}\,\mathrm{d}x$; (2) $\int_{\frac{\pi}{4}}^{\frac{\pi}{3}} \dfrac{x}{\sin^2 x}\,\mathrm{d}x$;

(3) $\int_1^4 \dfrac{\ln x}{\sqrt{x}}\,\mathrm{d}x$; (4) $\int_1^2 x\log_2 x\,\mathrm{d}x$;

(5) $\int_0^\pi (x\sin x)^2\,\mathrm{d}x$; (6) $\int_1^{\mathrm{e}} \sin(\ln x)\,\mathrm{d}x$;

(7) $\int_{\frac{1}{\mathrm{e}}}^{\mathrm{e}} |\ln x|\,\mathrm{d}x$.

12. 已知 $f(x)$ 的一个原函数为 $(1+\sin x)\ln x$，求 $\int xf'(x)\,\mathrm{d}x$.

13. 求下列特殊函数的积分：

(1) $\int \dfrac{2x+3}{x^2+3x-10}\,\mathrm{d}x$; (2) $\int \dfrac{x^5+x^4-8}{x^3-x}\,\mathrm{d}x$;

(3) $\int \dfrac{3}{x^3+1}\,\mathrm{d}x$; (4) $\int \dfrac{x^2+1}{(x+1)^2(x-1)}\,\mathrm{d}x$;

(5) $\int \dfrac{\mathrm{d}x}{x(x^2+1)}$; (6) $\int \dfrac{\mathrm{d}x}{3+\sin^2 x}$;

(7) $\int \dfrac{\mathrm{d}x}{3+\cos x}$; (8) $\int \dfrac{\mathrm{d}x}{1+\sqrt[3]{x+1}}$;

(9) $\int \dfrac{\mathrm{d}x}{\sqrt{x}+\sqrt[4]{x}}$; (10) $\int \sqrt{\dfrac{1-x}{1+x}}\,\dfrac{\mathrm{d}x}{x}$.

14. 利用函数的奇偶性计算下列积分：

(1) $\int_{-\pi}^{\pi} x^4\sin x\,\mathrm{d}x$; (2) $\int_{-\frac{\pi}{2}}^{\frac{\pi}{2}} 4\cos^4\theta\,\mathrm{d}\theta$;

(3) $\int_{-\frac{1}{2}}^{\frac{1}{2}} \dfrac{(\arcsin x)^2}{\sqrt{1-x^2}}\,\mathrm{d}x$; (4) $\int_{-5}^{5} \dfrac{x^3\sin^2 x}{x^4+2x^2+1}\,\mathrm{d}x$;

(5) $\int_{1}^{1} x(1+x^{2009})(\mathrm{e}^x-\mathrm{e}^{-x})\,\mathrm{d}x$; (6) $\int_{-1}^{1} (\mathrm{e}^x-\mathrm{e}^{-x})(\sin^2 x+x)\,\mathrm{d}x$.

15. 用以前学过的方法求下列不定积分（其中 a 为常数）：

(1) $\int \dfrac{\mathrm{d}x}{\mathrm{e}^x-\mathrm{e}^{-x}}$; (2) $\int \dfrac{x}{(1-x)^3}\,\mathrm{d}x$;

(3) $\int \dfrac{x^2}{a^6-x^6}\,\mathrm{d}x$; (4) $\int \dfrac{1+\cos x}{x+\sin x}\,\mathrm{d}x$;

(5) $\int \dfrac{\ln(\ln x)}{x}\,\mathrm{d}x$; (6) $\int \dfrac{\mathrm{d}x}{(a^2-x^2)^{5/2}}$;

(7) $\int \dfrac{\mathrm{d}x}{x^4\sqrt{1+x^2}}$; (8) $\int \sqrt{x}\sin\sqrt{x}\,\mathrm{d}x$;

(9) $\int \ln(1+x^2)\,\mathrm{d}x$; (10) $\int \dfrac{\sin^2 x}{\cos^3 x}\,\mathrm{d}x$;

(11) $\int \arctan\sqrt{x}\,\mathrm{d}x$; (12) $\int \dfrac{\sqrt{1+\cos x}}{\sin x}\,\mathrm{d}x$;

(13) $\int \dfrac{x^3}{(1+x^8)^2}\,\mathrm{d}x$; (14) $\int \dfrac{x^{11}}{x^8+3x^4+2}\,\mathrm{d}x$;

(15) $\int \dfrac{\mathrm{d}x}{16-x^4}$；

(16) $\int \dfrac{\sin x}{1+\sin x}\mathrm{d}x$；

(17) $\int \dfrac{x+\sin x}{1+\cos x}\mathrm{d}x$；

(18) $\int \dfrac{\sqrt[3]{x}}{x(\sqrt{x}+\sqrt[3]{x})}\mathrm{d}x$；

(19) $\int \dfrac{\mathrm{d}x}{(1+\mathrm{e}^x)^2}$；

(20) $\int \dfrac{\mathrm{e}^{3x}+\mathrm{e}^x}{\mathrm{e}^{4x}-\mathrm{e}^{2x}+1}\mathrm{d}x$；

(21) $\int \dfrac{x\mathrm{e}^x}{(\mathrm{e}^x+1)^2}\mathrm{d}x$；

(22) $\int \dfrac{\ln x}{(1+x^2)^{\frac{3}{2}}}\mathrm{d}x$；

(23) $\int \sqrt{1-x^2}\arcsin x\,\mathrm{d}x$；

(24) $\int \dfrac{\cot x}{1+\sin x}\mathrm{d}x$；

(25) $\int \dfrac{\mathrm{d}x}{\sin^3 x\cos x}$．

3.4　广　义　积　分

在科学研究及应用领域中,我们常会遇到积分区间为无穷或被积函数在积分区间上无界的情况. 显然,它们已经不属于前面所说的定积分(通常称为**常义积分**) 了. 我们把这两种积分作为常义积分的推广,称为**广义积分**.

3.4.1　无穷区间上的广义积分

> **定义 3.4**　设对任意大于 a 的实数 b, 函数 $f(x)$ 在区间 $[a,b]$ 上均可积,则称
>
> $$\lim_{b\to+\infty}\int_a^b f(x)\mathrm{d}x\ (b>a)$$
>
> 为函数 $f(x)$ 在 $[a,+\infty)$ 上的**广义积分**(或**反常积分**),记作 $\int_a^{+\infty} f(x)\mathrm{d}x$,即
>
> $$\int_a^{+\infty} f(x)\mathrm{d}x=\lim_{b\to+\infty}\int_a^b f(x)\mathrm{d}x.$$
>
> 当极限存在时称广义积分 $\int_a^{+\infty} f(x)\mathrm{d}x$ **收敛**;否则,称广义积分 $\int_a^{+\infty} f(x)\mathrm{d}x$ **发散**.
>
> 　　类似地,设对任意小于 b 的实数 a, 函数 $f(x)$ 在区间 $[a,b]$ 上均可积,则定义函数 $f(x)$ 在 $(-\infty,b]$ 上的广义积分为
>
> $$\int_{-\infty}^b f(x)\mathrm{d}x=\lim_{a\to-\infty}\int_a^b f(x)\mathrm{d}x.$$
>
> 当极限存在时称广义积分 $\int_{-\infty}^b f(x)\mathrm{d}x$ **收敛**;否则,称广义积分 $\int_{-\infty}^b f(x)\mathrm{d}x$ **发散**.
>
> 　　最后,对任意常数 c,定义广义积分
>
> $$\int_{-\infty}^{+\infty} f(x)\mathrm{d}x=\int_{-\infty}^c f(x)\mathrm{d}x+\int_c^{+\infty} f(x)\mathrm{d}x.$$
>
> 当广义积分 $\int_c^{+\infty} f(x)\mathrm{d}x$ 与 $\int_{-\infty}^c f(x)\mathrm{d}x$ 都收敛时,称广义积分 $\int_{-\infty}^{+\infty} f(x)\mathrm{d}x$ **收敛**,否则,称广义积分 $\int_{-\infty}^{+\infty} f(x)\mathrm{d}x$ **发散**.

例 3.51　计算广义积分 $\int_{-\infty}^{+\infty} \dfrac{1}{1+x^2}\mathrm{d}x$.

解 原式 $= \int_{-\infty}^{0} \frac{1}{1+x^2} \mathrm{d}x + \int_{0}^{+\infty} \frac{1}{1+x^2} \mathrm{d}x$

$$= \lim_{a \to -\infty} \int_{a}^{0} \frac{1}{1+x^2} \mathrm{d}x + \lim_{b \to +\infty} \int_{0}^{b} \frac{1}{1+x^2} \mathrm{d}x$$

$$= \lim_{a \to -\infty} [\arctan x]_{a}^{0} + \lim_{b \to +\infty} [\arctan x]_{0}^{b}$$

$$= -\lim_{a \to -\infty} \arctan a + \lim_{b \to +\infty} \arctan b$$

$$= \frac{\pi}{2} + \frac{\pi}{2} = \pi.$$

从几何上看,这个广义积分表示的是图 3.8 中曲线 $f(x) = \frac{1}{1+x^2}$ 与 x 轴所夹图形的面积.

例 3.52 讨论广义积分 $\int_{1}^{+\infty} \frac{\mathrm{d}x}{x^p}$ 的敛散性 $(p > 0)$.

解 下面对 p 分两种情况进行讨论:

(1) 当 $p = 1$ 时

$$原式 = \lim_{b \to +\infty} [\ln x]_{1}^{b} = +\infty;$$

(2) 当 $p \neq 1$ 时

$$原式 = \lim_{b \to +\infty} \left[\frac{1}{-p+1} x^{-p+1} \right]_{1}^{b} = \begin{cases} +\infty & 当 0 < p < 1 \\ \dfrac{1}{p-1} & 当 p > 1 \end{cases}.$$

综上,当 $p \leqslant 1$ 时,广义积分发散;当 $p > 1$ 时,广义积分收敛.

从几何上看,这个广义积分表示的是图 3.9 中阴影部分的面积,当 $p \leqslant 1$ 时面积不存在,

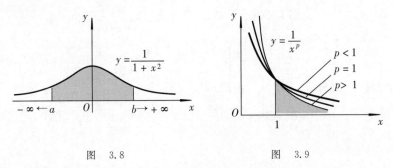

图 3.8   图 3.9

当 $p > 1$ 时面积存在. 即在区间 $[1, +\infty)$ 上,曲线 $y = \frac{1}{x}$ 及其上方的曲线与 x 轴所围图形的

面积不存在,而 $y = \frac{1}{x}$ 下方的曲线与 x 轴所围图形的面积存在.

例 3.53 广义函数

$$\Gamma(p) = \int_{0}^{+\infty} x^{p-1} \mathrm{e}^{-x} \mathrm{d}x$$

称为 Γ 函数. 当 $p > 0$ 时收敛,其他情况发散. 证明:

(1) $\Gamma(p+1) = p\Gamma(p)$ $(p > 0)$;

(2) 对于正整数 n,有 $\Gamma(n+1) = n!$.

证 (1) $\Gamma(p+1) = \int_{0}^{+\infty} x^p \mathrm{e}^{-x} \mathrm{d}x = -\int_{0}^{+\infty} x^p \mathrm{d}\mathrm{e}^{-x}$

$$=-\left[x^p\mathrm{e}^{-x}\Big|_0^{+\infty}-\int_0^{+\infty}px^{p-1}\mathrm{e}^{-x}\mathrm{d}x\right]$$

$$=p\int_0^{+\infty}x^{p-1}\mathrm{e}^{-x}\mathrm{d}x$$

$$=p\Gamma(p).$$

（2）因为 $\Gamma(1)=\int_0^{+\infty}\mathrm{e}^{-x}\mathrm{d}x=-\mathrm{e}^{-x}\Big|_0^{+\infty}=1$，所以对于正整数 n，有

$$\Gamma(n+1)=n\Gamma(n)=n(n-1)\Gamma(n-1)=\cdots=n(n-1)\cdots1\Gamma(1)$$
$$=n!.$$

3.4.2 无界函数的广义积分

定义 3.5 设函数 $f(x)$ 在区间 $(a,b]$ 上连续，在点 a 的右邻域内无界，则称

$$\lim_{\varepsilon\to0^+}\int_{a+\varepsilon}^b f(x)\mathrm{d}x$$

为无界函数 $f(x)$ 在 $(a,b]$ 上的**广义积分**（或瑕积分），记作 $\int_a^b f(x)\mathrm{d}x$，即

$$\int_a^b f(x)\mathrm{d}x=\lim_{\varepsilon\to0^+}\int_{a+\varepsilon}^b f(x)\mathrm{d}x.$$

当极限存在时称广义积分 $\int_a^b f(x)\mathrm{d}x$ **收敛**；否则，称广义积分 $\int_a^b f(x)\mathrm{d}x$ **发散**.

类似地，定义在 $[a,b)$ 上连续且在点 b 的左邻域内无界的函数 $f(x)$ 的广义积分为

$$\int_a^b f(x)\mathrm{d}x=\lim_{\varepsilon\to0^+}\int_a^{b-\varepsilon} f(x)\mathrm{d}x.$$

当极限存在时称广义积分 $\int_a^b f(x)\mathrm{d}x$ **收敛**；否则，称广义积分 $\int_a^b f(x)\mathrm{d}x$ **发散**.

最后，设 $f(x)$ 在 $[a,b]$ 上除点 $x=c(a<c<b)$ 外连续，而在点 $x=c$ 的任意邻域内无界，则定义 $[a,b]$ 上无界函数 $f(x)$ 的广义积分为

$$\int_a^b f(x)\mathrm{d}x=\int_a^c f(x)\mathrm{d}x+\int_c^b f(x)\mathrm{d}x.$$

当右端两个广义积分都收敛时，称广义积分 $\int_a^b f(x)\mathrm{d}x$ **收敛**；否则，称广义积分 $\int_a^b f(x)\mathrm{d}x$ **发散**.

例 3.54 讨论广义积分 $\int_{-1}^1\dfrac{1}{\sqrt[3]{x^2}}\mathrm{d}x$ 的敛散性.

解 由于被积函数在积分区间 $[-1,1]$ 内点 $x=0$ 的邻域内无界，故

$$\int_{-1}^1\frac{1}{\sqrt[3]{x^2}}\mathrm{d}x=\int_{-1}^0\frac{1}{\sqrt[3]{x^2}}\mathrm{d}x+\int_0^1\frac{1}{\sqrt[3]{x^2}}\mathrm{d}x$$
$$=\lim_{\varepsilon\to0^+}\int_{-1}^{-\varepsilon}\frac{1}{\sqrt[3]{x^2}}\mathrm{d}x+\lim_{\varepsilon\to0^+}\int_\varepsilon^1\frac{1}{\sqrt[3]{x^2}}\mathrm{d}x$$
$$=\lim_{\varepsilon\to0^+}\left[3x^{\frac13}\right]_{-1}^{-\varepsilon}+\lim_{\varepsilon\to0^+}\left[3x^{\frac13}\right]_\varepsilon^1$$
$$=0-3\times(-1)+3\times1-0$$
$$=6.$$

从几何上看,这个广义积分表示的是图 3.10 中曲线 $y = \dfrac{1}{\sqrt[3]{x^2}}$ 与 x 轴所围阴影部分(除去 y 轴) 的面积.

例 3.55 讨论广义积分 $\displaystyle\int_0^1 \dfrac{\mathrm{d}x}{x^q}$ 的敛散性($q > 0$).

解 下面对 q 分两种情况进行讨论:

(1) 当 $q = 1$ 时

$$\text{原式} = \lim_{\varepsilon \to 0^+} [\ln x]_\varepsilon^1 = +\infty;$$

(2) 当 $q \neq 1$ 时

$$\text{原式} = \lim_{\varepsilon \to 0^+}\left[\frac{1}{-q+1}x^{-q+1}\right]_\varepsilon^1 = \begin{cases} +\infty & \text{当 } q > 1 \\ \dfrac{1}{1-q} & \text{当 } q < 1 \end{cases}.$$

综上,当 $q \geqslant 1$ 时,广义积分发散;当 $q < 1$ 时,广义积分收敛.

从几何上看,这个广义积分表示的是图 3.11 中阴影部分的面积,当 $q < 1$ 时面积存在,当 $q \geqslant 1$ 时面积不存在. 即在区间 $(0, 1]$ 上,曲线 $y = \dfrac{1}{x}$ 下方的曲线与 x 轴所围图形的面积存在,而 $y = \dfrac{1}{x}$ 及其上方的曲线与 x 轴所围图形的面积不存在.

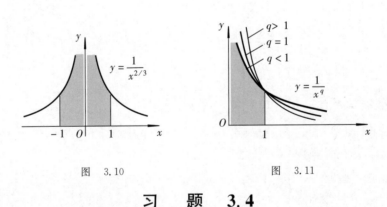

图 3.10　　　　　　图 3.11

习 题 3.4

1. 判别下列各广义积分的敛散性. 如果收敛,则计算其值.

(1) $\displaystyle\int_1^{+\infty} \dfrac{\mathrm{d}x}{x^4}$;

(2) $\displaystyle\int_1^{+\infty} \dfrac{\mathrm{d}x}{\sqrt{x}}$;

(3) $\displaystyle\int_{-\infty}^{+\infty} \dfrac{\mathrm{d}x}{x^2 + 2x + 2}$;

(4) $\displaystyle\int_0^{+\infty} \mathrm{e}^{kt} \cdot \mathrm{e}^{-pt} \mathrm{d}t \ (p > k)$;

(5) $\displaystyle\int_0^{+\infty} \mathrm{e}^{-pt} \cosh t \, \mathrm{d}t \ (p > 1)$;

(6) $\displaystyle\int_0^{+\infty} \mathrm{e}^{-pt} \sin \omega t \, \mathrm{d}t \ (p > 0, \omega > 0)$;

(7) $\displaystyle\int_0^1 \dfrac{x \mathrm{d}x}{\sqrt{1-x^2}}$;

(8) $\displaystyle\int_0^2 \dfrac{\mathrm{d}x}{(1-x)^2}$;

(9) $\displaystyle\int_1^2 \dfrac{x \mathrm{d}x}{\sqrt{x-1}}$;

(10) $\displaystyle\int_1^{\mathrm{e}} \dfrac{\mathrm{d}x}{x \ \sqrt{1-(\ln x)^2}}$.

2. 当 k 为何值时,广义积分 $\displaystyle\int_2^{+\infty} \dfrac{\mathrm{d}x}{x(\ln x)^k}$ 收敛?当 k 为何值时,这个广义积分发散?又当 k 为何值时,这个广义积分取得最小值?

3. 当 k 为何值时,广义积分 $\displaystyle\int_a^b \frac{\mathrm{d}x}{(x-a)^k}(b>a)$ 收敛?又当 k 为何值时,这个广义积分发散?

4. 给出计算 $I_n = \displaystyle\int_0^{+\infty} x^n \mathrm{e}^{-x}\mathrm{d}x$ (n 为自然数) 的递推公式,并计算出结果.

5. 求 c 的值,使 $\displaystyle\lim_{x\to\infty}\left(\frac{x+c}{x-c}\right)^x = \int_{-\infty}^c t\mathrm{e}^{2t}\mathrm{d}t$.

6. 分别用两种广义积分求位于曲线 $y=\mathrm{e}^x$ 的下方,该曲线过原点的切线的左方,以及 x 轴上方之间的图形的面积.

3.5　定积分的应用

"忽如一夜春风来,千树万树梨花开。"微积分的发明,特别是牛顿-莱布尼茨公式的出现,大量的几何、物理问题都得到了顺利的解决,推动了科学技术向前发展. 本节将重点介绍如何把一个几何量或物理量表示成一个定积分,这个方法通常称为**微元法**(或**元素法**).然后介绍微元法在计算一些几何量和物理量方面的应用.

3.5.1　微元法

利用定积分解决实际问题,首要的是建立积分表达式. 我们知道,一个定积分仅依赖于积分区间和被积函数,所以,要将一个物理量或一个几何量表示成定积分,其关键问题就是确定积分区间和根据问题的实际意义确定被积函数.下面,我们通过对 3.1 所讨论的曲边梯形面积的计算过程,来分析将一个几何量(或物理量) 表示成定积分的一般规律.

对曲线 $y=f(x)(f(x)\geqslant 0, f(x)\in \mathrm{C}[a,b])$ 与直线 $x=a$, $x=b$ 及 x 轴所围成的曲边梯形,通过分割、近似、求极限三个步骤得到其面积的积分表达式为

$$A = \lim_{\lambda\to 0}\sum_{i=1}^n f(\xi_i)\Delta x_i = \int_a^b f(x)\mathrm{d}x.$$

这要求:

(1)所求面积一定要与某变量(如 x)及其变化区间 $[a,b]$ 有关;

(2) 所求面积对区间 $[a,b]$ 具有可加性,即将区间 $[a,b]$ 分成 n 个部分区间时,所求面积也相应地分成 n 个部分量 $\Delta A_i(i=1,2,\cdots,n)$, ΔA_i 表示第 i 个小区间对应的窄曲边梯形的面积. 而 A 就等于所有这些部分量的和,即

$$A = \sum_{i=1}^n \Delta A_i;$$

(3) 每个部分量 ΔA_i 可近似地表示为某连续函数 $f(x)$ 在相应小区间中某点的函数值 $f(\xi_i)$ 乘以该小区间的长度 Δx_i,即 $\Delta A_i \approx f(\xi_i)\Delta x_i$,其误差是关于 Δx_i 的高阶无穷小.

由上述分析我们可以看到,若一个量 U 满足以上所述三条,则可将量 U 表示成一个定积分. 具体做法是:

(1) 根据问题的实际意义,确定适当的坐标系,并画出草图以帮助分析;

(2) 确定与量 U 有关的变量(设为 x) 为积分变量,其变化区间为积分区间(如为 $[a,b]$);

(3) 由于量 U 关于区间 $[a,b]$ 具有可加性. 我们可设想把区间 $[a,b]$ 分成 n 个小区间,并把其中一个代表性的小区间记为 $[x,x+\mathrm{d}x]$.求出相应于区间 $[x,x+\mathrm{d}x]$ 上量 ΔU 的近似值. 如果能够找到 ΔU 的形如 $f(x)\mathrm{d}x$ 的近似表达式,那么就把 $f(x)\mathrm{d}x$ 称为量 U 的**微元**,并记为 $\mathrm{d}U$,

即
$$dU = f(x)dx,$$
其中,$f(x)$是根据实际问题的意义所求出的连续函数在区间$[x,x+dx]$左端点处的函数值, dx 表示小区间的长度.

(4)将量 U 表示成 $f(x)$ 在区间$[a,b]$上的定积分,从而给出量 U 的积分表达式
$$U = \int_a^b f(x)dx.$$

以上微元法最关键的是根据问题的实际意义求出子区间$[x,x+dx]$上部分量 ΔU 的近似值 $f(x)dx$. 在许多定积分应用的实际问题中,一般说来,总是在子区间$[x,x+dx]$上,把非均匀分布的量近似看成是均匀分布的,即用区间左端点处的函数值 $f(x)$ 代替区间上各点的函数值. 例如,求曲边梯形的面积时,把左端点处的"高"$f(x)$看成是子区间$[x,x+dx]$上各点的"高";在求变速直线运动的路程时,把子区间$[t,t+dt]$左端点的速度 $v(t)$ 看成是子区间$[t,t+dt]$上各点的速度. 这样求出的 ΔU 的近似值往往符合微元法的要求. 下面就一些几何和物理问题来说明这种微元法.

3.5.2　定积分在几何中的应用

1. 平面图形的面积问题

(1) 直角坐标系下平面图形的面积

设平面图形由两条曲线 $y = f_1(x)$, $y = f_2(x)$ (其中 $f_1(x)$, $f_2(x) \in C[a,b]$ 且 $f_1(x) \geqslant f_2(x)$, $x \in [a,b]$)及直线 $x = a$, $x = b$ 围成(见图 3.12).求平面图形的面积 A.

取 x 为积分变量,在它的变化区间$[a,b]$上取小区间$[x,x+dx]$,则该小区间上对应的窄曲边梯形的面积 $\Delta A \approx [f_2(x) - f_1(x)]dx$,从而得到了面积微元 dA,即
$$dA = [f_2(x) - f_1(x)]dx.$$
于是
$$A = \int_a^b [f_2(x) - f_1(x)]dx.$$

例 3.56　求由曲线 $y = \sin x \left(0 \leqslant x \leqslant \dfrac{\pi}{2}\right)$, $y = \cos x$ 及 $x = 0$ 所围图形的面积.

解　如图 3.13 所示,为了具体确定图形的所在范围,先求两曲线的交点为 $\left(\dfrac{\pi}{4}, \dfrac{\sqrt{2}}{2}\right)$,所以图形可看成是介于 $y = \sin x$, $y = \cos x$ 及直线 $x = 0$ 和 $x = \dfrac{\pi}{4}$ 之间的曲边梯形. 其面积为
$$A = \int_0^{\frac{\pi}{4}} (\cos x - \sin x)dx = (\sin x + \cos x)\Big|_0^{\frac{\pi}{4}} = \sqrt{2} - 1.$$

例 3.57　求由曲线 $y^2 = 2x$ 与直线 $y = x - 4$ 所围成的图形的面积.

解　如图 3.14 所示,求出抛物线与直线的交点为$(2, -2)$ 与$(8,4)$,从而可知这个图形介于直线 $y = -2$ 与 $y = 4$ 之间.

取 y 为积分变量,变化区间为$[-2,4]$. $\forall y \in [-2,4]$ 取小区间$[y,y+dy]$,对应的窄曲边梯形的面积 ΔA 近似等于高为 dy,底为 $\left[(y+4) - \dfrac{1}{2}y^2\right]$ 的窄矩形的面积, 故

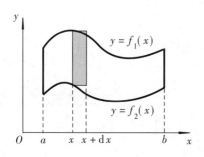

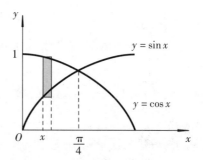

图　3.12　　　　　　　　　　图　3.13

$$dA = \left[(y+4) - \frac{1}{2}y^2 \right]dy.$$

所以

$$A = \int_{-2}^{4} \left[(y+4) - \frac{1}{2}y^2 \right]dy = \left[\frac{1}{2}y^2 + 4y - \frac{1}{6}y^3 \right]_{-2}^{4} = 18.$$

例 3.58　求椭圆 $\dfrac{x^2}{a^2} + \dfrac{y^2}{b^2} = 1$ 所围成的图形的面积.

解　由于这个椭圆关于两坐标轴都对称（见图 3.15），所以所求面积为 $A = 4A_1$，其中 A_1 为这个椭圆在第一象限部分与两坐标轴所围图形的面积. 故

$$A = 4A_1 = 4\int_0^a y\,dx.$$

利用参数方程 $x = a\cos t$，$y = b\sin t$，应用定积分的换元法.

令 $x = a\cos t$，则 $y = b\sin t$，$dx = -a\sin t\,dt$；当 $x = 0$ 时，$t = \dfrac{\pi}{2}$；当 $x = a$ 时，$t = 0$，故

$$A = 4A_1 = 4\int_0^a y\,dx = 4\int_{\frac{\pi}{2}}^{0} b\sin t \cdot (-a\sin t)\,dt$$

$$= 4ab\int_0^{\frac{\pi}{2}} \sin^2 t\,dt = \pi ab.$$

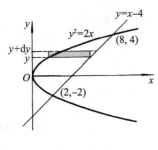

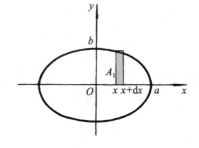

图　3.14　　　　　　　　　　图　3.15

（2）极坐标系下平面图形的面积

设平面图形的边界适合用极坐标方程给出，且由连续曲线 $r = \varphi(\theta)$ 及射线 $\theta = \alpha$，$\theta = \beta$ 围成（见图 3.16），简称为**曲边扇形**，求其面积.

取 θ 为积分变量，在它的变化区间 $[\alpha, \beta]$ 上取小区间 $[\theta, \theta + d\theta]$，对应的窄曲边扇形的面积近似等于以 $r(\theta)$ 为半径的窄圆扇形的面积，从而可知其面积微元为

$$dA = \frac{1}{2}r^2 d\theta = \frac{1}{2}[\varphi(\theta)]^2 d\theta,$$

以 dA 为被积表达式,在闭区间 $[\alpha,\beta]$ 上作定积分,可得所求
图形的面积为

$$A = \int_\alpha^\beta dA = \int_\alpha^\beta \frac{1}{2}[\varphi(\theta)]^2 d\theta.$$

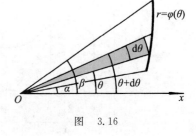

图 3.16

例 3.59 计算阿基米德螺线 $r=a\theta$ $(a>0)$ 上相应于 θ
从 0 变到 2π 的一段弧与极轴所围成的图形的面积.

解 如图 3.17 所示,取 θ 为积分变量,积分区间为 $[0,2\pi]$,则面积微元为

$$dA = \frac{1}{2}[a\theta]^2 d\theta,$$

所以

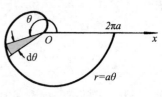

$$A = \int_0^{2\pi} dA = \int_0^{2\pi} \frac{1}{2}[a\theta]^2 d\theta = \frac{a^2}{2}\left[\frac{\theta^3}{3}\right]_0^{2\pi}$$

$$= \frac{4}{3}a^2\pi^3.$$

例 3.60 计算心形线 $r=a(1+\cos\theta)$ 与圆 $r=3a\cos$ 图 3.17
θ $(a>0)$ 所围图形的公共部分位于第 I 象限部分的面积.

解 该图形由两部分所构成(如图 3.18). 由 $\begin{cases} r=a(1+\cos\theta) \\ r=3a\cos\theta \end{cases}$ 求出两曲线的交点坐标为

$\left(\frac{\pi}{3},\frac{3a}{2}\right)$. 积分变量 θ 在 0 到 $\frac{\pi}{3}$ 范围内变化时对应的面积微元为

$$dA_1 = \frac{1}{2}[a(1+\cos\theta)]^2 d\theta,$$

所以

$$A_1 = \int_0^{\frac{\pi}{3}} dA_1 = \int_0^{\frac{\pi}{3}} \frac{1}{2}[a(1+\cos\theta)]^2 d\theta$$

$$= \frac{1}{2}a^2\left[\frac{3}{2}\theta + 2\sin\theta + \frac{1}{4}\sin 2\theta\right]_0^{\frac{\pi}{3}}$$

$$= \frac{a^2}{4}\left(\pi + \frac{9}{4}\sqrt{3}\right).$$

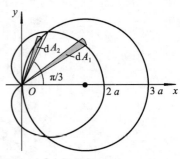

图 3.18

积分变量 θ 在 $\frac{\pi}{3}$ 到 $\frac{\pi}{2}$ 范围内变化时对应的面积微元为

$$dA_2 = \frac{1}{2}(3a\cos\theta)^2 d\theta,$$

所以

$$A_2 = \int_{\frac{\pi}{3}}^{\frac{\pi}{2}} dA_2 = \int_{\frac{\pi}{3}}^{\frac{\pi}{2}} \frac{1}{2}(3a\cos\theta)^2 d\theta = \frac{9a^2}{2}\int_{\frac{\pi}{3}}^{\frac{\pi}{2}} \frac{1+\cos 2\theta}{2}d\theta$$

$$= \frac{9a^2}{4}\left(\frac{\pi}{6} - \frac{\sqrt{3}}{4}\right).$$

故所求面积

$$A = A_1 + A_2 = \frac{5\pi}{8}a^2.$$

2. 体积问题

一般立体的体积计算将在以后的重积分中讨论. 现在我们讨论两种特殊立体的体积问题，它们是可以表示成定积分来计算的.

（1）旋转体的体积

一个平面图形绕着它所在平面内的一条直线旋转一周所扫出的立体称为**旋转体**，这条直线称为**旋转轴**. 如圆锥体、圆柱体、球体等都可看作旋转体.

设平面图形由曲线 $y = f(x)$ $(f(x) \in C[a,b])$ 及直线 $x = a, x = b$ 和 x 轴所围成（如图3.19）. 求该平面图形绕 x 轴旋转一周所成的旋转体的体积 V.

取 x 为积分变量，在它的变化区间 $[a,b]$ 上取 $[x, x+dx]$. 相应的窄曲边梯形绕 x 轴旋转而成的薄片的体积近似于以 $|f(x)|$ 为底半径，dx 为高的窄圆柱体的体积 $\pi[f(x)]^2 dx$，于是可得 x 从 a 变到 b 时的**体积微元**

$$dV = \pi[f(x)]^2 dx.$$

所以

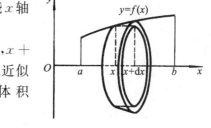

图　3.19

$$V = \int_a^b \pi[f(x)]^2 dx.$$

例 3.61　求由椭圆 $\dfrac{x^2}{a^2} + \dfrac{y^2}{b^2} = 1$ 所围成的图形绕 x 轴旋转而成的旋转体的体积.

解　这个旋转椭球体可以看成是由上半椭圆 $y = \dfrac{b}{a}\sqrt{a^2 - x^2}$ 与 x 轴围成的图形绕 x 轴旋转一周而成的立体（如图 3.20）. 所以它的体积

$$
\begin{aligned}
V &= \int_{-a}^{a} \pi \left[b\sqrt{1 - \frac{x^2}{a^2}} \right]^2 dx \\
&= \frac{\pi b^2}{a^2} \int_{-a}^{a} (a^2 - x^2) dx \\
&= \frac{4}{3}\pi a b^2.
\end{aligned}
$$

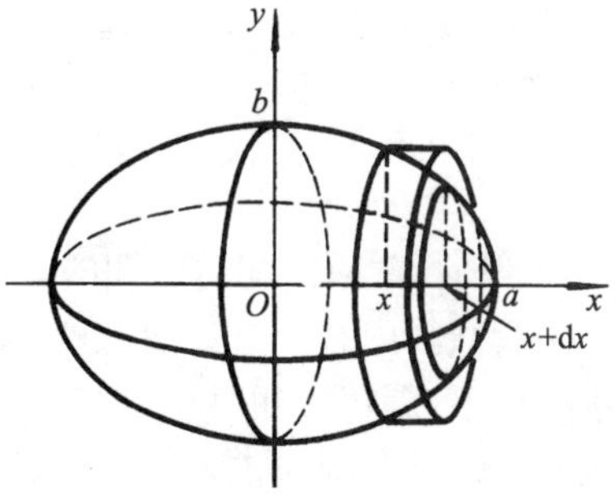

例 3.62　计算由摆线 $\begin{cases} x = a(t - \sin t) \\ y = a(1 - \cos t) \end{cases}$ 的第一拱

图　3.20

$(0 \leqslant t \leqslant 2\pi)$ 及 $y = 0$ 所围成的图形分别绕 x 轴，y 轴旋转而成的旋转体的体积.

解　① 图形绕 x 轴旋转. 如图 3.21(a) 所示，窄矩形绕 x 轴旋转得到体积微元

$$
\begin{aligned}
dV &= \pi y^2 dx = \pi[a(1 - \cos t)]^2 d[a(t - \sin t)] \\
&= \pi a^3 (1 - \cos t)^3 dt.
\end{aligned}
$$

于是，绕 x 轴旋转所成立体的体积为

$$V = \int_0^{2\pi} dV = \int_0^{2\pi} \pi a^3 (1 - \cos t)^3 dt = 5\pi^2 a^3.$$

② 图形绕 y 轴旋转. 如图 3.21(b)所示,所成的旋转体的体积等于平面图形 $OABCO$ 与 $OBCO$ 分别绕 y 轴旋转而成的旋转体体积 V_1 与 V_2 之差.

因为图中长条窄矩形绕 y 轴旋转而成的体积微元为

$$dV_1 = \pi[x_1]^2 dy = \pi[a(t-\sin t)]^2 d[a(1-\cos t)]$$
$$= \pi a^3(t-\sin t)^2 \sin t dt,$$

所以

$$V_1 = \int_{2\pi}^{\pi} dV_1 = \int_{2\pi}^{\pi} \pi a^3(t-\sin t)^2 \sin t dt = -\int_{\pi}^{2\pi} \pi a^3(t-\sin t)^2 \sin t dt.$$

又因为图中短条窄矩形绕 y 轴旋转而成的体积微元为

$$dV_2 = \pi[x_2]^2 dy = \pi[a(t-\sin t)]^2 d[a(1-\cos t)]$$
$$= \pi a^3(t-\sin t)^2 \sin t dt,$$

所以

$$V_2 = \int_0^{\pi} dV_2 = \int_0^{\pi} \pi a^3(t-\sin t)^2 \sin t dt.$$

于是,绕 y 轴旋转所成立体的体积为

$$V = V_1 - V_2 = -\int_{\pi}^{2\pi} \pi a^3(t-\sin t)^2 \sin t dt - \int_0^{\pi} \pi a^3(t-\sin t)^2 \sin t dt$$

$$= -\pi a^3 \int_0^{2\pi} (t-\sin t)^2 \sin t dt$$

$$= 6\pi^3 a^3.$$

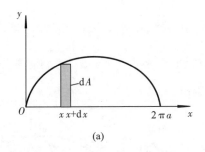 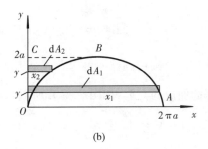

(a) (b)

图 3.21

(2) 平行截面面积为已知的立体的体积

中学数学中有一个祖暅原理:夹在两个平行平面间的两个几何体,被平行于这两个平行平面的任何平面所截,如果截得两个截面的面积总相等,那么这两个几何体的体积相等. 祖暅总结为"幂势既同,则积不容异","势"即是高,"幂"则是面积. 在历史上,祖暅用这个原理解决了刘徽未能解决的球体的体积计算. 现在把祖暅原理用积分表示出来.

从计算旋转体体积的过程可知:$y = f(x)$ 及直线 $x = a$,$x = b$ 和 x 轴所围平面图形绕 x 轴旋转,所得立体的体积微元为 $dV = \pi[f(x)]^2 dx$,这里 $\pi[f(x)]^2$ 实质上是垂直于 x 轴的截面的面积. 于是,若一个立体不是旋转体,但却知道该立体上垂直于一个定轴的各截面的面积,那么该立体的体积也可以用定积分来计算.

如图 3.22 所示,取定轴为 x 轴,设立体在过点 $x = a$,$x = b$ 且垂直于 x 轴的两平面之间. 以 $A(x)$ 表示过点 $x \in [a,b]$ 且垂直于 x 轴的截面面积,并设 $A(x)$ 是闭区间 $[a,b]$ 上的连续函数. 求该立体的体积 V.

取 x 为积分变量,它的变化区间为 $[a,b]$,$\forall x \in [a,b]$ 取小区间 $[x, x+\mathrm{d}x] \subset [a,b]$,相应于小区间上的薄片的体积近似等于底面积为 $A(x)$,高为 $\mathrm{d}x$ 的扁柱体的体积,从而可得体积微元

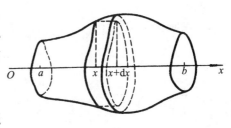

$$\mathrm{d}V = A(x)\mathrm{d}x.$$

以 $A(x)\mathrm{d}x$ 为被积表达式,在闭区间 $[a,b]$ 上作定积分,便得到

图 3.22

$$V = \int_a^b A(x)\mathrm{d}x.$$

上式完全解释了祖暅原理:只要被积函数一样(截面面积相等),积分区间相同(高相等),积分就一样,也就是体积相等。

例 3.63 一平面经过半径为 R 的圆柱体的底圆中心,并与底面交成角 α(如图3.23)。计算平面截圆柱体所得立体的体积。

解 取这个平面与底面的交线为 x 轴,底面上过圆心且与 x 轴垂直的直线为 y 轴,则底圆的方程为 $x^2 + y^2 = R^2$。对于 $\forall x \in [-R, R]$ 处且垂直于 x 轴的截面为三角形,它的两条直角边的边长分别为 y 和 $y\tan\alpha$,即 $\sqrt{R^2 - x^2}$ 和 $\sqrt{R^2 - x^2}\tan\alpha$。所以截面面积为

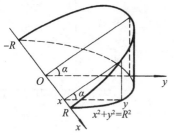

图 3.23

$$A(x) = \frac{1}{2}(R^2 - x^2)\tan\alpha.$$

于是所求立体的体积为

$$V = \int_{-R}^{R} \mathrm{d}V = 2\int_0^R \frac{1}{2}(R^2 - x^2)\tan\alpha\,\mathrm{d}x$$

$$= \tan\alpha \cdot \left[R^2 x - \frac{x^3}{3}\right]_0^R$$

$$= \frac{2}{3}R^3 \tan\alpha.$$

3. 平面曲线的弧长

用微元法求曲线弧段的长度。

(1) 设曲线弧段 $\overset{\frown}{AB}$ 由直角坐标方程 $y = f(x)$ $(a \leqslant x \leqslant b)$ 给出,$f(x)$ 在 $[a,b]$ 上具有一阶连续导数。

如图3.24所示,由 2.8.1 段可知,因为沿 x 增大的方向为曲线弧段 $\overset{\frown}{AB}$ 的正方向,$f(x)$ 具有一阶连续导数,所以,当 $\mathrm{d}x(>0)$ 很小时,曲线在小区间 $[x, x+\mathrm{d}x]$ 上对应的小弧段长度 Δs 可以用该小区间上点 $(x, f(x))$ 处切线段长度 $|MP|$ 近似,即 $\Delta s \approx \mathrm{d}s$,故有弧长微元

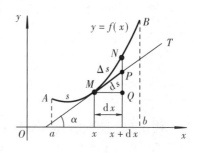

$$\mathrm{d}s = \sqrt{(\mathrm{d}x)^2 + (\mathrm{d}y)^2} = \sqrt{1 + (y')^2}\,\mathrm{d}x \quad (\mathrm{d}x > 0).$$

于是曲线弧段长

图 3.24

$$s = \int_a^b \sqrt{1 + (y')^2}\,\mathrm{d}x \quad (a < b).$$

(2) 设曲线弧段 $\overset{\frown}{AB}$：$\begin{cases} x = \varphi(t) \\ y = \psi(t) \end{cases}$ $(\alpha \leqslant t \leqslant \beta)$，$\varphi'(t)$，$\psi'(t)$ 在 $[\alpha,\beta]$ 上连续且不同时为零，则

$$\mathrm{d}s = \sqrt{[\varphi'(t)]^2 + [\psi'(t)]^2}\,\mathrm{d}t \quad (\mathrm{d}t > 0),$$

$$s = \int_\alpha^\beta \sqrt{[\varphi'(t)]^2 + [\psi'(t)]^2}\,\mathrm{d}t \quad (\alpha < \beta).$$

(3) 设曲线弧段 $\overset{\frown}{AB}$：$r = r(\theta)$ $(\alpha \leqslant \theta \leqslant \beta)$，$r'(\theta)$ 在 $[\alpha,\beta]$ 上连续，则

$$\mathrm{d}s = \sqrt{[r(\theta)]^2 + [r'(\theta)]^2}\,\mathrm{d}\theta \quad (\mathrm{d}\theta > 0),$$

$$s = \int_\alpha^\beta \sqrt{[r(\theta)]^2 + [r'(\theta)]^2}\,\mathrm{d}\theta \quad (\alpha < \beta).$$

注：为使 $\mathrm{d}s > 0$，必须使表示曲线弧长的定积分的积分下限小于积分上限.

例 3.64 两端固定着的绳链，因受均匀引力作用而形成的曲线形状，称为**悬链线**. 如图 3.25 所示，悬链线的方程是一个双曲余弦函数

$$y = c\cosh\frac{x}{c}(c \text{ 是常数}).$$

计算悬链线上介于 $x = -b$ 与 $x = b$ 之间一段弧的长度.

解 弧长微元

$$\mathrm{d}s = \sqrt{1 + (y')^2}\,\mathrm{d}x = \sqrt{1 + \left(\sinh\frac{x}{c}\right)^2}\,\mathrm{d}x$$

$$= \cosh\frac{x}{c}\,\mathrm{d}x.$$

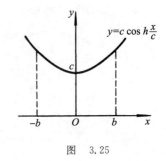

图 3.25

取 $\mathrm{d}s$ 在 $[-b, b]$ 上的定积分，得所求弧段的长度

$$s = \int_{-b}^b \mathrm{d}s = 2\int_0^b \mathrm{d}s = 2\int_0^b \cosh\frac{x}{c}\,\mathrm{d}x$$

$$= 2c\sinh\frac{b}{c}.$$

例 3.65 计算星形线 $x = a\cos^3 t$，$y = a\sin^3 t$ 的全长（如图 3.26）.

解 弧长微元

$$\mathrm{d}s = \sqrt{(\mathrm{d}x)^2 + (\mathrm{d}y)^2}$$

$$= \sqrt{(-3a\cos^2 t\sin t\,\mathrm{d}t)^2 + (3a\sin^2 t\cos t\,\mathrm{d}t)^2}$$

$$= 3a\,|\cos t\sin t|\,\mathrm{d}t.$$

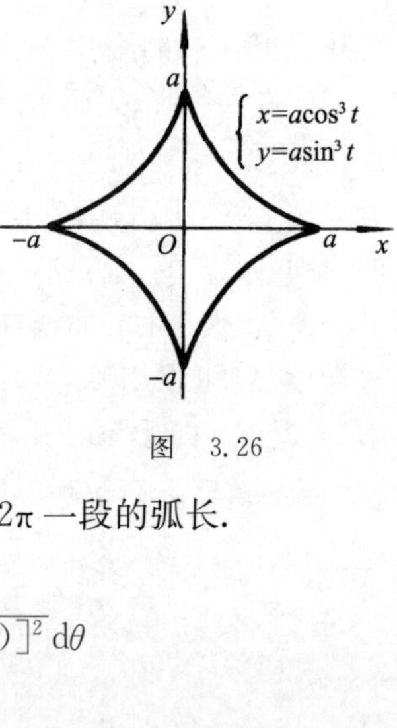

利用星形线的对称性，并取 $\mathrm{d}s$ 在 $\left[0, \dfrac{\pi}{2}\right]$ 上的定积分，得所求弧段的长度

$$s = 4\int_0^{\frac{\pi}{2}} \mathrm{d}s = 4\int_0^{\frac{\pi}{2}} 3a\cos t\sin t\,\mathrm{d}t = 6a.$$

图 3.26

例 3.66 求阿基米德螺线 $r(\theta) = a\theta$ $(a > 0)$ 相应于 θ 从 0 到 2π 一段的弧长.

解 由 $x = r(\theta)\cos\theta$，$y = r(\theta)\sin\theta$，得弧长微元

$$\mathrm{d}s = \sqrt{(\mathrm{d}x)^2 + (\mathrm{d}y)^2} = \sqrt{[r(\theta)]^2 + [r'(\theta)]^2}\,\mathrm{d}\theta$$

$$= a\sqrt{\theta^2 + 1}\,\mathrm{d}\theta.$$

将 ds 在区间 $[0,2\pi]$ 上作定积分,得

$$s = \int_0^{2\pi} ds = \int_0^{2\pi} a\sqrt{\theta^2+1}\,d\theta$$
$$= \frac{a}{2}\left[2\pi\sqrt{1+4\pi^2} + \ln(2\pi + \sqrt{1+4\pi^2})\right].$$

3.5.3　定积分在物理中的应用举例

前面我们介绍了定积分在一些几何问题方面的应用,我们看到应用微元法解决这些问题的一个最基本的前提是所求量必须符合"叠加原理". 我们知道,在物理学和其他一些自然科学中,大量的问题都符合"叠加原理",因此,一般说来它们都可以应用微元法来求出问题的解. 下面,我们以"变力沿直线做功"问题、水压力问题为例,说明该方法的应用.

例 3.67　已知距离为 r 的两个电荷间作用力的大小为 $F = k\dfrac{q_1 \cdot q_2}{r^2}$ (k 是常数). 把一个带 $+q$ 电量的点电荷放在 r 轴上坐标原点 O 处,它产生一个电场. 求电场力将单位正电荷从 $r=a$ 处移动到 $r=b(a<b)$ 处时电场力对它所作的功(如图3.27).

解　由于电场力的大小随点的不同而改变,因此这个问题属于变力沿直线做功问题. 取 r 为积分变量,其变化区间为 $[a,b]$, $\forall r \in [a,b]$ 取小区间 $[r,r+dr]$,该小区间上电场力所做的功可近似看作点 r 处的电场力与移动距离 dr 之乘积. 从而可得功微元为

$$dW = F(r)dr = k\frac{q\cdot 1}{r^2}dr = k\frac{q}{r^2}dr,$$

所以

$$W = \int_a^b dW = \int_a^b k\frac{q}{r^2}dr = kq\left(\frac{1}{a}-\frac{1}{b}\right).$$

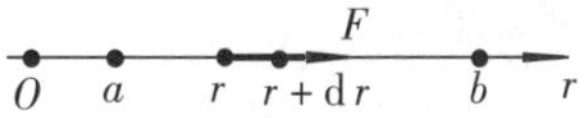

图　3.27

例 3.68　发动机中,当气缸中气体燃烧膨胀时,就会推动活塞移动. 设气缸是横截面积为 S 的圆柱形. 求将位于距离底面 a 处的活塞推到距离底面 $b(a<b)$ 处时气体压力所作的功.

解　在等温条件下,容器中气体的体积 V 与压强 p 的关系是
$$pV = k\ (k\text{ 为常数}).$$

建立坐标系如图 3.28 所示. 当活塞位于 x 处时,汽缸内气体的体积 $V=Sx$. 由 $k=pV=pSx$ 得 x 处活塞上的压强为 $p=\dfrac{k}{Sx}$,于是,活塞上受的推力

$$F(x) = pS = \frac{k}{Sx}S = \frac{k}{x}.$$

用 $[a,b]$ 上点 x 处活塞上受的力 $F(x)$ 代替活塞在小区间 $[x,x+dx]$ 上移动时各处受的力,得功微元

$$dW = F(x)dx = \frac{k}{x}dx,$$

所以

$$W = \int_a^b dW = \int_a^b \frac{k}{x}dx = k\ln\frac{b}{a}.$$

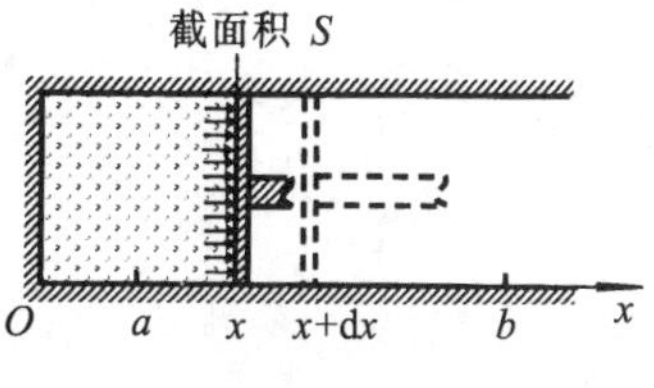

图　3.28

例 3.69　设一圆锥形贮水池,深 15m,口径 20m,其内盛满水. 欲将水抽尽需作多少功?

解　建立坐标系如图 3.29 所示,把从贮水池中抽水的过程,视为将池中固体薄片一片片

取到池顶面的过程.

取 h 为积分变量,其变化区间为 $[0,15]$,$\forall h \in [0,15]$ 取 $[h,h+\mathrm{d}h]$,相应的薄片的体积近似为 $\pi r^2 \mathrm{d}h$,其重量为 $\gamma \pi r^2 \mathrm{d}h$($\gamma$ 为水的比重,可近似取为 1,r 为小薄柱片的半径),将它提升到顶面的位移为 h,故抽水的功微元为

$$\mathrm{d}W = \gamma \mathrm{d}V \cdot h = \gamma \pi r^2 h \mathrm{d}h = \gamma \pi \left(10 - \frac{2}{3}h\right)^2 h \mathrm{d}h.$$

将 $\mathrm{d}W$ 在区间 $[0,15]$ 上作定积分,得

$$W = \int_0^{15} \mathrm{d}W = \int_0^{15} \gamma \pi \left(10 - \frac{2}{3}h\right)^2 h \mathrm{d}h$$
$$= 1875\pi (\mathrm{t} \cdot \mathrm{m}).$$

例 3.70 一个横放着的圆柱形水桶,桶内盛有半桶水. 设桶的底半径为 R,求桶的一个端面上所受的压力.

解 对横放着的桶的端面图选取坐标系,如图 3.30 所示.

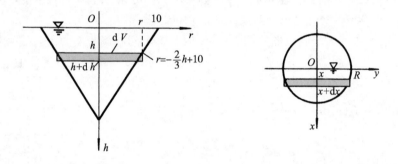

图 3.29   图 3.30

由于水在同一深度各方向的压强相同,故将端面所受的压力按深度"化整为微",将每一层水对端面的压力进行叠加,从而求出端面所受总压力.

取 x 为积分变量,其变化区间为 $[0,R]$,$\forall x \in [0,R]$ 取小区间 $[x,x+\mathrm{d}x]$,用深度 x 处的压强 $p(x)=\gamma x$ 代替窄矩形上各处的压强,从而求出相应小区间对应的窄矩形上水压力的近似值为

$$\mathrm{d}P = p(x)\mathrm{d}A = \gamma x \cdot 2y\mathrm{d}x = \gamma x \cdot 2\sqrt{R^2 - x^2}\,\mathrm{d}x$$
$$= \gamma \sqrt{R^2 - x^2}\, 2x\mathrm{d}x.$$

将 $\mathrm{d}P$ 在 $[0,R]$ 上取定积分,于是

$$P = \int_0^R \mathrm{d}P = \int_0^R \gamma \sqrt{R^2 - x^2}\, 2x\mathrm{d}x = \gamma \int_0^R \sqrt{R^2 - x^2}\, (-1)\mathrm{d}(R^2 - x^2)$$
$$= -\frac{2}{3}\gamma (R^2 - x^2)^{\frac{3}{2}} \Big|_0^R$$
$$= \frac{2}{3}R^3 \gamma \ (\mathrm{t}).$$

习 题 3.5

1. 求下列各曲线所围成的图形的面积:

(1) $y = \dfrac{1}{2}x^2$ 与 $x^2 + y^2 = 8$(两部分都要计算);

(2) $y = \dfrac{1}{x}$ 与直线 $y = x$ 及 $x = 2$;

(3) $y = e^x$,$y = e^{-x}$ 与直线 $x = 1$;

(4) $y = \ln x$,y 轴与直线 $y = \ln a$,$y = \ln b\ (b > a > 0)$;

(5) $y = x^2$ 与直线 $y = x$ 及 $y = 2x$;

(6) $|\ln x| + |\ln y| = 1$.

(7) $y = -x^2 + 4x - 3$ 及其在点 $(0,-3)$ 和 $(3,0)$ 处的切线.

(8) $y^2 = 2px$ 及其在点 $\left(\dfrac{p}{2},p\right)$ 处的法线.

2. 求由下列各曲线所围成的图形的面积:

    (1) 星形线 $x = a\cos^3 t$,$y = a\sin^3 t$;

    (2) 摆线 $x = a(t - \sin t)$,$y = a(1 - \cos t)$ 的一拱 $(0 \leqslant t \leqslant 2\pi)$ 与 x 轴.

3. 求下列各图形的面积:

    (1) 圆 $r = 2a\cos\theta$ 所围图形;

    (2) 对数螺线 $r = ae^\theta$ 及射线 $\theta = -\pi$,$\theta = \pi$ 所围图形;

    (3) 圆 $r = 3$ 与心形线 $r = 2(1 + \cos\theta)$ 所围图形的公共部分;

    (4) 圆 $r = \sqrt{2}\sin\theta$ 及双纽线 $r^2 = \cos 2\theta$ 所围图形的公共部分.

4. 把抛物线 $y^2 = 4ax$ 及直线 $x = x_0\ (x_0 > 0)$ 所围成的图形绕 x 轴旋转,计算所得旋转抛物体的体积.

5. 由 $y = x^3$,$x = 2$,$y = 0$ 所围成的图形,分别绕 x 轴及 y 轴旋转,求所得两个旋转体的体积.

6. 有一铁铸件,它是由抛物线 $y = \dfrac{1}{10}x^2$,$y = \dfrac{1}{10}x^2 + 1$ 与直线 $y = 10$ 围成的图形,绕 y 轴旋转而成的旋转体.

    算出它的质量(长度单位是 cm,铁的密度是 7.8 g/cm³).

7. 把星形线 $x^{\frac{2}{3}} + y^{\frac{2}{3}} = a^{\frac{2}{3}}$ 绕 x 轴旋转,计算所得旋转体的体积.

8. 求下列已知曲线所围成的图形,按指定的轴旋转所产生的旋转体的体积:

    (1) $y = x^2$,$x = y^2$,绕 y 轴;

    (2) $y = a\cosh\dfrac{x}{a}$,$x = 0$,$x = a$,$y = 0$,绕 x 轴;

    (3) $x^2 + (y-5)^2 = 16$,绕 x 轴;

    (4) 摆线 $x = a(t - \sin t)$,$y = a(1 - \cos t)$ 的一拱,$y = 0$,绕直线 $y = 2a$.

    (5) 求 $x^2 + y^2 = a^2$,绕 $x = -b\ (b > a > 0)$.

9. 设有抛物线 L:$y = a - bx^2\ (a > 0,b > 0)$,试确定常数 a,b 的值,使得

    (1) L 与直线 $y = x + 1$ 相切;

    (2) L 与 x 轴所围图形绕 x 轴旋转所得旋转体的体积最大.

10. 计算底面是半径为 R 的圆,而垂直于底面上一条固定直径的所有截面都是等边三角形的立体体积(如图3.31).

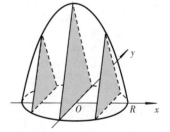

图　3.31

11. 求下列各曲线弧的长度:

    (1) 曲线 $y = \ln x$ 上相应于 $\sqrt{3} \leqslant x \leqslant \sqrt{8}$ 的一段;

    (2) 半立方抛物线 $y^2 = \dfrac{2}{3}(x-1)^3$ 被抛物线 $y^2 = \dfrac{x}{3}$ 截得的一段;

    (3) 将绕在圆(半径为 a)上的细线放开拉直,使细线与圆周始终相切,细线端点画出的轨迹叫作圆的 **渐伸线**,它的方程为

$$x = a(\cos t + t\sin t),\ y = a(\sin t - t\cos t).$$

    该曲线相应 t 从 0 变到 π 的一段;

    (4) 对数螺线 $r = e^{a\theta}$ 自 $\theta = 0$ 到 $\theta = \varphi$ 的一段;

(5) 曲线 $r\theta = 1$ 自 $\theta = \dfrac{3}{4}$ 至 $\theta = \dfrac{4}{3}$ 的一段;

(6) 心形线 $r = a(1+\cos\theta)$ 的全长.

12. 在摆线 $x = a(t-\sin t), y = a(1-\cos t)$ 上求分摆线第一拱成 $1:3$ 的点的坐标.

13. 直径为 20 cm、高为 80 cm 的圆柱体内充满压强为 10 N/cm^2 的蒸汽. 设温度保持不变,要使蒸汽体积缩小一半,问需要作多少功?

14. 用铁锤将一铁钉击入木板,设木板对铁钉的阻力与铁钉击入木板的深度成正比,在击第一次时,将铁钉击入木板 1 cm. 如果铁锤每次打击铁钉所作的功相等,问锤击第二次时,铁钉又击入多少?

15. 半径为 r 的球沉入水中,球的上部与水面相切,球的比重与水相同,现将球从水中取出,需作多少功?

16. 洒水车上的水箱是一个横放的椭圆柱体,尺寸如图3.32所示. 若水箱装满水,求水箱的一个端面所受的压力.

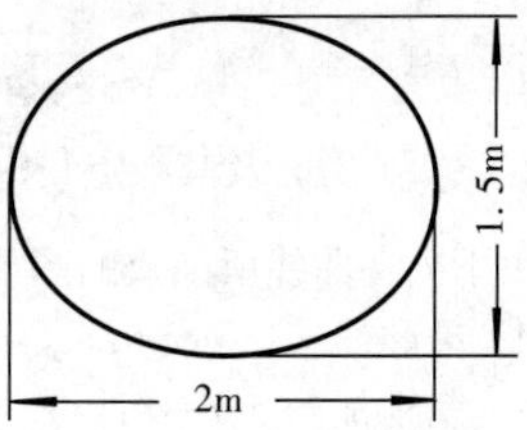

17. 一底为 8 cm、高为 6 cm 的等腰三角形片,铅直地沉没在水中,顶在上,底在下且与水面平行,而顶离水面 3 cm,试求它每面所受的压力.

18. 边长为 a 和 b 的矩形薄板,与液面成 α 角斜沉于液体内,长边平行于液面而位于深 h 处. 设 $a > b$,液体的比重为 γ,试求薄板每面所受的压力.

图 3.32

综合习题 3

1. 判定下列各题是否正确:

(1) $F(x) = \begin{cases} e^x & \text{当 } x \geqslant 0 \\ -e^{-x} & \text{当 } x < 0 \end{cases}$ 是 $y = e^{|x|}$ 的原函数($x \in (-\infty, +\infty)$).

(2) 若 $f(x)$ 的某个原函数是常数,则 $f(x) \equiv 0$.

(3) 初等函数在其定义域内都具有原函数.

(4) 若 $f(x)$ 在 (a,b) 内存在原函数,则 $f(x)$ 在 (a,b) 内必连续.

(5) 若 $f(x)$ 在 $[a,b]$ 上可积,$g(x)$ 在 $[a,b]$ 上不可积,则 $f(x) + g(x)$ 在 $[a,b]$ 上必不可积.

(6) 不连续的函数一定不可积.

(7) 由曲线 $y = f(x)$,直线 $x = a, x = b$ 及 x 轴所围成的图形的面积是 $\displaystyle\int_a^b f(x)\mathrm{d}x$.

2. 指出下列算式的错误所在:

(1) 由分部积分法可知

$$\int \frac{1}{x}\mathrm{d}x = \frac{1}{x} \cdot x - \int x\mathrm{d}\left(\frac{1}{x}\right) = 1 + \int \frac{1}{x}\mathrm{d}x,$$

故 $0 = 1$.

(2) 因为 $\dfrac{\mathrm{d}}{\mathrm{d}x}\left(\arctan\dfrac{1}{x}\right) = \dfrac{-1}{1+x^2}$,故由牛顿-莱布尼茨公式得

$$\int_{-1}^1 \frac{1}{1+x^2}\mathrm{d}x = -\arctan\frac{1}{x}\bigg|_{-1}^1 = -\frac{\pi}{2}.$$

(3) $\displaystyle\int_{-1}^1 \frac{1}{x^2}\mathrm{d}x = \left[-\frac{1}{x}\right]_{-1}^1 = -2.$

3. 选择题:

(1) 已知 $f'(e^x) = 1 + x$,则 $f(x) = ($ $)$.

(A) $1 + \ln x + C$;   (B) $x + \dfrac{1}{2}x^2 + C$ (C) $\ln x + \dfrac{1}{2}\ln^2 x + C$ (D) $x\ln x + C$

(2) 函数 $f(x) = \sin |x|$ 的一个原函数是(　　).

(A) $-\cos |x|$ 　　　　　　　　　　　　(B) $-|\cos x|$

(C) $F(x) = \begin{cases} -\cos x & \text{当 } x \geqslant 0 \\ \cos x - 2 & \text{当 } x < 0 \end{cases}$ 　　(D) $F(x) = \begin{cases} -\cos x + C & \text{当 } x \geqslant 0 \\ \cos x + C & \text{当 } x < 0 \end{cases}$

(3) 设 $I = \int_x^{x+2\pi} e^{\sin t} \sin t \, d t$, 则(　　).

(A) I 为正常数 　　(B) I 为负常数 　　(C) $I = 0$ 　　(D) I 不为常数

(4) 设 $M = \int_{-\frac{\pi}{2}}^{\frac{\pi}{2}} \frac{\sin x}{1+x^2} \cos^4 x \, dx$, $N = \int_{-\frac{\pi}{2}}^{\frac{\pi}{2}} (\sin^3 x + \cos^4 x) \, dx$, $P = \int_{-\frac{\pi}{2}}^{\frac{\pi}{2}} (x^2 \sin^3 x - \cos^4 x) \, dx$, 则有(　　).

(A) $N < P < M$ 　　(B) $M < P < N$ 　　(C) $N < M < P$ 　　(D) $P < M < N$

(5) 设 $f(x)$ 连续, 则 $\lim\limits_{x \to a} \dfrac{x}{x-a} \int_a^x f(t) \mathrm{d}t = ($　　$)$.

(A) 0 　　　　(B) a 　　　　(C) $af(a)$ 　　　　(D) $f(a)$

(6) 曲线 $y = x(x-1)(x-2)$ 与 x 轴所围部分的面积为(　　).

(A) $\int_0^1 x(x-1)(x-2) \mathrm{d}x$ 　　　　(B) $\int_0^2 x(x-1)(x-2) \mathrm{d}x$

(C) $\int_0^1 x(x-1)(x-2) \mathrm{d}x - \int_1^2 x(x-1)(x-2) \mathrm{d}x$

(D) $\int_0^1 x(x-1)(x-2) \mathrm{d}x + \int_1^2 x(x-1)(x-2) \mathrm{d}x$

(7) 连续函数 $y = f(x)$ 在区间 $[-3, -2], [2, 3]$ 上的图形分别是直径为 1 的上、下半圆周, 在区间 $[-2, 0], [0, 2]$ 的图形分别是直径为 2 的下、上半圆周. 设 $F(x) = \int_0^x f(t) \mathrm{d}t$, 则下列结论正确的是(　　).

(A) $F(3) = -\dfrac{3}{4} F(-2)$ 　　　　(B) $F(3) = \dfrac{5}{4} F(2)$

(C) $F(-3) = \dfrac{3}{4} F(2)$ 　　　　(D) $F(-3) = -\dfrac{5}{4} F(-2)$

(8) 设函数 $f(x) = \int_0^{x^2} \ln(2+t) \mathrm{d}t$, 则 $f'(x)$ 的零点个数是(　　).

(A) 0 　　　　(B) 1 　　　　(C) 2 　　　　(D) 3

4. 填空题:

(1) 设 $f(x)$ 连续, 且 $f(x) = x + 2\int_0^1 f(x) \mathrm{d}x$, 则 $f(x) = ($　　$)$;

(2) 设 $f(x)$ 连续, 且 $\int_0^{x^2} f(t) \mathrm{d}t = \dfrac{\sqrt{2}}{3} x$, 则 $f(8) = ($　　$)$;

(3) 设 $f(x) = \dfrac{1}{1+x^2} + \sqrt{1-x^2} \int_0^1 f(x) \mathrm{d}x$, 则 $\int_0^1 f(x) \mathrm{d}x = ($　　$)$;

(4) 设 $f(x)$ 单减, 则 $\int_{-\pi}^{\pi} f(x) \sin x \, \mathrm{d}x$ 的符号为(　　);

(5) 设 $f(x)$ 连续, $\dfrac{\mathrm{d}}{\mathrm{d}x} \int_0^x t f(x^2 - t^2) \mathrm{d}t = ($　　$)$;

(6) $\dfrac{\mathrm{d}}{\mathrm{d}x} \int_0^x \sin(x - t)^2 \mathrm{d}t = ($　　$)$.

5. 计算下列积分:

(1) $\displaystyle\int \frac{\arctan e^x}{e^{2x}} \mathrm{d}x$; 　　　　　　(2) $\displaystyle\int x \arctan x \ln(1+x^2) \mathrm{d}x$;

(3) $\displaystyle\int \frac{\arcsin \sqrt{x}}{\sqrt{x}} \mathrm{d}x$; 　　　　　　(4) $\displaystyle\int \frac{\mathrm{d}x}{\sqrt{x(4-x)}}$;

(5) $\int \dfrac{\ln x - 1}{x^2}\mathrm{d}x$;

(6) $\int \dfrac{\ln\sin x}{\sin^2 x}\mathrm{d}x$;

(7) $\int \mathrm{e}^{2x}(\tan x + 1)^2\mathrm{d}x$;

(8) $\int_{-1}^{1} \dfrac{2x^2 + x\cos x + x\mathrm{e}^x + x\mathrm{e}^{-x}}{1 + \sqrt{1 - x^2}}\mathrm{d}x$;

(9) $\int_{-2}^{2} \left[x^4\ln(x + \sqrt{1 + x^2}) + \sqrt{4 - x^2} \right]\mathrm{d}x$;

(10) $\int_{0}^{a} \dfrac{\mathrm{d}x}{x + \sqrt{a^2 - x^2}}$.

6. 设 $\int_{0}^{y} \mathrm{e}^{t^2}\mathrm{d}t = \int_{0}^{x^2} \cos t^2\mathrm{d}t + \sin y^2$，求 $\dfrac{\mathrm{d}y}{\mathrm{d}x}$.

7. 设 f 连续，$\int_{0}^{x} tf(2x - t)\mathrm{d}t = \dfrac{1}{2}\arctan x^2$，$f(1) = 1$，求 $\int_{1}^{2} f(x)\mathrm{d}x$.

8. 设 f 连续，$\int_{0}^{x} tf(x - t)\mathrm{d}t = 1 - \cos x$，求 $\int_{0}^{\pi/2} f(x)\mathrm{d}x$.

9. 设函数 $f(x)$ 在 $(0, +\infty)$ 内连续，$f(1) = \dfrac{5}{2}$，且对所有 $x, t \in (0, +\infty)$，满足条件

$$\int_{1}^{xt} f(u)\mathrm{d}u = t\int_{1}^{x} f(u)\mathrm{d}u + x\int_{1}^{t} f(u)\mathrm{d}u,$$

求 $f(x)$.

10. 设 $f(\ln x) = \dfrac{\ln(1 + x)}{x}$，求 $\int f(x)\mathrm{d}x$.

11. 曲线 C 的方程为 $y = f(x)$，点 $(3, 2)$ 是它的一个拐点，直线 l_1 与 l_2 分别是曲线 C 在点 $(0, 0)$ 与 $(3, 2)$ 处的切线，其交点为 $(2, 4)$. 设函数 $f(x)$ 具有三阶连续导数，计算定积分

$$\int_{0}^{3} (x^2 + x)f'''(x)\mathrm{d}x.$$

12. 计算下列广义积分：

(1) $\int_{1}^{+\infty} \dfrac{\mathrm{d}x}{\mathrm{e}^{1+x} + \mathrm{e}^{3-x}}$;

(2) $\int_{2}^{+\infty} \dfrac{\mathrm{d}x}{(x + 7)\sqrt{x - 2}}$;

(3) $\int_{1}^{+\infty} \dfrac{\arctan x}{x^2}\mathrm{d}x$;

(4) $\int_{0}^{+\infty} \dfrac{\mathrm{d}x}{(1 + x^2)(1 + x^\alpha)}$;

(5) $\int_{1/2}^{3/2} \dfrac{\mathrm{d}x}{\sqrt{|x - x^2|}}$;

(6) $\int_{\mathrm{e}}^{+\infty} \dfrac{\mathrm{d}x}{x\ln^2 x}$.

> * 实际应用

案例 1　第二宇宙速度

自地面垂直向上发射一质量为 m 的火箭. 求将火箭发射到距地面高为 h 的位置时所作的功，并由此求出火箭的初速度至少为多少时，才能使火箭脱离地球引力？

解　设地球半径为 R，质量为 M，火箭垂直地面飞行过程中与地心的距离为 x. 由万有引力定律得火箭上升过程中所受地球引力

$$F(x) = G\dfrac{mM}{x^2},$$

其中 G 为引力常数. 由火箭在地球表面所受地球引力等于自身重力得 $mg = G\dfrac{mM}{R^2}$，解出 $GM = R^2 g$ 并代入地球引力公式得

$$F(x) = mg\dfrac{R^2}{x^2},$$

其中 g 为重力加速度. 于是，当火箭飞行到距离地面 h 处时需要克服地球引力所做的功为

$$W(x) = \int_{R}^{R+h} F(x)\mathrm{d}x = \int_{R}^{R+h} mg\dfrac{R^2}{x^2}\mathrm{d}x = R^2 mg\left[-\dfrac{1}{x} \right]_{R}^{R+h}$$

$$= R^2 mg\left(\frac{1}{R} - \frac{1}{R+h}\right).$$

为使火箭脱离地球引力,需将它发射到无穷远处(即 $h \to +\infty$).此时所需要的功

$$W_\infty = \lim_{h \to +\infty} R^2 mg\left(\frac{1}{R} - \frac{1}{R+h}\right)$$
$$= Rmg.$$

根据能量守恒定理,它应该等于火箭以初速度 v_0 垂直向上发射时具有的动能,即

$$\frac{1}{2}mv_0^2 = Rmg \quad 或 \quad v_0 = \sqrt{2Rg}.$$

将 $g = 9.8 \text{ m/s}^2, R = 6.371 \times 10^6 \text{ m}$ 代入上式可得

$$v_0 \approx 11.2 \text{ km/s}.$$

即当火箭具有 11.2 km/s 的初速度时可以脱离地球引力.通常称这个速度为**第二宇宙速度**.

案例 2　引力问题

设有一长度为 l,线密度为 ρ 的均匀细直棒,在其中垂线上距棒 a 单位处有一质量为 m 的质点 M.试计算该棒对质点 M 的引力.

解　取坐标系如图 3.33 所示.从物理学可知,质量分别为 m_1, m_2,相距为 r 的两质点的引力大小为 $F = k\frac{m_1 m_2}{r^2}$(其中 k 为引力系数),方向为沿着两点连线的方向.这里由于细棒上各点与该质点的距离是变化的,且各点对质点的引力的方向也是变化的,因此不符合"叠加原理".为了解决这个问题,我们采用计算水平方向和铅垂方向的分力的办法来加以解决.

把细棒上相应于 $[y, y+dy]$ 的一段近似地看成为质点,其质量为 ρdy.与质点 M 的距离为 $r = \sqrt{a^2 + y^2}$.因此

$$\Delta F \approx k\frac{m\rho dy}{(a^2 + y^2)},$$

从而求出 ΔF 在水平方向分力 ΔF_x 和铅垂方向分力 ΔF_y 的近似值

$$dF_x = -k\frac{m\rho dy}{a^2 + y^2}\cos\theta = -\frac{kam\rho dy}{(a^2 + y^2)^{\frac{3}{2}}};$$
$$dF_y = k\frac{m\rho dy}{a^2 + y^2}\sin\theta = \frac{km\rho y dy}{(a^2 + y^2)^{\frac{3}{2}}}.$$

所以我们就得到水平和铅垂方向分力为

$$F_x = \int_{-\frac{l}{2}}^{\frac{l}{2}} dF_x = \int_{-\frac{l}{2}}^{\frac{l}{2}} \frac{-kam\rho dy}{(a^2 + y^2)^{\frac{3}{2}}} = -\frac{2km\rho l}{a}\frac{1}{\sqrt{4a^2 + l^2}};$$
$$F_y = \int_{-\frac{l}{2}}^{\frac{l}{2}} dF_y = \int_{-\frac{l}{2}}^{\frac{l}{2}} \frac{km\rho y dy}{(a^2 + y^2)^{\frac{3}{2}}} = 0.$$

上式中负号表示 F_x 指向 x 轴的负向.由对称性可知 $F_y = 0$ 是与实际情况相符的.

于是,所求棒对质点 M 引力的大小为

$$F = \sqrt{F_x^2 + F_y^2} = \frac{2km\rho l}{a}\frac{1}{\sqrt{4a^2 + l^2}},$$

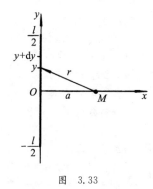

图　3.33

其方向为由质点 M 垂直指向细棒.

案例 3　子弹弹道长度问题

设一颗子弹以初速度 v_0 斜向上方射出枪口,发射角为 $\alpha\left(0 < \alpha < \frac{\pi}{2}\right)$,若要使子弹下落到枪口水平面时子弹所走过的路程最长,发射角 α 应满足什么条件?假定子弹在运动过程中除了重力的作用外,没有其他作

用力.

解 以枪口为坐标原点,正前方为 x 轴,正上方为 y 轴,建立如图 3.34 所示坐标系,可得子弹的运动轨迹为

$$\begin{cases} x = v_0 t\cos\alpha \\ y = v_0 t\sin\alpha - \dfrac{1}{2}gt^2 \end{cases},$$

令 $y = 0$,得到子弹落到枪口水平面需要的时间为 $T = \dfrac{2v_0\sin\alpha}{g}$,

对应子弹弹道曲线的长度为

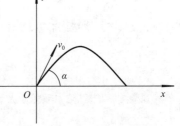

图 3.34

$$L(\alpha) = \int_0^T \sqrt{[x'(t)]^2 + [y'(t)]^2}\,\mathrm{d}t = \int_0^T \sqrt{[v_0\cos\alpha]^2 + [v_0\sin\alpha - gt]^2}\,\mathrm{d}t.$$

因为

$$v_0\sin\alpha - gt = (v_0\cos\alpha)\tan\theta, \text{其中} \tan\theta = \frac{\mathrm{d}y}{\mathrm{d}x},$$

故

$$t = \frac{1}{g}\left[v_0\sin\alpha - (v_0\cos\alpha)\tan\theta\right],$$

从而

$$L(\alpha) = -\frac{1}{g}v_0^2\cos^2\alpha \int_{-\alpha}^{\alpha}\sec^3\theta\,\mathrm{d}\theta = \frac{1}{g}v_0^2\left[\sec\alpha\tan\alpha + \ln(\sec\alpha + \tan\alpha)\right]\cos^2\alpha,$$

其能取得最大值的条件为 $L'(\alpha) = 0$,即

$$\ln(\sec\alpha + \tan\alpha) = \csc\alpha.$$

* 拓展阅读

数学家简介 —— 莱布尼茨

莱布尼茨(Gottfriend Wilhelm Leibniz, 1646－1716)是 17,18 世纪之交德国最重要的数学家、物理学家和哲学家,一个举世罕见的科学天才,和牛顿同为微积分的创建人.他博览群书,涉猎百科,为丰富人类的科学知识宝库作出了不可磨灭的贡献.

1661 年,15 岁的莱布尼茨进入莱比锡大学学习法律,一进校便上了大学二年级标准的人文学科的课程,他还抓紧时间学习哲学和科学.1663 年,他以《论个体原则方面的形而上学争论》一文获学士学位.这期间莱布尼茨还广泛阅读了培根、开普勒、伽利略等人的著作,并对他们的著述进行深入的思考和评价.在听了教授讲授的欧几里得的《几何原本》的课程后,莱布尼茨对数学产生了浓厚的兴趣.1664 年,完成了论文《论法学之艰难》,获哲学硕士学位.1667 年,获法学博士学位,并被聘请为法学教授.

始创微积分

微分和积分作为两种数学运算、两类数学问题,是分别加以研究的.卡瓦列利、巴罗、沃利斯等人得到了一系列求面积(积分)、求切线斜率(导数)的重要结果,但这些结果都是孤立的,不连贯的.

只有莱布尼茨和牛顿将积分和微分真正沟通起来,明确地找到了两者内在的直接联系:微分和积分是互逆的两种运算.而这是微积分建立的关键所在.只有确立了这一基本关系,才能在此基础上构建系统的微积分学;并从对各种函数的微分和求积公式中,总结出共同的算法程序,使微积分方法普遍化,发展成用符号表示的微积分运算法则.因此,微积分"是牛顿和莱布尼茨大体上完成的,但不是由他们发明的".

然而,关于微积分创立的优先权,在数学史上曾掀起了一场激烈的争论,直到莱氏去世才停息.实际上,牛顿在微积分方面的研究虽早于莱布尼茨,但莱布尼茨成果的发表则早于牛顿.因此,后来

人们公认牛顿和莱布尼茨是各自独立地创建微积分的.

牛顿从物理学出发,运用集合方法研究微积分,其应用上更多地结合了运动学,造诣高于莱布尼茨. 莱布尼茨则从几何问题出发,运用分析学方法引进微积分概念、得出运算法则,其数学的严密性与系统性是牛顿所不及的.

莱布尼茨认识到好的数学符号能节省思维劳动,运用符号的技巧是数学成功的关键之一. 他所创设的微积分符号远远优于牛顿的符号,这对微积分的发展有极大影响.

丰硕的物理学成果

莱布尼茨的物理学成就也是非凡的. 1671 年,莱布尼茨发表了《物理学新假说》一文,提出了具体运动原理和抽象运动原理,认为运动着的物体,不论多么渺小,它将带着处于完全静止状态的物体的部分一起运动. 他还对笛卡儿提出的动量守恒原理进行了认真的探讨,提出了能量守恒原理的雏型,并在《教师学报》上发表了《关于笛卡儿和其他人在自然定律方面的显著错误的简短证明》,提出了运动的量的问题,证明了动量不能作为运动的度量单位,并引入动能概念,第一次认为动能守恒是一个普通的物理原理.

他又充分地证明了"永动机是不可能"的观点.

附　录

附录 A　常用曲线

(1) 三次抛物线

$$y = ax^3$$

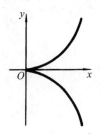

(2) 半立方抛物线

$$y^2 = ax^3$$

(3) 概率曲线

$$y = e^{-x^2}$$

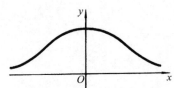

(4) 箕舌线

$$y = \dfrac{8a^3}{x^2 + 4a^2}$$

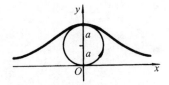

(5) 蔓叶线

$$y^2(2a - x) = x^3$$

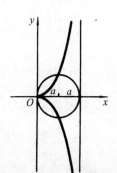

(6) 笛卡儿叶形线：$x^3 + y^3 - 3axy = 0$

$$x = \dfrac{3at}{1 + t^3}, \; y = \dfrac{3at^2}{1 + t^3}$$

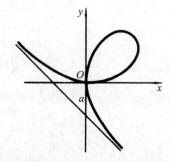

（7）星形线（内摆线的一种）

$$x^{\frac{2}{3}} + y^{\frac{2}{3}} = a^{\frac{2}{3}}$$

$$\begin{cases} x = a\cos^3\theta \\ y = a\sin^3\theta \end{cases}$$

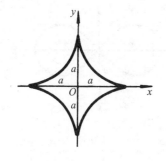

（8）摆线

$$\begin{cases} x = a(\theta - \sin\theta) \\ y = a(1 - \cos\theta) \end{cases}$$

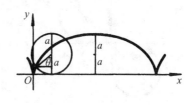

（9）心形线（外摆线的一种）

$$x^2 + y^2 + ax = a\sqrt{x^2 + y^2}$$

$$r = a(1 - \cos\theta)$$

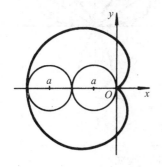

（10）阿基米德螺线

$$r = a\theta$$

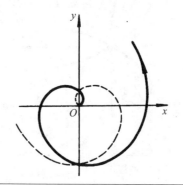

（11）对数螺线

$$r = e^{a\theta}$$

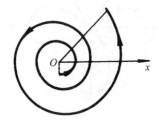

（12）双曲螺线

$$r\theta = a$$

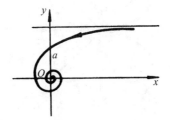

（13）伯努利双纽线

$$(x^2 + y^2)^2 = 2a^2xy$$

$$r^2 = a^2 \sin 2\theta$$

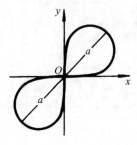

（14）伯努利双纽线

$$(x^2 + y^2)^2 = a^2xy(x^2 - y^2)$$

$$r^2 = a^2 \cos 2\theta$$

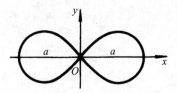

（15）三叶玫瑰线

$$r = a\cos 3\theta$$

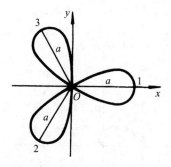

（16）三叶玫瑰线

$$r = a\sin 3\theta$$

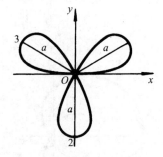

（17）四叶玫瑰线

$$r = a\sin 2\theta$$

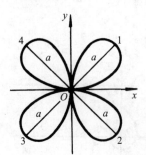

（18）四叶玫瑰线

$$r = a\cos 2\theta$$

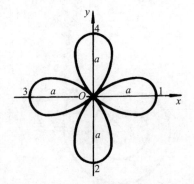

附录 B 积 分 表

一、含有 $ax+b$ 的积分

1. $\int \dfrac{\mathrm{d}x}{ax+b} = \dfrac{1}{a}\ln|ax+b| + C$

2. $\int (ax+b)^{\mu}\mathrm{d}x = \dfrac{1}{a(\mu+1)}(ax+b)^{\mu+1} + C \quad (\mu \neq -1)$

3. $\int \dfrac{x}{ax+b}\mathrm{d}x = \dfrac{1}{a^2}(ax+b-b\ln|ax+b|) + C$

4. $\int \dfrac{x^2\,\mathrm{d}x}{ax+b} = \dfrac{1}{a^3}\left[\dfrac{1}{2}(ax+b)^2 - 2b(ax+b) + b^2\ln|ax+b|\right] + C$

5. $\int \dfrac{\mathrm{d}x}{x(ax+b)} = -\dfrac{1}{b}\ln\left|\dfrac{ax+b}{x}\right| + C$

6. $\int \dfrac{\mathrm{d}x}{x^2(ax+b)} = -\dfrac{1}{bx} + \dfrac{a}{b^2}\ln\left|\dfrac{ax+b}{x}\right| + C$

7. $\int \dfrac{x}{(ax+b)^2}\mathrm{d}x = \dfrac{1}{a^2}\left(\ln|ax+b| + \dfrac{b}{ax+b}\right) + C$

8. $\int \dfrac{x^2}{(ax+b)^2}\mathrm{d}x = \dfrac{1}{a^3}\left(ax+b-2b\ln|ax+b| - \dfrac{b}{ax+b}\right) + C$

9. $\int \dfrac{\mathrm{d}x}{x(ax+b)^2} = \dfrac{1}{b(ax+b)} - \dfrac{1}{b^2}\ln\left|\dfrac{ax+b}{x}\right| + C$

二、含有 $\sqrt{ax+b}$ 的积分

10. $\int \sqrt{ax+b}\,\mathrm{d}x = -\dfrac{2}{3a}\sqrt{(ax+b)^3} + C$

11. $\int x\sqrt{ax+b}\,\mathrm{d}x = \dfrac{2}{15a^2}(3ax-2b)\sqrt{(ax+b)^3} + C$

12. $\int x^2\sqrt{ax+b}\,\mathrm{d}x = \dfrac{2}{105a^3}(15a^2x^2 - 12abx + 8b^2)\sqrt{(ax+b)^3} + C$

13. $\int \dfrac{x}{\sqrt{ax+b}}\mathrm{d}x = \dfrac{2}{3a^2}(ax-2b)\sqrt{ax+b} + C$

14. $\int \dfrac{x^2}{\sqrt{ax+b}}\mathrm{d}x = \dfrac{2}{15a^3}(3a^2x^2 - 4abx + 8b^2)\sqrt{ax+b} + C$

15. $\int \dfrac{\mathrm{d}x}{x\sqrt{ax+b}} = \begin{cases} \dfrac{1}{\sqrt{b}}\ln\left|\dfrac{\sqrt{ax+b}-\sqrt{b}}{\sqrt{ax+b}+\sqrt{b}}\right| + C & (b>0) \\[3mm] \dfrac{2}{\sqrt{-b}}\arctan\sqrt{\dfrac{ax+b}{-b}} + C & (b<0) \end{cases}$

16. $\int \dfrac{\mathrm{d}x}{x^2\sqrt{ax+b}} = -\dfrac{\sqrt{ax+b}}{bx} - \dfrac{a}{2b}\int \dfrac{\mathrm{d}x}{x\sqrt{ax+b}}$

17. $\int \dfrac{\sqrt{ax+b}}{x}\mathrm{d}x = 2\sqrt{ax+b} + b\int \dfrac{\mathrm{d}x}{x\sqrt{ax+b}}$

18. $\int \dfrac{\sqrt{ax+b}}{x^2}\mathrm{d}x = -\dfrac{\sqrt{ax+b}}{x} + \dfrac{a}{2}\int \dfrac{\mathrm{d}x}{x\sqrt{ax+b}}$

三、含有 $x^2 \pm a^2$ 的积分

19. $\int \dfrac{\mathrm{d}x}{x^2+a^2} = \dfrac{1}{a}\arctan\dfrac{x}{a} + C$

20. $\int \dfrac{\mathrm{d}x}{(x^2+a^2)^n} = \dfrac{x}{2(n-1)a^2(x^2+a^2)^{n-1}} + \dfrac{2n-3}{2(n-1)a^2}\int \dfrac{\mathrm{d}x}{(x^2+a^2)^{n-1}}$

21. $\int \dfrac{\mathrm{d}x}{x^2-a^2} = \dfrac{1}{2a}\ln\left|\dfrac{x-a}{x+a}\right| + C$

四、含有 ax^2+b $(a>0)$ 的积分

22. $\int \dfrac{\mathrm{d}x}{ax^2+b} = \begin{cases} \dfrac{1}{\sqrt{ab}}\arctan\sqrt{\dfrac{a}{b}}\,x + C & (b>0) \\[3mm] \dfrac{1}{2\sqrt{-ab}}\ln\left|\dfrac{\sqrt{a}\,x-\sqrt{-b}}{\sqrt{a}\,x+\sqrt{-b}}\right| + C & (b<0) \end{cases}$

23. $\int \dfrac{x}{ax^2+b}\mathrm{d}x = \dfrac{1}{2a}\ln|ax^2+b| + C$

24. $\int \dfrac{x^2\,\mathrm{d}x}{ax^2+b} = \dfrac{x}{a} - \dfrac{b}{a}\int \dfrac{\mathrm{d}x}{ax^2+b}$

25. $\int \dfrac{\mathrm{d}x}{x(ax^2+b)} = \dfrac{1}{2b}\ln\dfrac{x^2}{|ax^2+b|} + C$

26. $\int \dfrac{\mathrm{d}x}{x^2(ax^2+b)} = -\dfrac{1}{bx} - \dfrac{a}{b}\int \dfrac{\mathrm{d}x}{ax^2+b}$

27. $\int \dfrac{\mathrm{d}x}{x^3(ax^2+b)} = \dfrac{a}{2b^2}\ln\dfrac{|ax^2+b|}{x^2} - \dfrac{1}{2bx^2} + C$

28. $\int \dfrac{\mathrm{d}x}{(ax^2+b)^2} = \dfrac{x}{2b(ax^2+b)} + \dfrac{1}{2b}\int \dfrac{\mathrm{d}x}{ax^2+b}$

五、含有 ax^2+bx+c $(a>0)$ 的积分

29. $\int \dfrac{\mathrm{d}x}{ax^2+bx+c} = \begin{cases} \dfrac{2}{\sqrt{4ac-b^2}}\arctan\dfrac{2ax+b}{\sqrt{4ac-b^2}} + C & (b^2<4ac) \\[3mm] \dfrac{1}{\sqrt{b^2-4ac}}\ln\left|\dfrac{2ax+b-\sqrt{b^2-4ac}}{2ax+b+\sqrt{b^2-4ac}}\right| + C & (b^2>4ac) \end{cases}$

30. $\int \dfrac{x}{ax^2+bx+c}\mathrm{d}x = \dfrac{1}{2a}\ln|ax^2+bx+c| - \dfrac{b}{2a}\int \dfrac{\mathrm{d}x}{ax^2+bx+c}$

六、含有 $\sqrt{x^2+a^2}$ $(a>0)$ 的积分

31. $\int \dfrac{\mathrm{d}x}{\sqrt{x^2+a^2}} = \ln(x+\sqrt{x^2+a^2}) + C_1 = \operatorname{arsinh}\dfrac{x}{a} + C$

32. $\int \dfrac{\mathrm{d}x}{\sqrt{(x^2+a^2)^3}} = \dfrac{x}{a^2\sqrt{x^2+a^2}} + C$

33. $\int \dfrac{x}{\sqrt{x^2+a^2}}\mathrm{d}x = \sqrt{x^2+a^2} + C$

34. $\int \dfrac{x}{\sqrt{(x^2+a^2)^3}}\mathrm{d}x = -\dfrac{1}{\sqrt{x^2+a^2}} + C$

35. $\int \dfrac{x^2}{\sqrt{x^2+a^2}}\mathrm{d}x = \dfrac{x}{2}\sqrt{x^2+a^2} - \dfrac{a^2}{2}\ln(x+\sqrt{x^2+a^2}) + C$

36. $\int \dfrac{x^2}{\sqrt{(x^2+a^2)^3}}\mathrm{d}x = -\dfrac{x}{\sqrt{x^2+a^2}} + \ln(x+\sqrt{x^2+a^2}) + C$

37. $\int \dfrac{\mathrm{d}x}{x\sqrt{x^2+a^2}} = \dfrac{1}{a}\ln\dfrac{\sqrt{x^2+a^2}-a}{|x|} + C$

38. $\int \dfrac{\mathrm{d}x}{x^2\sqrt{x^2+a^2}} = -\dfrac{\sqrt{x^2+a^2}}{a^2 x} + C$

39. $\displaystyle\int \sqrt{x^2+a^2}\,\mathrm{d}x = \frac{x}{2}\sqrt{x^2+a^2}+\frac{a^2}{2}\ln(x+\sqrt{x^2+a^2})+C$

40. $\displaystyle\int \sqrt{(x^2+a^2)^3}\,\mathrm{d}x = \frac{x}{8}(2x^2+5a^2)\sqrt{x^2+a^2}+\frac{3a^4}{8}\ln(x+\sqrt{x^2+a^2})+C$

41. $\displaystyle\int x\sqrt{x^2+a^2}\,\mathrm{d}x = \frac{1}{3}\sqrt{(x^2+a^2)^3}+C$

42. $\displaystyle\int x^2\sqrt{x^2+a^2}\,\mathrm{d}x = \frac{x}{8}(2x^2+a^2)\sqrt{x^2+a^2}-\frac{a^4}{8}\ln(x+\sqrt{x^2+a^2})+C$

43. $\displaystyle\int \frac{\sqrt{x^2+a^2}}{x}\,\mathrm{d}x = \sqrt{x^2+a^2}+a\ln\frac{\sqrt{x^2+a^2}-a}{|x|}+C$

44. $\displaystyle\int \frac{\sqrt{x^2+a^2}}{x^2}\,\mathrm{d}x = -\frac{\sqrt{x^2+a^2}}{x}+\ln(x+\sqrt{x^2+a^2})+C$

七、含有 $\sqrt{x^2-a^2}$ $(a>0)$ 的积分

45. $\displaystyle\int \frac{\mathrm{d}x}{\sqrt{x^2-a^2}} = \ln|x+\sqrt{x^2-a^2}|+C_1 = \frac{x}{|x|}\mathrm{arcosh}\frac{|x|}{a}+C$

46. $\displaystyle\int \frac{\mathrm{d}x}{\sqrt{(x^2-a^2)^3}} = -\frac{x}{a^2\sqrt{x^2-a^2}}+C$ 47. $\displaystyle\int \frac{x}{\sqrt{x^2-a^2}}\,\mathrm{d}x = \sqrt{x^2-a^2}+C$

48. $\displaystyle\int \frac{x}{\sqrt{(x^2-a^2)^3}}\,\mathrm{d}x = -\frac{1}{\sqrt{x^2-a^2}}+C$

49. $\displaystyle\int \frac{x^2}{\sqrt{x^2-a^2}}\,\mathrm{d}x = \frac{x}{2}\sqrt{x^2-a^2}+\frac{a^2}{2}\ln|x+\sqrt{x^2-a^2}|+C$

50. $\displaystyle\int \frac{x^2}{\sqrt{(x^2-a^2)^3}}\,\mathrm{d}x = -\frac{x}{\sqrt{x^2-a^2}}+\ln|x+\sqrt{x^2-a^2}|+C$

51. $\displaystyle\int \frac{\mathrm{d}x}{x\sqrt{x^2-a^2}} = \frac{1}{a}\arccos\frac{a}{|x|}+C$

52. $\displaystyle\int \frac{\mathrm{d}x}{x^2\sqrt{x^2-a^2}} = \frac{\sqrt{x^2-a^2}}{a^2 x}+C$

53. $\displaystyle\int \sqrt{x^2-a^2}\,\mathrm{d}x = \frac{x}{2}\sqrt{x^2-a^2}-\frac{a^2}{2}\ln|x+\sqrt{x^2-a^2}|+C$

54. $\displaystyle\int \sqrt{(x^2-a^2)^3}\,\mathrm{d}x = \frac{x}{8}(2x^2-5a^2)\sqrt{x^2-a^2}+\frac{3a^4}{8}\ln|x+\sqrt{x^2-a^2}|+C$

55. $\displaystyle\int x\sqrt{x^2-a^2}\,\mathrm{d}x = \frac{1}{3}\sqrt{(x^2-a^2)^3}+C$

56. $\displaystyle\int x^2\sqrt{x^2-a^2}\,\mathrm{d}x = \frac{x}{8}(2x^2-a^2)\sqrt{x^2-a^2}-\frac{a^4}{8}\ln|x+\sqrt{x^2-a^2}|+C$

57. $\displaystyle\int \frac{\sqrt{x^2-a^2}}{x}\,\mathrm{d}x = \sqrt{x^2-a^2}-a\arccos\frac{a}{|x|}+C$

58. $\displaystyle\int \frac{\sqrt{x^2-a^2}}{x^2}\,\mathrm{d}x = -\frac{\sqrt{x^2-a^2}}{x}+\ln|x+\sqrt{x^2-a^2}|+C$

八、含有 $\sqrt{a^2-x^2}$ $(a>0)$ 的积分

59. $\displaystyle\int \frac{\mathrm{d}x}{\sqrt{a^2-x^2}} = \arcsin\frac{x}{a}+C$

60. $\displaystyle\int \frac{\mathrm{d}x}{\sqrt{(a^2-x^2)^3}} = \frac{x}{a^2\sqrt{a^2-x^2}}+C$

61. $\displaystyle\int \frac{x}{\sqrt{a^2-x^2}}\,\mathrm{d}x = -\sqrt{a^2-x^2}+C$

62. $\displaystyle\int \frac{x}{\sqrt{(a^2-x^2)^3}}\mathrm{d}x = \frac{1}{\sqrt{a^2-x^2}}+C$

63. $\displaystyle\int \frac{x^2}{\sqrt{a^2-x^2}}\mathrm{d}x = -\frac{x}{2}\sqrt{a^2-x^2}+\frac{a^2}{2}\arcsin\frac{x}{a}+C$

64. $\displaystyle\int \frac{x^2}{\sqrt{(a^2-x^2)^3}}\mathrm{d}x = \frac{x}{\sqrt{a^2-x^2}}-\arcsin\frac{x}{a}+C$

65. $\displaystyle\int \frac{\mathrm{d}x}{x\sqrt{a^2-x^2}} = \frac{1}{a}\ln\frac{a-\sqrt{a^2-x^2}}{|x|}+C$

66. $\displaystyle\int \frac{\mathrm{d}x}{x^2\sqrt{a^2-x^2}} = -\frac{\sqrt{a^2-x^2}}{a^2x}+C$

67. $\displaystyle\int \sqrt{a^2-x^2}\,\mathrm{d}x = \frac{x}{2}\sqrt{a^2-x^2}+\frac{a^2}{2}\arcsin\frac{x}{a}+C$

68. $\displaystyle\int \sqrt{(a^2-x^2)^3}\,\mathrm{d}x = \frac{x}{8}(5a^2-2x^2)\sqrt{a^2-x^2}+\frac{3a^4}{8}\arcsin\frac{x}{a}+C$

69. $\displaystyle\int x\sqrt{a^2-x^2}\,\mathrm{d}x = -\frac{1}{3}\sqrt{(a^2-x^2)^3}+C$

70. $\displaystyle\int x^2\sqrt{a^2-x^2}\,\mathrm{d}x = \frac{x}{8}(2x^2-a^2)\sqrt{a^2-x^2}+\frac{a^4}{8}\arcsin\frac{x}{a}+C$

71. $\displaystyle\int \frac{\sqrt{a^2-x^2}}{x}\mathrm{d}x = \sqrt{a^2-x^2}+a\ln\frac{a-\sqrt{a^2-x^2}}{|x|}+C$

72. $\displaystyle\int \frac{\sqrt{a^2-x^2}}{x^2}\mathrm{d}x = -\frac{\sqrt{a^2-x^2}}{x}-\arcsin\frac{x}{a}+C$

九、含有 $\sqrt{\pm ax^2+bx+c}$ $(a>0)$ 的积分

73. $\displaystyle\int \frac{\mathrm{d}x}{\sqrt{ax^2+bx+c}} = \frac{1}{\sqrt{a}}\ln|2ax+b+2\sqrt{a}\sqrt{ax^2+bx+c}|+C$

74. $\displaystyle\int \sqrt{ax^2+bx+c}\,\mathrm{d}x = \frac{2ax+b}{4a}\sqrt{ax^2+bx+c}+\frac{4ac-b^2}{8\sqrt{a^3}}\ln|2ax+b+2\sqrt{a}\sqrt{ax^2+bx+c}|+C$

75. $\displaystyle\int \frac{x}{\sqrt{ax^2+bx+c}}\mathrm{d}x = \frac{a}{a}\sqrt{ax^2+bx+c}-\frac{b}{2\sqrt{a^3}}\ln|2ax+b+2\sqrt{a}\sqrt{ax^2+bx+c}|+C$

76. $\displaystyle\int \frac{\mathrm{d}x}{\sqrt{c+bx-ax^2}}\mathrm{d}x = -\frac{1}{\sqrt{a}}\arcsin\frac{2ax-b}{\sqrt{b^2+4ac}}+C$

77. $\displaystyle\int \sqrt{c+bx-ax^2}\,\mathrm{d}x = \frac{2ax-b}{4a}\sqrt{c+bx-ax^2}+\frac{b^2+4ac}{8\sqrt{a^3}}\arcsin\frac{2ax-b}{\sqrt{b^2+4ac}}+C$

78. $\displaystyle\int \frac{x}{\sqrt{c+bx-ax^2}}\mathrm{d}x = -\frac{1}{a}\sqrt{c+bx-ax^2}+\frac{b}{2\sqrt{a^3}}\arcsin\frac{2ax-b}{\sqrt{b^2+4ac}}$

十、含有 $\sqrt{\pm\frac{x-a}{x-b}}$ 或 $\sqrt{(x-a)(b-x)}$ 的积分

79. $\displaystyle\int \sqrt{\frac{x-a}{x-b}}\,\mathrm{d}x = (x-b)\sqrt{\frac{x-a}{x-b}}+(b-a)\ln(\sqrt{|x-a|}+\sqrt{|x-b|})+C$

80. $\displaystyle\int \sqrt{\frac{x-a}{b-x}}\,\mathrm{d}x = (x-b)\sqrt{\frac{x-a}{b-x}}+(b-a)\arcsin\sqrt{\frac{x-a}{b-a}}+C$

81. $\displaystyle\int \frac{\mathrm{d}x}{\sqrt{(x-a)(b-x)}} = 2\arcsin\sqrt{\frac{x-a}{b-a}}+C\ (a<b)$

82. $\displaystyle\int \sqrt{(x-a)(b-x)}\,\mathrm{d}x = \frac{2x-a-b}{4}\sqrt{(x-a)(b-x)}+\frac{(b-a)^2}{4}\arcsin\sqrt{\frac{x-a}{b-a}}+C\ (a<b)$

十一、含有三角函数的积分

83. $\displaystyle\int \sin x \mathrm{d}x = -\cos x + C$

84. $\displaystyle\int \cos x \mathrm{d}x = \sin x + C$

85. $\displaystyle\int \tan x \mathrm{d}x = -\ln|\cos x| + C$

86. $\displaystyle\int \cot x \mathrm{d}x = \ln|\sin x| + C$

87. $\displaystyle\int \sec x \mathrm{d}x = \ln\left|\tan\left(\frac{\pi}{4}+\frac{x}{2}\right)\right| + C = \ln|\sec x + \tan x| + C$

88. $\displaystyle\int \csc x \mathrm{d}x = \ln\left|\tan\frac{x}{2}\right| + C = \ln|\csc x - \cot x| + C$

89. $\displaystyle\int \sec^2 x \mathrm{d}x = \tan x + C$

90. $\displaystyle\int \csc^2 x \mathrm{d}x = -\cot x + C$

91. $\displaystyle\int \sec x \tan x \mathrm{d}x = \sec x + C$

92. $\displaystyle\int \csc x \cot x \mathrm{d}x = -\csc x + C$

93. $\displaystyle\int \sin^2 x \mathrm{d}x = \frac{x}{2} - \frac{1}{4}\sin 2x + C$

94. $\displaystyle\int \cos^2 x \mathrm{d}x = \frac{x}{2} + \frac{1}{4}\sin 2x + C$

95. $\displaystyle\int \sin^n x \mathrm{d}x = -\frac{1}{n}\sin^{n-1} x \cos x + \frac{n-1}{n}\int \sin^{n-2} x \mathrm{d}x$

96. $\displaystyle\int \cos^n x \mathrm{d}x = \frac{1}{n}\cos^{n-1} x \sin x + \frac{n-1}{n}\int \cos^{n-2} x \mathrm{d}x$

97. $\displaystyle\int \frac{\mathrm{d}x}{\sin^n x} = \frac{1}{n-1} \cdot \frac{\cos x}{\sin^{n-1} x} + \frac{n-2}{n-1}\int \frac{\mathrm{d}x}{\sin^{n-2} x}$

98. $\displaystyle\int \frac{\mathrm{d}x}{\cos^n x} = \frac{1}{n-1} \cdot \frac{\sin x}{\cos^{n-1} x} + \frac{n-2}{n-1}\int \frac{\mathrm{d}x}{\cos^{n-2} x}$

99. $\displaystyle\int \cos^m x \sin^n x \mathrm{d}x = \frac{1}{m+n}\cos^{m-1} x \sin^{n+1} x + \frac{m-1}{m+n}\int \cos^{m-2} x \sin^n x \mathrm{d}x$

$$= -\frac{1}{m+n}\cos^{m+1} x \sin^{n-1} x + \frac{n-1}{m+n}\int \cos^m x \sin^{n-2} x \mathrm{d}x$$

100. $\displaystyle\int \sin ax \cos bx \mathrm{d}x = -\frac{1}{2(a+b)}\cos(a+b)x - \frac{1}{2(a-b)}\cos(a-b)x + C$

101. $\displaystyle\int \sin ax \sin bx \mathrm{d}x = -\frac{1}{2(a+b)}\sin(a+b)x + \frac{1}{2(a-b)}\sin(a-b)x + C$

102. $\displaystyle\int \cos ax \cos bx \mathrm{d}x = \frac{1}{2(a+b)}\sin(a+b)x + \frac{1}{2(a-b)}\sin(a-b)x + C$

103. $\displaystyle\int \frac{\mathrm{d}x}{a+b\sin x} = \frac{2}{\sqrt{a^2-b^2}}\operatorname{artan}\frac{a\tan\frac{x}{2}+b}{\sqrt{a^2-b^2}} + C \quad (a^2 > b^2)$

104. $\displaystyle\int \frac{\mathrm{d}x}{a+b\sin x} = \frac{1}{\sqrt{b^2-a^2}}\ln\left|\frac{a\tan\frac{x}{2}+b-\sqrt{b^2-a^2}}{a\tan\frac{x}{2}+b+\sqrt{b^2-a^2}}\right| + C \quad (a^2 < b^2)$

105. $\displaystyle\int \frac{\mathrm{d}x}{a+b\cos x} = \frac{2}{a+b}\sqrt{\frac{a+b}{a-b}}\arctan\left(\sqrt{\frac{a-b}{a+b}}\tan\frac{x}{2}\right) + C \quad (a^2 > b^2)$

106. $\displaystyle\int \frac{\mathrm{d}x}{a+b\cos x} = \frac{1}{a+b}\sqrt{\frac{a+b}{a-b}}\ln\left|\frac{\tan\frac{x}{2}+\sqrt{\frac{a+b}{b-a}}}{\tan\frac{x}{2}-\sqrt{\frac{a+b}{b-a}}}\right| + C \quad (a^2 < b^2)$

107. $\displaystyle\int \frac{\mathrm{d}x}{a^2\cos^2 x + b^2\sin^2 x} = \frac{1}{ab}\arctan\left(\frac{b}{a}\tan x\right) + C$

108. $\displaystyle\int \frac{\mathrm{d}x}{a^2\cos^2 x - b^2\sin^2 x} = \frac{1}{2ab}\ln\left|\frac{b\tan x + a}{b\tan x - a}\right| + C$

109. $\int x \sin ax \, dx = \dfrac{1}{a^2} \sin ax - \dfrac{1}{a} x \cos ax + C$

110. $\int x^2 \sin ax \, dx = -\dfrac{1}{a} x^2 \cos ax + \dfrac{2}{a^2} x \sin ax + \dfrac{2}{a^3} \cos ax + C$

111. $\int x \cos ax \, dx = \dfrac{1}{a^2} \cos ax + \dfrac{1}{a} x \sin ax + C$

112. $\int x^2 \cos ax \, dx = \dfrac{1}{a} x^2 \sin ax + \dfrac{2}{a^2} x \cos ax - \dfrac{2}{a^2} \sin ax + C$

十二、含有反三角函数的积分 ($a > 0$)

113. $\int \arcsin \dfrac{x}{a} \, dx = x \arcsin \dfrac{x}{a} + \sqrt{a^2 - x^2} + C$

114. $\int x \arcsin \dfrac{x}{a} \, dx = \left(\dfrac{x^2}{2} - \dfrac{a^2}{4} \right) \arcsin \dfrac{x}{a} + \dfrac{x}{4} \sqrt{a^2 - x^2} + C$

115. $\int x^2 \arcsin \dfrac{x}{a} \, dx = \dfrac{x^3}{3} \arcsin \dfrac{x}{a} + \dfrac{1}{9} (x^2 + 2a^2) \sqrt{a^2 - x^2} + C$

116. $\int \arccos \dfrac{x}{a} \, dx = x \arccos \dfrac{x}{a} - \sqrt{a^2 - x^2} + C$

117. $\int x \arccos \dfrac{x}{a} \, dx = \left(\dfrac{x^2}{2} - \dfrac{a^2}{4} \right) \arccos \dfrac{x}{a} - \dfrac{x}{4} \sqrt{a^2 - x^2} + C$

118. $\int x^2 \arccos \dfrac{x}{a} \, dx = \dfrac{x^3}{3} \arccos \dfrac{x}{a} - \dfrac{1}{9} (x^2 + 2a^2) \sqrt{a^2 - x^2} + C$

119. $\int \arctan \dfrac{x}{a} \, dx = x \arctan \dfrac{x}{a} - \dfrac{a}{2} \ln(a^2 + x^2) + C$

120. $\int x \arctan \dfrac{x}{a} \, dx = \dfrac{1}{2} (a^2 + x^2) \arctan \dfrac{x}{a} - \dfrac{a}{2} x + C$

121. $\int x^2 \arctan \dfrac{x}{a} \, dx = \dfrac{x^3}{3} \arctan \dfrac{x}{a} - \dfrac{a}{6} x^2 + \dfrac{a^2}{6} \ln(a^2 + x^2) + C$

十三、含有指数函数的积分

122. $\int a^x \, dx = \dfrac{1}{\ln a} a^x + C$

123. $\int e^{ax} \, dx = \dfrac{1}{a} e^{ax} + C$

124. $\int x e^{ax} \, dx = \dfrac{1}{a^2} (ax - 1) e^{ax} + C$

125. $\int x^n e^{ax} \, dx = \dfrac{1}{a} x^n e^{ax} - \dfrac{n}{a} \int x^{n-1} e^{ax} \, dx$

126. $\int x a^x \, dx = \dfrac{x}{\ln a} a^x - \dfrac{1}{(\ln a)^2} a^x + C$

127. $\int x^n a^x \, dx = \dfrac{1}{\ln a} x^n a^x - \dfrac{n}{\ln a} \int x^{n-1} a^x \, dx$

128. $\int e^{ax} \sin bx \, dx = \dfrac{1}{a^2 + b^2} e^{ax} (a \sin bx - b \cos bx) + C$

129. $\int e^{ax} \cos bx \, dx = \dfrac{1}{a^2 + b^2} e^{ax} (b \sin bx + a \cos bx) + C$

130. $\int e^{ax} \sin^n bx \, dx = \dfrac{1}{a^2 + b^2 n^2} e^{ax} \sin^{n-1} bx (a \sin bx - nb \cos bx) + \dfrac{n(n-1)b^2}{a^2 + b^2 n^2} \int e^{ax} \sin^{n-2} bx \, dx$

131. $\int e^{ax} \cos^n bx \, dx = \dfrac{1}{a^2 + b^2 n^2} e^{ax} \cos^{n-1} bx (a \cos bx + nb \sin bx) + \dfrac{n(n-1)b^2}{a^2 + b^2 n^2} \int e^{ax} \cos^{n-2} bx \, dx$

十四、含有对数函数的积分

132. $\int \ln x \mathrm{d}x = x\ln x - x + C$

133. $\int \dfrac{\mathrm{d}x}{x\ln x} = \ln|\ln x| + C$

134. $\int x^n \ln x \mathrm{d}x = \dfrac{1}{n+1}x^{n+1}\left(\ln x - \dfrac{1}{n+1}\right) + C$

135. $\int (\ln x)^n \mathrm{d}x = x(\ln x)^n - n\int (\ln x)^{n-1}\mathrm{d}x$

136. $\int x^m (\ln x)^n \mathrm{d}x = \dfrac{1}{m+1}x^{m+1}(\ln x)^n - \dfrac{n}{m+1}\int x^m (\ln x)^{n-1}\mathrm{d}x$

十五、含有双曲函数的积分

137. $\int \sinh x \mathrm{d}x = \cosh x + C$

138. $\int \cosh x \mathrm{d}x = \sinh x + C$

139. $\int \tanh x \mathrm{d}x = \ln\cosh x + C$

140. $\int \sinh^2 x \mathrm{d}x = -\dfrac{x}{2} + \dfrac{1}{4}\sinh 2x + C$

141. $\int \cosh^2 x \mathrm{d}x = \dfrac{x}{2} + \dfrac{1}{4}\sinh 2x + C$

十六、定积分

142. $\int_{-\pi}^{\pi} \cos nx \mathrm{d}x = \int_{-\pi}^{\pi} \sin nx \mathrm{d}x = 0$

143. $\int_{-\pi}^{\pi} \cos mx \, \sin nx \mathrm{d}x = 0$

144. $\int_{-\pi}^{\pi} \cos mx \, \cos nx \mathrm{d}x = \begin{cases} 0 & \text{当 } m \neq n \\ \pi & \text{当 } m = n \end{cases}$

145. $\int_{-\pi}^{\pi} \sin mx \, \sin nx \mathrm{d}x = \begin{cases} 0 & \text{当 } m \neq n \\ \pi & \text{当 } m = n \end{cases}$

146. $\int_{0}^{\pi} \sin mx \, \sin nx \mathrm{d}x = \int_{0}^{\pi} \cos mx \, \cos nx \mathrm{d}x = \begin{cases} 0 & \text{当 } m \neq n \\ \dfrac{\pi}{2} & \text{当 } m = n \end{cases}$

147. $I_n = \int_{0}^{\frac{\pi}{2}} \sin^n x \mathrm{d}x = \int_{0}^{\frac{\pi}{2}} \cos^n x \mathrm{d}x,$

$I_n = \dfrac{n-1}{n}I_{n-2},$

$I_n = \begin{cases} \dfrac{n-1}{n} \cdot \dfrac{n-3}{n-2} \cdot \cdots \cdot \dfrac{4}{5} \cdot \dfrac{2}{3} & (n \text{ 为大于 1 的正奇数}), I_1 = 1 \\ \dfrac{n-1}{n} \cdot \dfrac{n-3}{n-2} \cdot \cdots \cdot \dfrac{3}{4} \cdot \dfrac{1}{2} \cdot \dfrac{\pi}{2} & (n \text{ 为大于 1 的正奇数}), I_0 = \dfrac{\pi}{2} \end{cases}$

部分习题答案

第 1 章

习 题 1.1

3. (1) $\{ x \mid x \geqslant -2 \text{ 且 } x \neq \pm 1, x \in \mathbf{R} \}$；　(2) $\{ x \mid x \neq 1 \text{ 且 } x \neq 2, x \in \mathbf{R} \}$；

(3) $\{ x \mid x < -1 \text{ 或 } x > 1, x \in \mathbf{R} \}$；　(4) $\{ x \mid -1 \leqslant x < 1, x \in \mathbf{R} \}$.

4. (1) $D(f) = \{ x \mid -1 \leqslant x \leqslant 1, x \in \mathbf{R} \}$；

(2) $D(f) = \{ x \mid 2k\pi \leqslant x \leqslant 2k\pi + \pi, k \in \mathbf{Z}, x \in \mathbf{R} \}$；

(3) $D(f) = \{ x \mid -a \leqslant x \leqslant 1-a, x \in \mathbf{R} \}$；

(4) $D(f) = \begin{cases} \{ x \mid a \leqslant x \leqslant 1-a, x \in \mathbf{R} \} & \text{当 } a \leqslant \dfrac{1}{2} \\ \varnothing & \text{当 } a > \dfrac{1}{2} \end{cases}$.

5. (1) 不同；　(2) 不同；　(3) 相同；　(4) 相同.

6. (1) 奇函数；　(2) 偶函数；　(3) 非奇非偶函数；　(4) 奇函数.

8. (1) 减函数；　(2) 增函数.

10. (1) 是，$T = 2\pi$；　(2) 是，$T = \pi$　(3) 是，$T = 2$；　(4) 非周期函数.

11. (1) $y = x^3 - 1$；　(2) $y = \dfrac{1}{3}\arcsin\dfrac{x}{2}$；　(3) $y = \dfrac{1}{2} + \dfrac{1}{2}\mathrm{e}^{x-1}$；　(4) $y = \log_2\dfrac{x}{x-1}$.

12. (1) $y = \sin^2 x$；　(2) $y = \sqrt{x^4 + 2x^2 + 2}$；　(3) $y = \mathrm{e}^{x^2+1}$；　(4) $y = \ln(x^4 + 3x^2 + 2)$,.

13. $f(g(x)) = \begin{cases} 1 & \text{当 } x < 0 \\ 0 & \text{当 } x = 0, \\ -1 & \text{当 } x > 0 \end{cases} \quad g(f(x)) = \begin{cases} \mathrm{e} & \text{当 } |x| < 1 \\ 1 & \text{当 } x = 1 \\ \mathrm{e}^{-1} & \text{当 } |x| > 1 \end{cases}$.

14. (1) $f(x) = \dfrac{1}{(x-1)^2} - (x-1)^2$；　(2) $g(x) = \sqrt{\ln(1 + x^2)}$.

16. $F = \dfrac{\mu P}{\cos\alpha + \mu\sin\alpha}$.　　**17.** $L = \dfrac{S_0}{h} + \dfrac{2 - \cos 40°}{\sin 40°}h$,　$0 < h < \sqrt{S_0\tan 40°}$.

18. $V = \dfrac{\pi h^2 r^2}{3h - 6r}$,　$D(V) = \{ h \mid h > 2r, h \in \mathbf{R} \}$.　**19.** 40.25 英尺.

习 题 1.2

1. (1) 不能，没有指出 ε 任意小；

(2) 不能，无穷多项 x_n 不能表示所有满足 $n > N$ 的 x_n 都满足 $|x_n - a| < \varepsilon$.

2. (1) 正确；　(2) 不正确. 如：对 $a_n = (-1)^n$，有 $\lim\limits_{n \to \infty}|a_n| = 1$，但 $\lim\limits_{n \to \infty}a_n$ 不存在；

(3) 正确；　(4) 正确　(5) 不正确. 如：$a_n = \dfrac{1}{2^n}$；　(6) 正确.

3. 略.　　**4.** 略.

5. (1) $\dfrac{1}{4}$；　(2) $\dfrac{1}{3}$；　(3) $-\dfrac{1}{2}$；　(4) 2；　(5) e；　(6) e^{-3}；　(7) $\dfrac{1}{2}$；　(8) 0；　(9) 1.

6. (1) 2 　　(2) 0; 　　(3) $\sqrt{a}$; 　　(4) $\sqrt{3}$.

习　题　1.3

1. (1) 不正确. 如：$f(x)=\begin{cases} 1 & \text{当 } x \text{ 为有理数} \\ -1 & \text{当 } x \text{ 为无理数} \end{cases}$ 虽然 $\lim\limits_{x\to x_0}|f(x)|=1$, 但 $\lim\limits_{x\to x_0}f(x)$ 不存在;

(2) 正确; (3) 正确.

2. $y=x\cos x$ 在 $(-\infty,+\infty)$ 内无界, 且当 $x\to\infty$ 时, 不为无穷大.

3. (1) 0; (2) -3; (3) $\dfrac{1}{2}$; (4) 0; (5) $\dfrac{2}{3}$; (6) -1; (7) $\cos x$;

(8) $\dfrac{1}{2}$; (9) 0; (10) 2; (11) ∞; (12) ∞; (13) 0; (14) 0.

4. (1) $\dfrac{1}{2}$; (2) $\dfrac{1}{2}$; (3) $\begin{cases} 1 & \text{当 } n=2k \\ -1 & \text{当 } n=2k+1 \end{cases}$ $(k\in\mathbf{Z})$; (4) $\dfrac{2}{\pi}$;

(5) 2; (6) x; (7) e^{-6}; (8) e^{-2}; (9) e^2; (10) e^6.

5. $c=\ln 2$. 　　**6.** (1) 不存在; (2) 不存在. 　　**7.** 略.

8. (1) $\dfrac{\alpha}{\beta}$; (2) $\dfrac{1}{2}$; (3) 2; (4) $\dfrac{\sqrt{2}}{4}$; (5) $\dfrac{1}{2}$; (6) $\dfrac{2}{3}$; (7) $\dfrac{1}{3}$; (8) $\dfrac{1}{\sqrt{2}}$; (9) $\dfrac{1}{2}$.

9. $a=1, b=-\dfrac{1}{2}$;

10. (1) 水平渐近线 $y=1$, 铅直渐近线 $x=0$; (2) 斜渐近线 $y=x-1$.

习　题　1.4

1. (1) 2; (2) $1-\dfrac{1}{2\mathrm{e}^2}$; (3) 0; (4) 0; (5) $\mathrm{e}^{-\frac{1}{2}}$; (6) $\mathrm{e}^{-\frac{1}{2}}$.

2. (1) $x=1$ 为第一类间断点, $x=2$ 为第二类间断点;

(2) $x=0$ 为第二类间断点; 　　(3) $x=0$ 为第一类间断点;

(4) $x=0$ 为第一类间断点; 　　(5) $x=0$ 为第一类间断点;

(6) $x=0$ 为第一类的可去间断点, $x=k\pi+\dfrac{\pi}{2}$ $(k\in\mathbf{Z})$ 为第一类间断点,

$x=k\pi$ $(k\in\mathbf{Z}, k\neq 0)$ 为第二类间断点;

(7) 第一类: $x=0$, $x=1$, 第二类: $x=-1$.

3. (1) $a=0$; (2) $a=2, b=-\dfrac{3}{2}$. 　　**4.** $x=\pm 1$ 是第一类间断点.

5. 逆命题不正确. 如 $f(x)=\begin{cases} 1 & \text{当 } x \text{ 为有理数} \\ -1 & \text{当 } x \text{ 为无理数} \end{cases}$.

综合习题 1

1. (1) (B). (2) (C). (3) (D). (4) (B). (5) (B). (6) (B).

2. (1) $-\dfrac{3}{2}$; (2) $a=0, b=\mathrm{e}$; (3) $\left(1,-\dfrac{1}{2}\right)$.

第　2　章

习　题　2.1

1. (1) $-f'(x_0)$; (2) $2f'(x_0)$; (3) $f'(x_0)$; (4) $3f'(x_0)$ (5) $x_0 f'(x_0)-f(x_0)$.

2. (1) $f'_-(0) = -1$, $f'_+(0) = 1$, $f'(0)$ 不存在；　(2) $f'(0) = 1$；

(3) $f'(0) = 1$；　(4) $f'_-(0) = 1$, $f'_+(0) = 0$, $f'(0)$ 不存在.

3. $a = 2$, $b = -1$.

4. 切线方程：$\sqrt{3}\,x + 2y = \dfrac{\sqrt{3}}{3}\pi + 1$；　法线方程：$4x - 2\sqrt{3}\,y = \dfrac{4}{3}\pi - \sqrt{3}$.

5. $f'(x) = \begin{cases} \cos x & \text{当 } x < 0 \\ 1 & \text{当 } x \geqslant 0 \end{cases}$.

6. $(2, 4)$.　**7.** $g(x)$ 在 $x = a$ 处：当 $\varphi(a) = 0$ 时可导；当 $\varphi(a) \neq 0$ 时不可导.

习　题　2.2

1. (1) $\dfrac{5}{2}x\sqrt{x} + \dfrac{\sqrt{x}}{x}$；　(2) $-\dfrac{1}{2}\left(\dfrac{1}{\sqrt{x^3}} + \dfrac{1}{\sqrt{x}}\right)$；　(3) $\dfrac{-2}{(1+x)^2}$；　(4) $3\mathrm{e}^x(\sin x + \cos x)$；

(5) $\dfrac{2\sin x}{(1+\cos x)^2}$；　(6) $a^x \ln a + \mathrm{e}^x$；　(7) $\mathrm{e}^x(x^2 - x - 2)$；　(8) $\dfrac{\mathrm{e}^x(x-2)}{x^3}$；

(9) $-\dfrac{2\csc x[(1+x^2)\cot x + 2x]}{(1+x^2)^2}$；　(10) $\mathrm{e}^x\left(\ln x + \dfrac{1}{x}\right)$.

2. (1) $\dfrac{-1}{\sqrt{3-2x}}$；　(2) $\dfrac{-x}{\sqrt{a-x^2}}$；　(3) $8(2x+3)^3$；　(4) $\dfrac{1}{\sqrt{1+x^2}}$；　(5) $6\cos x \sin^5 x$；

(6) $6x^5 \cos x^6$；　(7) $\dfrac{2}{3}(1+x)^{-\frac{2}{3}}(1-x)^{-\frac{4}{3}}$；　(8) $\dfrac{1 + 2\sqrt{x} + 4\sqrt{x}\cdot\sqrt{x+\sqrt{x}}}{8\sqrt{x}\cdot\sqrt{x+\sqrt{x}}\cdot\sqrt{x+\sqrt{x+\sqrt{x}}}}$；

(9) $\dfrac{1}{2\sqrt{x-x^2}}$；　(10) $\sec x$；　(11) $\mathrm{e}^{ax}[\alpha\sin(\omega x + \beta) + \omega\cos(\omega x + \beta)]$；

(12) $\mathrm{e}^{\sin\frac{1}{x}}\left(\dfrac{1}{3}x^{-\frac{2}{3}} - x^{-\frac{5}{3}}\cos\dfrac{1}{x}\right)$；　(13) $\dfrac{\arctan\sqrt{x}}{\sqrt{x}\,(1+x)}$；　(14) $\csc x$；　(15) $\dfrac{2}{4+x^2}\mathrm{e}^{\arctan\frac{x}{2}}$；

(16) $-\dfrac{1}{x^2+1}$；　(17) $\dfrac{1}{x\ln x \cdot \ln(\ln x)}$；　(18) $\dfrac{\mathrm{e}^x}{\sqrt{1+\mathrm{e}^{2x}}}$.

3. (1) $2xf'(x^2)$；　(2) $\dfrac{f(x)f'(x) + g(x)g'(x)}{\sqrt{f^2(x) + g^2(x)}}$；　(3) $[f'(\sin^2 x) - f'(\cos^2 x)]\sin 2x$；

(4) $\mathrm{e}^{g(x)}[f'(\mathrm{e}^x)\mathrm{e}^x + f(\mathrm{e}^x)g'(x)]$.

4. (1) $f'(x) = \begin{cases} -1 & \text{当 } x < 1 \\ -3 + 2x & \text{当 } 1 \leqslant x < 2, \text{在 } x = 2 \text{ 处 } f(x) \text{ 不可导；} \\ -1 & \text{当 } x > 2 \end{cases}$

(2) 当 $x \neq 0$ 时,$f'(x) = \dfrac{1 + \mathrm{e}^{\frac{1}{x}} + \dfrac{1}{x}\mathrm{e}^{\frac{1}{x}}}{(1 + \mathrm{e}^{\frac{1}{x}})^2}$；　当 $x = 0$ 时,$f(x)$ 不可导.

5. (1) $-\dfrac{2(1+x^2)}{(1-x^2)^2}$；　(2) $2\arctan x + \dfrac{2x}{1+x^2}$；　(3) $-4\mathrm{e}^x\cos x$；　(4) $\dfrac{6}{x}$；

(5) $2^{50}\left(\dfrac{1225}{2}\sin 2x + 50x\cos 2x - x^2\sin 2x\right)$；　(6) $-\dfrac{9!}{(a+x)^{10}}$.

6. (1) $n!$；　(2) $2^{n-1}\sin\left[2x - (n-1)\dfrac{\pi}{2}\right]$；　(3) $(-1)^n\dfrac{2n!}{(1+x)^{n+1}}$；　(4) $\mathrm{e}^x(x+n)$；

(5) $(-1)^n\dfrac{(n-2)!}{x^{n-1}}$ $(n \geqslant 2)$；　(6) $(-1)^n n!\left[-\dfrac{1}{(x-1)^{n+1}} + \dfrac{1}{(x-2)^{n+1}}\right]$.　(7) $(\sqrt{2})^n\mathrm{e}^x\sin\left(x + \dfrac{n\pi}{4}\right)$

7. (1) $\dfrac{2y-1}{2y-2x}$；　(2) $\dfrac{y-x^2}{y^2-x}$；　(3) $\dfrac{\mathrm{e}^{x+y} - y}{x - \mathrm{e}^{x+y}}$；　(4) $\dfrac{-\mathrm{e}^y}{1 + x\mathrm{e}^y}$.

8. (1) $-\dfrac{1}{y^3}$；　(2) $\dfrac{-\sin(x+y)}{[1 - \cos(x+y)]^3}$；　(3) $-2\csc^2(x+y)\cot^3(x+y)$；　(4) $\dfrac{\mathrm{e}^{2y}(3-y)}{(1 - x\mathrm{e}^y)^3}$.

9. 切线方程：$2x + 2y - \sqrt{2}a = 0$；　法线方程：$x - y = 0$.

10. (1) $\left(\dfrac{x}{1+x}\right)^x \left(\ln \dfrac{x}{1+x} + \dfrac{1}{1+x}\right)$；

(2) $(\tan 2x)^{\cot \frac{x}{2}} \left[4\cot \dfrac{x}{2} \cdot \csc 4x - \dfrac{1}{2}\csc^2 \dfrac{x}{2}\ln\tan x\right]$；

(3) $\dfrac{(x-3)^4 \sqrt{x+2}}{(x+1)^2}\left[\dfrac{4}{x-3} + \dfrac{1}{2(x+2)} - \dfrac{2}{x+1}\right]$；

(4) $\dfrac{1}{2}\sqrt{x \sin x \sqrt{1-\mathrm{e}^{2x}}}\left[\dfrac{1}{x} + \cot x - \dfrac{\mathrm{e}^x}{2(1-\mathrm{e}^x)}\right]$.

11. $y' = \dfrac{\cos\theta - \cos 2\theta}{2\sin\theta\cos\theta - \sin\theta}$.

习 题 2.3

1. (1) $\left(-\dfrac{1}{x^2} + \dfrac{1}{\sqrt{x}}\right)\mathrm{d}x$；　(2) $(\sin 2x + 2x\cos 2x)\mathrm{d}x$；　(3) $\dfrac{\mathrm{d}x}{\sqrt{(x^2+1)^3}}$；　(4) $\dfrac{2\ln(1-x)}{x-1}\mathrm{d}x$；

(5) $\mathrm{d}y = \begin{cases} \dfrac{\mathrm{d}x}{\sqrt{1-x^2}} & \text{当} -1 < x < 0 \\[3mm] -\dfrac{\mathrm{d}x}{\sqrt{1-x^2}} & \text{当} 0 < x < 1 \end{cases}$；　(6) $8x\tan(1+2x^2)\sec^2(1+2x^2)\mathrm{d}x$；

(7) $-\dfrac{2x\mathrm{d}x}{1+x^4}$；　(8) $2x\mathrm{e}^{2}x(1+x)\mathrm{d}x$；　(9) $-\dfrac{2}{3}(1-x)^{-\frac{2}{3}}(1+x)^{-\frac{4}{3}}\mathrm{d}x$；

(10) $(\sinh 2x + 2x\cosh 2x)\mathrm{d}x$.

2. (1) $\dfrac{x^3}{3}$；　(2) $\cos x$；　(3) $-\dfrac{1}{2}\mathrm{e}^{-2x}$；　(4) $\dfrac{1}{3}\tan 3x$；　(5) $\dfrac{1}{2}\arctan \dfrac{x}{2}$；　(6) $2\sqrt{x}$；　(7) $\dfrac{1}{2}(\ln x)^2$；

(8) $\ln(1+x)$.

3. (1) $\dfrac{x\mathrm{d}x}{\sqrt{1+x^2}}$；　(2) $(2\cos 2x + 2x\cos x^2 + \sin 2x)\mathrm{d}x$；　(3) $-\dfrac{4\sin 2x \ln(1+\cos 2x)}{1+\cos 2x}\mathrm{d}x$；

(4) $\mathrm{d}y = \begin{cases} \dfrac{-1}{\sqrt{1-x^2}}\mathrm{d}x & \text{当} -1 < x < 0 \\[3mm] \dfrac{1}{\sqrt{1-x^2}}\mathrm{d}x & \text{当} 0 < x < 1 \end{cases}$；　(5) $\mathrm{e}^{1-3x}(-3\cos 2x - 2\sin 2x)\mathrm{d}x$；

(6) $6(x^2 + \mathrm{e}^{2x})^2(x + \mathrm{e}^{2x})\mathrm{d}x$.

4. $\mathrm{d}y = \dfrac{y\mathrm{e}^{xy} - 1}{1 - x\mathrm{e}^{xy}}\mathrm{d}x$.　　　　**5.** $\mathrm{d}y = \dfrac{\mathrm{e}^t(\sin t + \cos t)}{6t + 2}\mathrm{d}x$.

6. (1) $\dfrac{3bt}{2a}$；　(2) $-\tan\varphi$；　(3) $\dfrac{\cos\theta - \theta\sin\theta}{1 - \sin\theta - \theta\cos\theta}$；　(4) $\dfrac{\cos t - \sin t}{\cos t + \sin t}$.

7. (1) $\dfrac{4}{9}\mathrm{e}^{3t}$；　(2) $\dfrac{1}{f''(t)}$；　(3) $-\dfrac{2}{\sqrt{(1-t)^3}}$；　(4) $\dfrac{2+t^2}{2t}\left(\dfrac{1}{2} - \dfrac{1}{t^2}\right)$.

8. (1) $0.874\,76$；　(2) $30°47''$；　(3) 0.001,,；　(4) $\dfrac{2\,998}{300}$.　**9.** $1.118(g)$.

10. $T = 1(s)$ 时，$l \approx 24.823\,689\,9$ (cm)；快 17.40s；$\Delta l = -0.005\,75$ (cm).

习 题 2.4

1. $\xi = \dfrac{5 \pm \sqrt{13}}{12}$.　　**2.** $\sin\xi = \dfrac{1 - \left(\dfrac{\pi}{2} - 1\right)^2}{1 + \left(\dfrac{\pi}{2} - 1\right)^2}$.

5. 3个，分别在$(1,2)$、$(2,3)$、$(3,4)$内.

习　题　2.5

1. (1) 错,应为 ∞;　(2) 错,应为 1;　(3) 错,$f'(x_0+h)$ 不一定存在.

2. (1) $-\dfrac{3}{5}$;　(2) $\dfrac{1}{2}$;　(3) $-\dfrac{1}{8}$;　(4) $\dfrac{1}{e}$;　(5) $\dfrac{\beta^2-\alpha^2}{2}$;　(6) 1;　(7) $-\dfrac{1}{2}$;　(8) 2;

(9) $\dfrac{1}{3}$;　(10) 0;　(11) 0;　(12) 0;　(13) 1;　(14) $\dfrac{1}{e}$;　(15) $e^{\frac{2}{\pi}}$;　(16) $+\infty$.

3. $f(x)$ 在 $x=0$ 处连续.　**4.** $f'(0)=\dfrac{1}{2}g''(0)$.　**5.** $a=-\dfrac{4}{3}$,$b=\dfrac{1}{3}$,极限值为 $\dfrac{24}{9}$.

习　题　2.6

1. $f(x)=(x-1)^4-(x-1)^3-8(x-1)^2-12(x-1)-2$.

2. (1) $f(x)=1+x+x^2+\cdots+x^n+(1-\theta x)^{-n-2}x^{n+1}$　$(0<\theta<1)$;

(2) $f(x)=x+x^2+\dfrac{1}{2!}x^3+\cdots+\dfrac{x^n}{(n-1)!}+\dfrac{(1+n+\theta x)e^{\theta x}}{(n+1)!}x^{n+1}$　$(0<\theta<1)$;

(3) $\cosh x=1+\dfrac{1}{2!}x^2+\dfrac{x^4}{4!}+\cdots+\dfrac{x^{2m}}{(2m)!}+\dfrac{\cosh(\theta x)}{(2m+2)!}x^{2m+2}$　$(0<\theta<1)$;

(4) $f(x)=\dfrac{2}{2!}x^2-\dfrac{2^3}{4!}x^4+\cdots+(-1)^{(m-1)}\dfrac{2^{2m-1}}{(2m)!}x^{2m}+\dfrac{2^{2m+1}\cos\left[2\theta x+(2m+2)\dfrac{\pi}{2}\right]}{(2m+2)!}x^{2m+2}$

$(0<\theta<1)$.

3. (1) $f(x)=-\left[1+(x+1)+(x+1)^2+\cdots+(x+1)^n\right]+o((x+1)^n)$;

(2) $f(x)=(x-1)-\dfrac{(x-1)^2}{2!}+\dfrac{(x+1)^3}{3!}+\cdots+(-1)^{n-1}\dfrac{(x-1)^n}{n!}+o((x-1)^n)$;

(3) $f(x)=e^2\left[1+2(x-1)+\dfrac{2^2}{2!}(x-1)^2+\cdots+\dfrac{2^n}{n!}(x-1)^n\right]+o((x-1)^n)$;

(4) $f(x)=\dfrac{\sqrt{2}}{2}+\dfrac{\sqrt{2}}{2}\left(x-\dfrac{\pi}{4}\right)+\cdots+\dfrac{\sin\left(\dfrac{\pi}{4}+n\cdot\dfrac{\pi}{2}\right)}{n!}\left(x-\dfrac{\pi}{4}\right)^n+o\left(\left(x-\dfrac{\pi}{4}\right)^n\right)$.

4. $\tan x=x+\dfrac{1+2\sin^2(\theta x)}{3\cos^4(\theta x)}x^3$　$(0<\theta<1)$.

5. $\sqrt{x}=2+\dfrac{1}{4}(x-4)-\dfrac{1}{64}(x-4)^2+\dfrac{1}{512}(x-4)^3-\dfrac{5}{128}\cdot\dfrac{(x-4)^4}{[4+\theta(x-4)]^{\frac{7}{2}}}$　$(0<\theta<1)$.

6. (1) $\sqrt[3]{30}\approx3.10725$,$\left|R_3\left(\dfrac{1}{9}\right)\right|<1.88\times10^{-5}$;

(2) $\sin 18°\approx0.30899$,$\left|R_3\left(\dfrac{\pi}{10}\right)\right|<1.3\times10^{-4}$.

7. $\sqrt{e}\approx1.646$.

习　题　2.7

3. (1) 在 $(-\infty,+\infty)$ 上单调增加,无极值;

(2) 在 $\left(-\infty,-\dfrac{\sqrt{2}}{2}\right]$,$\left[0,\dfrac{\sqrt{2}}{2}\right]$ 上单调增加, 在 $\left[-\dfrac{\sqrt{2}}{2},0\right]$,$\left[\dfrac{\sqrt{2}}{2},+\infty\right)$ 上单调减少;

$f\left(-\dfrac{\sqrt{2}}{2}\right)=\sqrt[3]{4}$ 为极大值,$f(0)=1$ 为极小值,$f\left(\dfrac{\sqrt{2}}{2}\right)=\sqrt[3]{4}$ 为极大值;

(3) 在 $(-\infty,-5]$,$[-1,1)$,$(1,+\infty)$ 上单调减少,在 $[-5,-1]$ 上单调增加;

$f(-5)=-\dfrac{\sqrt[3]{2}}{3}$ 为极小值,$f(-1)=0$ 为极大值;

(4) 在 $(-\infty,-\pi]$ 上单调减少，在 $[-\pi,0),(0,+\infty)$ 上单调增加；$f(-\pi)=-2$ 为极小值.

4. (1) $y_{\max}=80$，$y_{\min}=-5$； (2) $y_{\max}=\dfrac{5}{4}$，$y_{\min}=-5+\sqrt{6}$； (3) $y_{\max}=1$；$y_{\min}=0$；

   (4) $y_{\max}=1$，$y_{\min}=\dfrac{1}{4}$.

6. $a=2$ 时，$f(x)$ 在 $x=\dfrac{\pi}{3}$ 处取得极大值 $\sqrt{3}$.

7. 当 n 为奇数时 $f(x_0)$ 不是极值，因为此时 $f'(x)$ 在 x_0 两侧异号；而当 n 为偶数时 $f(x_0)$ 是极值.

8. $y(-3)=27$.   **9.** $y(1)=\dfrac{1}{2}$.   **10.** $x=\sqrt{\dfrac{8a}{4+\pi}}$.

11. $\dfrac{\sin\theta_1}{\sin\theta_2}=\dfrac{C_2}{C_1}$.   **12.** $\dfrac{0.32}{3}\approx10.7\%$.

13. $v=10\sqrt[3]{3}$ km/h. 每小时总费用为 720 元.

14. C 点为 $(-1,3)$ 时，$S_{\max}=8$.   **15.** $\dfrac{9}{4}\pi R^3$.

16. (1) $\left(-\infty,\dfrac{5}{3}\right)$ 凸， $\left(\dfrac{5}{3},+\infty\right)$ 凹， 拐点 $\left(\dfrac{5}{3},-\dfrac{97}{27}\right)$；

   (2) $(-\infty,2)$ 凸， $[2,+\infty)$ 凹， 拐点 $\left(2,\dfrac{2}{e^2}\right)$；

   (3) $(-\infty,-1)$ 凸， $(-1,1)$ 凹， $(1,+\infty)$ 凸， 拐点 $(-1,\ln2)$，$(1,\ln2)$；

   (4) $(-\infty,-\sqrt{3})$ 凸， $(-\sqrt{3},0)$ 凹， $(0,\sqrt{3})$ 凸， $(\sqrt{3},+\infty)$ 凹，

   拐点 $\left(-\sqrt{3},-\dfrac{\sqrt{3}}{4}\right)$， $(0,0)$， $\left(\sqrt{3},\dfrac{\sqrt{3}}{4}\right)$.

17. (1) $(1,\pm4)$； (2) $\left(\pm\dfrac{2}{3}\sqrt{3}a,\dfrac{1}{2}a\right)$.

18. $a=1$，$b=-3$，$c=-24$，$d=16$.   **19.** 略.

20. $k=\pm\dfrac{\sqrt{2}}{8}$.

21. x_0 不是极值点，但 $(x_0,f(x_0))$ 是拐点.

习　题　2.8

1. (1) $\mathrm{d}s=\sqrt{1+\sin^2x+x^2\cos^2x+x\sin2x}\,\mathrm{d}x$； (2) $\mathrm{d}s=\sqrt{1+\dfrac{p}{2x}}\,\mathrm{d}x$；

   (3) $\mathrm{d}s=a\sqrt{2-2\cos t}\,\mathrm{d}t$；   (4) $\mathrm{d}s=\dfrac{\sqrt{2}}{t^2}\,\mathrm{d}t$.

2. (1) 2；   (2) $\dfrac{2}{3a}\mid\csc 2t_0\mid$.

3. 点 $\left(\dfrac{\pi}{2},1\right)$ 处的曲率最小，曲率半径为 $\rho=1$.

4. 点 $\left(\dfrac{\sqrt{2}}{2},-\dfrac{\ln2}{2}\right)$ 处的曲率最小，曲率半径为 $\rho=\dfrac{3}{2}\sqrt{3}$.

5. $(x-3)^2+(y+2)^2=8$.   **6.** $1\,246$N.

综合习题 2

1. (1) 充分； (2) 充分必要； (3) 充分必要； (4) 充要.

2. (1) 错误； (2) 错误，如 $f(u)=\dfrac{1}{u-1}$，$u=\varphi(x)=\dfrac{1}{x}$ 在 $x=0$ 处； (3) 正确；

(4) 错误,如铅垂切线; (5) 错误(两个内容均错误); (6) 错误,如 $y=x^4$ 在 $(0,0)$ 处;

(7) 错误,如 $y=x^3$ 在 $(-1,1)$ 内.

3. (1) C; (2) B; (3) D; (4) D; (5) B;

(6) B; (7) B; (8) D; (9) A; (10) B.

4. (1) 2; (2) $y=2x+1$; (3) $y'=\dfrac{1}{2}$; $2x+y=1$; (4) $x+y=\mathrm{e}^{\frac{\pi}{2}}$.

5. (1) 1000!; (2) 0. **6.** $\dfrac{2\mathrm{e}^2-3\mathrm{e}}{4}$. **7.** 36. **8.** $c=\dfrac{1}{2}$.

第 3 章

习 题 3.1

1. (1) 2; (2) $\mathrm{e}-1$.

2. (1) 左端定积分表示的是区间 $\left[0,\dfrac{\pi}{2}\right]$ 上圆周 $y=\sqrt{1-x^2}$ 下曲边梯形的面积,即右端所给的四分之一圆的面积;

(2) 由在对称区间 $\left[-\dfrac{\pi}{2},\dfrac{\pi}{2}\right]$ 上的余弦曲线 $y=\cos x$ 关于 y 轴对称知,右端定积分表示的曲边梯形的面积是左端定积分所表示的面积的 2 倍.

3. (1) 后者较大; (2) 前者较大; (3) 前者较大; (4) 前者较大.

4. (1) $6\leqslant\displaystyle\int_1^4(x^2+1)\mathrm{d}x\leqslant51$; (2) $-2\mathrm{e}^2\leqslant\displaystyle\int_2^0\mathrm{e}^{x^2-x}\mathrm{d}x\leqslant-2\mathrm{e}^{-\frac{1}{4}}$.

习 题 3.2

1. (1) $\dfrac{1}{p+1}$; (2) $\dfrac{\pi}{4}$; (3) $\pi\ln2$ $\left(提示:原式=\lim\limits_{n\to\infty}\dfrac{\sin(\pi/n)}{1/n}\sum\limits_{k=1}^{n}\dfrac{1}{1+k/n}\dfrac{1}{n}\right)$;

(4) $\dfrac{1}{\mathrm{e}}$ $\left(提示:\dfrac{\sqrt[n]{n!}}{n}=\sqrt[n]{\dfrac{n!}{n^n}}=\exp\left(\dfrac{1}{n}\sum\limits_{k=1}^{n}\ln\dfrac{k}{n}\right),而(x\ln x-x)'=\ln x\right)$.

2. (1) $\dfrac{17}{6}$; (2) $1-\dfrac{\pi}{4}$; (3) $\dfrac{2}{3}\sqrt{3}-\dfrac{\pi}{6}$; (4) $\dfrac{5}{2}$; (5) $4\sqrt{2}$; (6) $\dfrac{\pi}{6}$; (7) $\dfrac{266}{3}$.

3. (1) 0; (2) $f(x)$; (3) $f(t)$; (4) $f'(x)(x-a)+f(x)$.

4. (1) $2x\ln(1+x^2)$; (2) $-\sin x\,\mathrm{e}^{\cos^2 x}-\cos x\mathrm{e}^{\sin^2 x}$; (3) $\cot t^2$; (4) $-2t^2$;

(5) $\dfrac{-y\cos xy}{\mathrm{e}^y+x\cos xy}$; (6) $2x\mathrm{e}^{x^2}\displaystyle\int_a^x\mathrm{e}^{t^2}\mathrm{d}t+\mathrm{e}^{2x^2}$.

5. (1) e; (2) 12; (3) 1; (4) 0; (5) 1.

6. (1) $\dfrac{1}{2a}\big[f(x+a)-f(x-a)\big]$; (2) $f(x)$.

7. $\varPhi(x)=\begin{cases}0 & 当\ x<0\\[2mm]\dfrac{1}{2}(1-\cos x) & 当\ 0\leqslant x\leqslant\pi,且\ \varPhi(x)\ 为连续函数.\\[2mm]1 & 当\ x>\pi\end{cases}$

8. (1) -1; (2) $\sqrt{1+\sin^4 x}\cos x$; (3) e^x.

习 题 3.3

1. (1) $-\dfrac{1}{8}(3-2x)^4+C$; (2) $-\dfrac{1}{a}\cos ax-b\mathrm{e}^{\frac{x}{b}}+C$; (3) $\dfrac{x}{2}+\dfrac{1}{12}\sin6x+C$;

(4) $-2\cos\sqrt{t}+C$;　(5) $\dfrac{1}{11}\tan^{11}x+C$;　(6) $\ln|\ln\ln x|+C$;　(7) $-\ln(\cos\sqrt{1+x^2})+C$;

(8) $\ln\tan x+C$;　(9) $\arctan\mathrm{e}^x+C$;　(10) $-\dfrac{1}{2}\mathrm{e}^{-x^2}+C$;　(11) $\dfrac{1}{2}\sin x^2+C$;

(12) $-\dfrac{1}{3}(2-3x^2)^{\frac{1}{2}}+C$;　(13) $\dfrac{1}{2}\ln(x^2+2)+C$;　(14) $\dfrac{2}{9}(1+x^3)^{\frac{3}{2}}+C$;

(15) $-\dfrac{3}{4}\ln|1-x^4|+C$;　(16) $-\dfrac{1}{5}\ln|2-5t^2|+C$;　(17) $\dfrac{1}{2}\arctan(\sin^2x)+C$;

(18) $-\dfrac{1}{3\omega}\cos^3\omega t+C$;　(19) $\dfrac{1}{2\cos^2x}+C$;　(20) $\dfrac{3}{2}\sqrt[3]{(\sin x-\cos x)^2}+C$;

(21) $-2\sqrt{1-x^2}-\arcsin x+C$;　(22) $\dfrac{1}{2}\arcsin\dfrac{2x}{3}+\dfrac{1}{4}\sqrt{9-4x^2}+C$;

(23) $\dfrac{x^2}{2}-\dfrac{9}{2}\ln(x^2+9)+C$;　(24) $\dfrac{1}{4}\ln\dfrac{2+x}{2-x}+C$;　(25) $\dfrac{1}{2\sqrt{2}}\ln\dfrac{\sqrt{2}x-1}{\sqrt{2}x+1}+C$;

(26) $\dfrac{1}{3}\ln\left|\dfrac{x-2}{x+1}\right|+C$;　(27) $\dfrac{1}{24}\ln\dfrac{x^6}{x^6+4}+C$;　(28) $\sin x-\dfrac{\sin^3x}{3}+C$;

(29) $\dfrac{1}{3}\sin\dfrac{3x}{2}+\sin\dfrac{x}{2}+C$;　(30) $\dfrac{1}{4}\sin 2x-\dfrac{1}{24}\sin 12x+C$;　(31) $\dfrac{1}{3}\sec^3x-\sec x+C$;

(32) $-\dfrac{10^{2\arccos x}}{2\ln 10}+C$;　(33) $(\arctan\sqrt{x})^2+C$;　(34) $-\dfrac{1}{\arcsin x}+C$;

(35) $-\dfrac{1}{x\ln x}+C$;　(36) $\dfrac{1}{2}(\ln\tan x)^2+C$;　(37) $\dfrac{a^2}{2}\left(\arcsin\dfrac{x}{a}-\dfrac{x}{a^2}\sqrt{a^2-x^2}\right)+C$;

(38) $\arccos\dfrac{1}{x}+C$;　(39) $\dfrac{x}{\sqrt{1+x^2}}+C$;　(40) $\sqrt{x^2-9}-3\arccos\dfrac{3}{x}+C$;

(41) $\sqrt{2x}-\ln|1+\sqrt{2x}|+C$;　(42) $\arcsin x-\dfrac{x}{1+\sqrt{1-x^2}}+C$;

(43) $\ln\dfrac{\sqrt{1+\mathrm{e}^x}-1}{\sqrt{1+\mathrm{e}^x}+1}+C$;　(44) $\dfrac{1}{2}\left[\arcsin x+\ln(x+\sqrt{1-x^2})\right]+C$.

2. (1) 0;　　　　　(2) $\dfrac{51}{512}$;　　　　(3) $\dfrac{1}{4}$;　　　　(4) $\pi-\dfrac{4}{3}$;

(5) $\dfrac{\pi}{6}-\dfrac{\sqrt{3}}{8}$;　　(6) $\dfrac{\pi}{2}$;　　　　(7) $\sqrt{2}(\pi+2)$;　　(8) $1-\dfrac{\pi}{4}$;

(9) $\dfrac{a^4}{16}\pi$;　　　(10) $\sqrt{2}-\dfrac{2\sqrt{3}}{3}$;　(11) $\dfrac{1}{6}$;　　　(12) $2+2\ln\dfrac{2}{3}$;

(13) $1-2\ln 2$;　　(14) $(\sqrt{3}-1)a$;　(15) $1-\mathrm{e}^{-\frac{1}{2}}$;　(16) $2(\sqrt{3}-1)$;

(17) $\dfrac{\pi}{2}$;　　　　(18) $\dfrac{2}{3}$;　　　　(19) $\dfrac{4}{3}$;　　　(20) $2\sqrt{2}$.

3. $f(x)=-\ln(1-x)-\dfrac{x^2}{2}+C\quad(0<x<1)$.　　**9.** 200.

10. (1) $-x\cos x+\sin x+C$;　　　　　　(2) $x\arctan x-\dfrac{1}{2}\ln(1+x^2)+C$;

(3) $x\arcsin x+\sqrt{1-x^2}+C$;　　　　(4) $-\mathrm{e}^{-x}(x+1)+C$;

(5) $\dfrac{1}{3}x^3\ln x-\dfrac{1}{9}x^3+C$;　　　　(6) $\dfrac{\mathrm{e}^{-x}}{2}(\sin x-\cos x)+C$;

(7) $-\dfrac{1}{2}x^2+x\tan x+\ln|\cos x|+C$;　(8) $x(\ln x)^2-2x\ln x+2x+C$;

(9) $-\dfrac{1}{4}x\cos 2x+\dfrac{1}{8}\sin 2x+C$;　　(10) $-\dfrac{1}{x}\left[(\ln x)^3+3(\ln x)^2+6\ln x+6\right]+C$;

(11) $3\mathrm{e}^{\sqrt[3]{x}}(\sqrt[3]{x^2}-2\sqrt[3]{x}+2)+C$;　　(12) $\dfrac{x}{2}\left[\cos(\ln x)+\sin(\ln x)\right]+C$.

11. (1) $1-\dfrac{2}{e}$; (2) $\left(\dfrac{1}{4}-\dfrac{\sqrt{3}}{9}\right)\pi+\dfrac{1}{2}\ln\dfrac{3}{2}$;

(3) $4(2\ln 2-1)$; (4) $2-\dfrac{3}{4\ln 2}$;

(5) $\dfrac{\pi^3}{6}-\dfrac{\pi}{4}$; (6) $\dfrac{1}{2}(e\sin 1-e\cos 1+1)$;

(7) $2\left(1-\dfrac{1}{e}\right)$.

12. $(x\cos x-\sin x-1)\ln x+\sin x+C$.

13. (1) $\ln|x-2|+\ln|x+5|+C$; (2) $\dfrac{1}{3}x^3+\dfrac{1}{2}x^2+x+8\ln|x|-4\ln|x+1|-3\ln|x-1|+C$;

(3) $\ln\dfrac{|x+1|}{\sqrt{x^2-x+1}}+\sqrt{3}\arctan\dfrac{2x-1}{\sqrt{3}}+C$; (4) $\dfrac{1}{x+1}+\dfrac{1}{2}\ln(x^2-1)+C$;

(5) $\ln\dfrac{x}{\sqrt{1+x^2}}+C$; (6) $\dfrac{1}{2\sqrt{3}}\arctan\dfrac{2\tan x}{\sqrt{3}}+C$; (7) $\dfrac{1}{\sqrt{2}}\arctan\dfrac{\tan\frac{x}{2}}{\sqrt{2}}+C$;

(8) $\dfrac{3}{2}\sqrt[3]{(1+x)^2}-3\sqrt[3]{1+x}+3\ln|1+\sqrt[3]{1+x}|+C$;

(9) $2\sqrt{x}-4\sqrt[4]{x}+4\ln(\sqrt[4]{x}+1)+C$;

(10) $\ln\left|\dfrac{\sqrt{1-x}-\sqrt{1+x}}{\sqrt{1-x}+\sqrt{1+x}}\right|+2\arctan\sqrt{\dfrac{1-x}{1+x}}+C$.

14. (1) 0; (2) $\dfrac{3}{2}\pi$; (3) $\dfrac{\pi^3}{324}$; (4) 0; (5) $4e^{-1}$; (6) $4e^{-1}$.

15. (1) $\dfrac{1}{2}\ln\left|\dfrac{e^x-1}{e^x+1}\right|+C$; (2) $\dfrac{1}{2(1-x)^2}-\dfrac{1}{1-x}+C$;

(3) $\dfrac{1}{6a^3}\ln\left|\dfrac{a^3+x^3}{a^3-x^3}\right|+C$; (4) $\ln|x+\sin x|+C$;

(5) $\ln x\cdot[\ln(\ln x)-1]+C$; (6) $\dfrac{1}{3a^4}\left[\dfrac{3x}{\sqrt{a^2-x^2}}+\dfrac{x^3}{\sqrt{(a^2-x^2)^3}}\right]+C$;

(7) $-\dfrac{\sqrt{(1+x^2)^3}}{3x^3}+\dfrac{\sqrt{1+x^2}}{x}+C$; (8) $(4-2x)\cos\sqrt{x}+4\sqrt{x}\sin\sqrt{x}+C$;

(9) $x\ln(1+x^2)-2x+2\arctan x+C$; (10) $\dfrac{\sin x}{2\cos^2 x}-\dfrac{1}{2}\ln|\sec x+\tan x|+C$;

(11) $(x+1)\arctan\sqrt{x}-\sqrt{x}+C$; (12) $\sqrt{2}\ln\left|\csc\dfrac{x}{2}-\cot\dfrac{x}{2}\right|+C$;

(13) $\dfrac{x^4}{8(1+x^8)}+\dfrac{1}{8}\arctan x^4+C$; (14) $\dfrac{x^4}{4}+\ln\dfrac{\sqrt[4]{x^4+1}}{x^4+2}+C$;

(15) $\dfrac{1}{32}\ln\left|\dfrac{2+x}{2-x}\right|+\dfrac{1}{16}\arctan\dfrac{x}{2}+C$; (16) $\dfrac{2}{1+\tan\frac{x}{2}}+x+C$ 或 $\sec x+x-\tan x+C$;

(17) $x\tan\dfrac{x}{2}+C$; (18) $\ln\dfrac{x}{(\sqrt[6]{x}+1)^6}+C$;

(19) $\dfrac{1}{1+e^x}+\ln\dfrac{e^x}{1+e^x}+C$; (20) $\arctan(2\sinh x)+C$;

(21) $\dfrac{xe^x}{e^x+1}-\ln(1+e^x)+C$; (22) $\dfrac{x\ln x}{\sqrt{1+x^2}}-\ln(x+\sqrt{1+x^2})+C$;

(23) $\dfrac{1}{4}(\arcsin x)^2+\dfrac{x}{2}\sqrt{1-x^2}\arcsin x-\dfrac{x^2}{4}+C$;

(24) $-\ln|\csc x+1|+C$; (25) $\ln|\tan x|-\dfrac{1}{2\sin^2 x}+C$.

习 题 3.4

1. (1) $\dfrac{1}{3}$；　(2) 发散；　(3) π；　(4) $\dfrac{1}{p-k}$；　(5) $\dfrac{p}{p^2-1}$；　(6) $\dfrac{\omega}{p^2+\omega^2}$；　(7) 1；

(8) 发散；　(9) $\dfrac{8}{3}$；　(10) $\dfrac{\pi}{2}$.

2. 当 $k>1$ 时收敛于 $\dfrac{1}{(k-1)(\ln 2)^{k-1}}$；当 $k\leqslant 1$ 时发散；当 $k=1-\dfrac{1}{\ln\ln 2}$ 时取得最小值.

3. 当 $k<1$ 时收敛于 $\dfrac{1}{1-k}(b-a)^{1-k}$；当 $k\geqslant 1$ 时发散.

4. $n!$.　　**5.** $c=\dfrac{5}{2}$.　　**6.** $\dfrac{1}{2}\mathrm{e}$.

习 题 3.5

1. (1) $2\pi+\dfrac{4}{3},6\pi-\dfrac{4}{3}$；　(2) $\dfrac{3}{2}-\ln 2$；　(3) $\mathrm{e}+\dfrac{1}{\mathrm{e}}-2$；　(4) $b-a$；　(5) $\dfrac{7}{6}$.

(6) $\mathrm{e}-\dfrac{1}{\mathrm{e}}$　(7) $\dfrac{9}{4}$.　(8) $\dfrac{16}{3}p^2$.

2. (1) $\dfrac{3}{8}\pi a^2$；　(2) $3\pi a^2$.

3. (1) πa^2；　(2) $\dfrac{a^2}{4}(\mathrm{e}^{2\pi}-\mathrm{e}^{-2\pi})$.　(3) $7\pi-\dfrac{9\sqrt{2}}{2}$；　(4) $\dfrac{\pi}{6}+\dfrac{1-\sqrt{3}}{2}$.

4. $2\pi a x_0^2$.　**5.** $\dfrac{128}{7}\pi,\dfrac{64}{5}\pi$.　**6.** $741\pi(\mathrm{g})$.　**7.** $\dfrac{32}{105}\pi a^3$.

8. (1) $\dfrac{3}{10}\pi$；　(2) $\dfrac{\pi a^2}{4}\left[2a+\dfrac{a}{2}(\mathrm{e}^2-\mathrm{e}^{-2})\right]$；　(3) $160\pi^2$；　(4)$7\pi^2 a^3$；　(5) $2\pi^2 a^2 b$.

9. $a=\dfrac{5}{6},b=\dfrac{3}{2}$.　　**10.** $\dfrac{4\sqrt{3}}{3}R^3$.

11. (1) $1+\dfrac{1}{2}\ln\dfrac{3}{2}$.　(2) $\dfrac{8}{9}\left[\left(\dfrac{5}{2}\right)^{\frac{3}{2}}-1\right]$.　(3) $\dfrac{a}{2}\pi^2$.　(4) $\dfrac{\sqrt{1+a^2}}{a}\mathrm{e}^{a\varphi}$.　(5) $\ln\dfrac{3}{2}+\dfrac{5}{12}$.　(6) $8a$.

12. $\left(\left(\dfrac{2}{3}\pi-\dfrac{\sqrt{3}}{2}\right)a,\dfrac{3}{2}a\right)$.　　**13.** $800\pi\ln 2(\mathrm{J})$.　　**14.** $\sqrt{2}-1(\mathrm{cm})$.　　**15.** $\dfrac{4}{3}\pi r^4 g$.

16. $17.3(\mathrm{kN})$.　　**17.** $1.65(\mathrm{N})$.　　**18.** $\dfrac{1}{2}\gamma ab(2h+b\sin\alpha)$.

综合习题 3

1. (1) 非；　(2) 是；　(3) 非；　(4) 非；　(5) 是；　(6) 非；　(7) 非.

2. (1) $\displaystyle\int\dfrac{1}{x}\mathrm{d}x$ 是集合，两端是集合相等，不能抵消 $\displaystyle\int\dfrac{1}{x}\mathrm{d}x$；

(2) 在区间 $[-1,1]$ 上，$\dfrac{1}{1+x^2}$ 的原函数应选 $\arctan x$；

(3) 在区间 $[-1,1]$ 上，$\dfrac{1}{x^2}$ 没有原函数.

3. (1) D；　(2) C；　(3) A；　(4) D；　(5) C；　(6) C；　(7) C；　(8) B.

4. (1) $f(x)=x-1$；　(2) $\pm\dfrac{1}{12}$　(3) $\dfrac{\pi}{4-\pi}$；　(4) $-$；　(5) $xf(x^2)$；　(6) $\sin x^2$.

5. (1) $-\dfrac{1}{2}(\mathrm{e}^{-2x}\arctan\mathrm{e}^x+\mathrm{e}^{-x}+\arctan\mathrm{e}^x)+C$；

(2) $\dfrac{1}{2}\arctan x[(1+x^2)\ln(1+x^2)-x^2-3]-\dfrac{x}{2}\ln(1+x^2)+\dfrac{3x}{2}+C$;

(3) $2\sqrt{x}\arcsin\sqrt{x}+2\sqrt{1-x}+C$;　　　　(4) $2\arcsin\dfrac{\sqrt{x}}{2}+C$ 或 $\arcsin\dfrac{x-2}{2}+C$;

(5) $-\dfrac{\ln x}{x}+C$（直接凑或分部积分）;　　　　(6) $-\cot x\ln\sin x-\cot x-x+C$;

(7) $e^{2x}\tan x+C$;　　　　(8) $4-\pi$;

(9) 2π;　　　　(10) $\dfrac{\pi}{4}$;

6. $\dfrac{2x\cos x^4}{e^{y^2}-2y\cos y^2}$.　　7. $\dfrac{3}{4}$.　　8. 1.　　9. $\dfrac{5}{2}(\ln x+1)$　　10. $x-(1+e^{-x})\ln(1+e^x)+C$.

11. $16+2[f(3)-f(0)]$.

12. (1) $\dfrac{\pi}{4e^2}$;　(2) $\dfrac{\pi}{3}$;　(3) $\dfrac{\pi}{4}+\ln\sqrt{2}$;　(4) $\dfrac{\pi}{4}$;　(5) $\dfrac{\pi}{2}+\ln(2+\sqrt{3})$;　(6) 1.